Kohlhammer | *Altenpflege*

Der Autor:

Prof. Dr. med. Ingo Füsgen, Direktor der Geriatrischen Kliniken Wuppertal, der Kliniken St. Antonius und Lehrstuhlinhaber für Geriatrie der Universität Witten/Herdecke.

Ingo Füsgen

Geriatrie

Band 2: Spezielle Krankheitsbilder – Notfälle – Problembereiche – Tod und Sterben

4., vollständig überarbeitete und erweiterte Auflage

Verlag W. Kohlhammer

4., vollständig überarbeitete und erweiterte Auflage 2004

Umschlag: Gestaltungskonzept Peter Horlacher
Gesamtherstellung:
W. Kohlhammer Druckerei GmbH + Co. Stuttgart
Printed in Germany

ISBN 3-17-018082-7

Vorwort

> „Nicht die Krankheiten an sich sind wichtig, sondern deren Auswirkungen auf die funktionellen Behinderungen und Kapazitäten im Alltag" (Manfred Hafner 1996).

Obwohl in vielen Fächern der Medizin eine große Anzahl von älteren, chronisch kranken Patienten behandelt und betreut wird, beruht ihre Behandlung meist auf Analogieschlüssen von jüngeren auf ältere Patienten. Eine gute Medizin und damit verbunden auch eine gute Pflege bzw. Betreuung für Ältere ist jedoch nur möglich, wenn die Eigenheiten des Alterns, die speziellen Untersuchungsmethoden und die krankheitsspezifischen Besonderheiten Betagter in das Denken und Handeln aller einfließen, die ältere Patienten betreuen. Auch wenn die geriatrische Medizin – Medizin für ältere Menschen – eine eigenständige Disziplin ist, so handelt es sich immer um ein interdisziplinäres, gemeinschaftliches Arbeiten für und mit dem alten Patienten. Wichtig erscheint mir in diesem Zusammenhang, dass Ältere und hier insbesondere chronisch kranke Menschen die größte in sich geschlossene Gruppe darstellen, die medizinische, pflegerische und therapeutische Hilfe beansprucht, wobei diese Tendenz in Zukunft noch wachsen wird.

Das Anliegen dieses Buches ist deshalb nicht, ein Handbuch über Krankheitsbilder bei Älteren und die daraus zu ziehenden Konsequenzen für die Pflege zu erstellen, das vorliegende Buch soll vielmehr als übersichtliche und aktuelle Informationsquelle sowie fachspezifische Gedächtnisstütze für den pflegerischen Alltag dienen, aber gleichermaßen auch zum gezielten Nachschlagen sowie systematischen Lesen geeignet sein. Bewusst wurde zu Gunsten einer praxis- und pflegenahen Aktualität auf die Beschreibung sehr seltener Krankheitsbilder bzw. Krankheitssymptome verzichtet.

Ohne Zweifel haben die Pflegeberufe in den letzten Jahren eine vermehrte Eigenwahrnehmung und Autonomisierung erfahren, was grundsätzlich sehr zu begrüßen ist. Aber wegen der weiteren Spezialisierung im medizinischen Sektor droht eine zunehmende Entfremdung zwischen ärztlichem und pflegerischem Wissen und Tun. Eine gute Betreuung gerade der älteren Patienten kann hingegen nur gewährleistet sein, wenn man versucht, Krankheitsprobleme miteinander zu lösen und nicht gegeneinander.

Deshalb ist weiteres Ziel des vorliegenden Buches, einen Brückenschlag zu schaffen zwischen betreuungsbedürftigen Älteren, Arzt und allen anderen an der Versorgung und Betreuung Älterer beteiligten Personen. Dabei richtet sich das Buch in erster Linie an die Altenpflegeberufe, da sie im Mittelpunkt in der funktionellen Betreuung geriatrischer Patienten stehen, aber auch an alle anderen mit geriatrischen Fragen und Aufgaben konfrontierten Berufszweige.

Gegenüber der ersten Auflage des Geriatrie-Buches, das damals noch gemeinsam mit Herrn Kollegen J. D. Summa entstand, haben sich in der Geriatrie viele Entwicklungen vollzogen. Nicht nur, dass viele neue Geriatrieeinrichtungen im Klinikbereich und in der Langzeitpflege entstanden sind, auch die Vorstellungen im Umgang mit dem alten kranken Menschen haben sich verändert. So war es notwendig, das Buch völlig neu zu strukturieren und auch inhaltlich zu überarbeiten, um den heutigen Geriatrievorstellungen gerecht zu werden.

Bei der Ausrichtung der geriatrischen Medizin auf die Lebensqualität der Älteren stehen verständlicherweise nicht mehr allein Diagnosen im Vordergrund des Interesses, sondern das Erfassen und die Gewichtung der funktionalen Defizite und Ressourcen des alten Menschen, die in hohem Maße das tägliche Leben und damit seine Lebensqualität bestimmen.

Dementsprechend gliedert sich das Buch nach einem einleitenden allgemeinen Bereich in einen symptomorientierten und funktionellen Abschnitt (Band 1) und in eine Darstellung einzelner, häufig auftretender Krankheiten im Alter, Problembereiche, Notfallmedizin, Tod und Sterben (Band 2).

Diese zwei neu gestalteten Ausgaben, Band 1 und Band 2, sollen dazu beitragen, das Verständnis über Altern und insbesondere das Wissen über Alterskrankheiten bzw. Krankheiten beim alten Menschen zu vertiefen und die Betreuung der uns anvertrauten älteren Menschen, seien es die Patienten im Krankenhaus, die Bewohner im Pflegeheim oder die Klienten/Bewohner in der ambulanten Betreuung, zu verbessern.

Wuppertal, im August 2003 Prof. Dr. Ingo Füsgen

Inhaltsverzeichnis

Zur leichteren Orientierung im Text:

Definition

Merke

Hinweise/Empfehlungen

Achtung/Vorsicht

Spezielle Pflegehinweise

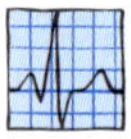
Beispiel

Therapie

1 Besonderheiten wichtiger Erkrankungen im Alter

1.1 Herz- und Kreislauferkrankungen

Physiologische Veränderungen am Herzen

Das Herz des älteren Menschen ist durch vergrößerte Herzhöhlen und eine diffuse Verstärkung des Myokards (Herzmuskel) gekennzeichnet. In der Regel werden mit zunehmendem Alter die Herzklappen bei derberem Endokard starrer. Die Koronarien (Herzkranzgefäße) verlieren an Elastizitität, und es tritt anscheinend eine bis jetzt morphologisch schlecht fassbare Veränderung der Herzmuskulatur ein, die mit einer gewissen **Kontraktionsminderung** verbunden ist.

Eine Abnahme der Anpassungsfähigkeit des Herzens ist festzustellen. So nehmen Schlag- und Volumenminuten nach dem 30. Lebensjahr infolge der zunehmenden Druckarbeit des linken und rechten Herzens kontinuierlich ab. Unter körperlicher Belastung kann bei Betagten das erforderlich vermehrte Herzminutenvolumen vorwiegend durch einen Anstieg der Pulsfrequenz und weniger durch ein vermehrtes Schlagvolumen erreicht werden. Die hierzu notwendige Pulsfrequenz ist jedoch im höheren Alter nur in beschränktem Ausmaß möglich. Die unter körperlicher Belastung maximal erreichbare Herzfrequenz beträgt bei 70- bis 80-jährigen Kreislaufgesunden höchstens 140 bis 150 Schläge pro Minute.

Funktionelle Veränderungen

Funktionell findet man also eine **verringerte Herzfrequenzvariabilität** sowie eine **reduzierte maximale Herzfrequenzrate unter Belastung**. Ferner sind eine verminderte systolische myokardiale Kontraktionsgeschwindigkeit sowie eine verzögerte diastolische myokardiale Relaxation nachweisbar. Hämodynamisch weist so das Herz im Alter infolge einer mäßig reduzierten Auswurfreaktion ein **verkleinertes Schlagvolumen** auf, sodass verbunden mit der eingeschränkten Herzfrequenzreserve das **maximale Herzzeitvolumen** unter Belastung bzw. die **maximale Sauerstofftransportkapazität** des Herz-Kreislauf-Systems gegenüber jüngeren Erwachsenen **vermindert** ist.

Hämodynamische Veränderungen

Veränderungen an den Gefäßen

An den **arteriellen Gefäßen** tritt im Alter eine zunehmende **Verdickung der Gefäßwand** auf, die u. a. durch bindegewebige Verbreiterungen der Intima und vermehrte Einlagerungen der Grundsubstanzen innerhalb der Media verursacht wird. Die mittlere Wanddicke der Gefäße nimmt vom 20. bis 70. Lebensjahr um etwa 50 % zu.

Auch das **elastische Gewebe** selbst verändert sich. In der Media verschwinden die elastischen Elemente fast völlig und werden durch kolla-

genes Bindegewebe ersetzt. Diese Veränderungen sind in den Hauptgefäßen am deutlichsten. Dabei ist die Bindegewebevermehrung in den elastischen Gefäßen stärker als in den muskulären ausgeprägt, was offenbar kompensatorisch erfolgt.
Als Folgen sind funktionell ein **Rückgang der Wandelastitizität** sowie eine **Verminderung der Vasoreagibilität** festzustellen. Hieraus resultieren ein Anstieg des systolischen Blutdrucks und der Blutdruckamplitude und eine Abnahme der blutflussabhängigen endothelzellvermittelten Vasodilatoren.

Bedeutung für die Geriatrie

Degenerative Erkrankungen des Herzens stehen in enger Beziehung zum Lebensalter. Sie werden bei bis zu 50 % der Menschen über 65 Jahre angetroffen. In der ältesten Bevölkerungsgruppe – den über 90-Jährigen – sind fast alle Personen von kardiovaskulären Erkrankungen betroffen. Männer sind in der Regel stärker betroffen als Frauen. Die allgemeine Sterberate verdoppelt sich jenseits des 30. Lebensjahres alle 7,5 Jahre, bei Vorliegen von Herz-Kreislauf-Krankheiten aber schon alle 6 Jahre. Sie ist im 85. Lebensjahr etwa 100-mal größer als im 30. Lebensjahr, bei Patienten mit Herz-Kreislauf-Krankheiten jedoch 400-mal größer.

1.1.1 Koronare Herzkrankheit (KHK)

Definition: Bei der koronaren Herzkrankheit (KHK) handelt es sich um eine Durchblutungsstörung der Herzkranzgefäße mit einer Sauerstoffunterversorgung des Herzmuskels.

Ursachen und Risikofaktoren

Ursache ist meist eine Arterienverkalkung (Arteriosklerose) dieser Gefäße. Als Folge treten Angina-pectoris-Anfälle auf. Diese werden häufig durch körperliche Anstrengung, Kälte, ausgiebige Mahlzeiten, psychische Belastungen und Aufregung ausgelöst. Risikofaktoren für eine KHK sind Rauchen, erhöhte Blutfettwerte, Diabetes mellitus, Bluthochdruck. Mit zunehmendem Alter nehmen Eingefäßerkrankungen ab, während Zwei- bis Drei- und Mehrgefäßerkrankungen eine deutliche Zunahme erfahren. Dies trifft sowohl für Männer als auch für Frauen zu. Unterschiedlich ist jedoch der Beginn der hämodynamisch bedeutsamen Krankheiten. Er liegt bei Frauen deutlich später.

Die koronare Herzkrankheit ist keine einheitliche Krankheit und keineswegs nur Ausdruck einer Koronarsklerose. Sie ist vielmehr ein Syndrom mit vielen Ursachen und mit vielen Erscheinungsbildern. Manifestationen sind:

Krankheitsformen

- die stabile und instabile Angina pectoris (akutes Koronarsyndrom),
- die stumme Myokardischämie,
- der Herzinfarkt (☞ Kap. 2.11, S. 205) und
- der plötzliche Herztod.

Bedeutung für die Geriatrie

Die koronare Herzkrankheit ist die **dominierende Erkrankung** des Herzens im Alter und ist für den größten Teil aller kardialen Beschwerden und Komplikationen verantwortlich. In der **Todesursachenstatistik** steht die koronare Herzkrankheit **an erster Stelle.**

Symptomatik

Auch beim älteren Patienten steht die klassische Angina pectoris im Vordergrund der bei koronarer Herzkrankheit angetroffenen Symptomatik. Diese typischen **pektanginösen Beschwerden** mit linksthorakalen Schmerzen und Ausstrahlung in den linken Arm zeigen sich allerdings bei alten Menschen seltener, da diese sich körperlich weniger belasten und aufgrund der häufig bestehenden autonomen Neuropathie auch eine geringere Sensitivität vorliegt. Sogar ein akuter Myokardinfarkt wird häufig als akuter Blutverlust, zu niedriger Blutdruck oder schwer wiegende Infektion verkannt. Das Auftreten von Dyspnoe, Synkope, ungeklärten Oberbauchbeschwerden, Lungenödem oder plötzlicher Herzinsuffizienz sollte an einen Myokardinfarkt denken lassen. Manchmal imponiert das kardiale Ereignis auch als akute Verwirrtheit durch die zerebrale Blutminderversorgung.

> **Hinweis:** Je älter der Patient ist, umso eher muss auch daran gedacht werden, dass die koronare Herzkrankheit „stumm" verlaufen kann. Solche **„stummen Ischämien"** finden sich besonders bei Diabetikern.

Begleiterkrankungen

Im Zusammenhang mit koronarer Herzkrankheit kommen **Herzrhythmusstörungen** (Arrhythmien) in sehr unterschiedlicher Häufigkeit und Ausprägung vor. **Myokardinfarkte**, aber auch maligne Arrhythmien ohne Infarktgeschehen können zu einem unerwarteten, plötzlichen kardialen Tod führen (**plötzlicher Herztod**). Die KHK ist auch hauptverantwortlich für das Auftreten einer **Herzinsuffizienz**.

Ärztliche Maßnahmen

Die **Prophylaxe** besteht in allgemeintherapeutischen Maßnahmen zur **Beeinflussung der Risikofaktoren** (Hypertonie, Fettstoffwechselstörungen, Diabetes mellitus, Rauchen) und in der **medikamentösen Therapie.** Allerdings nimmt die Bedeutung der Behandlung koronarer Risikofaktoren bei Hochbetagten ab. Sie wird begrenzt durch die geringere statistische Lebenserwartung und die Tatsache, dass Verhaltensänderungen bei dieser Altersgruppe kaum mehr durchsetzbar sind.

Medikamentöse Therapie

Der **akute Angina-pectoris-Anfall** wird mit **Nitroglyzerinpräparaten** (Spray oder Zerbeißkapsel) therapiert. Die Wirkung setzt nach 1 bis 2 Minuten ein. Als Nebenwirkungen können Kopfschmerzen, Hitzegefühl, Schwindel und ein Anstieg der Herzfrequenz auftreten.
Langfristig wird versucht, weitere Angina-pectoris-Anfälle zu verhindern. **Risikofaktoren** der Arteriosklerose müssen **behandelt** werden. Medikamentös werden Langzeitnitrate, Betablocker und Kalziumantagonisten angewandt.

Chirurgische Intervention

Bei einer lokalisierten **Einengung** (Stenose) **der Herzkranzgefäße** kann diese mittels eines dünnen, aufblasbaren Ballons, der in die Stenose eingeführt wird, gedehnt werden (**PTCA – perkutane transluminale Koronarangioplastie**). Bei einer **Bypass-Operation** wird die Stenose durch Verpflanzung einer körpereigenen Vene (z. B. aus dem Oberschenkel) überbrückt.

Pflegerische Maßnahmen

Die **pflegerischen Maßnahmen** haben ihren Schwerpunkt in der Beeinflussung der Lebensweise des älteren Menschen, bei Bedarf in der Notfallbehandlung sowie in der medikamentösen Überwachung bzw. Verabreichung der Arzneimittel und Kontrolle der Risikofaktoren. Bei Adipositas sollte eine langsame Gewichtsreduktion erfolgen. Der Blutdruck muss eingestellt, Rauchverzicht sollte unbedingt angeregt werden. Bei zu hohem Cholesterinspiegel ist eine Ernährungsumstellung anzustreben. Statt einer üppigen sollten mehrere kleine Mahlzeiten über den Tag verteilt eingenommen werden.
Treten Schmerzen auf, die mit Angst verbunden sind, so ist besonders dann an Stenokardien (Angina pectoris) zu denken, wenn hypotone Kreislaufzustände, Pulsbeschleunigung und Herzrhythmusstörungen vorhanden sind oder wenn eine deutliche Abhängigkeit der Schmerzen von körperlichen und seelischen Belastungen gegeben ist. Bei Hypertoniepatienten sollte der Blutdruck regelmäßig kontrolliert werden.

Achtung: Bei instabiler Angina pectoris (rezidivierende Schmerzanfälle) Nitroglyzeringabe nach Arztanordnung. Oberkörper aufrichten und beengende Kleidung entfernen. Bettruhe sollte unbedingt eingehalten werden. Vitalparameter kontrollieren (☞ Kap. 2.4.2, S. 194). Herzinfarkt ☞ Kap. 2.11, S. 205.

1.1.2 Herzrhythmusstörungen

Definition: Unter Herzrhythmusstörungen werden Störungen der Herzfrequenz (Häufigkeit der Herzkontraktionen) bzw. der Regelmäßigkeit des Herzschlages verstanden. Das Spektrum der Herzrhythmusstörungen reicht von harmlosen einzelnen zusätzlichen Herzschlägen (**Extrasystolen**) bis zu einer lebensbedrohlichen Zu- oder Abnahme der Herzfrequenz (**Tachy- oder Bradykardie**).

Als typische, mit verschiedenen Rhythmusstörungen assoziierte Krankheitsbilder sind die koronaren und die hypertensiven Herzerkrankungen, Herzklappenfehler, Herzinsuffizienz sowie Herzmuskelentzündungen zu nennen. Aber auch extrakardiale Erkrankungen wie z. B. die Hyperthyreose (Schilddrüsenüberfunktion) oder die arterielle Hypertonie können ursächlich an der Entstehung von Herzrhythmusstörungen beteiligt sein. Es darf nicht vergessen werden, dass auch eine Reihe von Medikamenten (z. B. Digitalis, Antihypertensiva, Antidepressiva, Tranquilizer) Herzrhythmusstörungen hervorrufen können.

Einteilung

Herzrhythmusstörungen werden eingeteilt in:

- **Erregungsrückbildungsstörungen**
  - Sinustachykardie/-bradykardie: Frequenz über 100 bzw. unter 60 Schlägen/Min.
  - Extrasystolien: Extrasystolen (ES) sind vorzeitig einsetzende Myokardkontraktionen. Sie sind die häufigste Störung der Erregungsbildung.
- **Erregungsüberleitungsstörungen:**
  - Atrioventrikulärer Block (Atrium = Vorhof; Ventrikel = Kammer): meistens Zeichen einer ischämischen Myokarderkrankung (KHK).

Bedeutung für die Geriatrie

Nach Langzeitbeobachtungen sind ventrikuläre (von der Herzkammer ausgehende) und supraventrikuläre (vom Vorhof ausgehende) Rhythmusstörungen bei mehr als 90 % der älteren Patienten nachweisbar. Vitalgefährdende Rhythmusstörungen treten bei 14 % dieser Personengruppe auf und können bei herzkranken Älteren mit einer Häufigkeit von 31 % dokumentiert werden.

Symptomatik

Den Symptomen der Herzrhythmusstörungen liegen überwiegend die hämodynamischen Folgen dieser Erkrankungen zugrunde. Von vielen Patienten wird allerdings auch der unregelmäßige Herzschlag stark verspürt und evtl. als Herzstolpern wahrgenommen. Unter den Symptomen stehen Schwindelgefühl, Herzklopfen, Herzstolpern und besonders im höheren Alter auch Verwirrtheitszustände im Vordergrund (☞ Tab. 1).

Tab. 1: Symptome der Herzrhythmusstörungen

	Bradykardie	Tachykardie
Schwindelzustände	x	x
Verwirrtheit	x	x
Herzklopfen	x	xxx
Atemnot	x	xx
Angina pectoris	x	xx
Linksherzversagen	(x)	xxx
Synkopen	xxx	x
Stürze	xxx	x
TIA und Apoplex	xxx	x

Vorhofflimmern

Vorhofflimmern ist die **häufigste kardiale Rhythmusstörung im Alter.** Die Inzidenz des Vorhofflimmerns steigt mit dem Lebensalter an und erreicht bei über 70-Jährigen etwa 5 %, wobei Männer fast doppelt so häufig betroffen sind wie Frauen. Bei Männern, die an einer kardiovaskulären Erkrankung leiden und über 80 Jahre alt sind, beträgt diese Inzidenz 9 %.

Vielfach **verläuft** das Vorhofflimmern **klinisch stumm.** Die Patienten sind beschwerdefrei und/oder fühlen sich in ihrer Leistungsfähigkeit nicht beeinträchtigt. Manchmal verursacht das Vorhofflimmern jedoch Beschwerden, bei denen eine Atemnot mit etwa 50 %, eine Angina pectoris mit etwa 30 %, Herzklopfen mit über 25 % sowie Verwirrtheit und Schwindelgefühl mit Ohnmachtsneigung mit knapp 20 % im Vordergrund stehen.

Folgen

Neben einer Beeinträchtigung des Schlagvolumens kommt der **arteriellen Embolie** aufgrund des Vorhofflimmerns besondere Bedeutung zu. Embolien aus dem linken Vorhof steigern bei Vorhofflimmern das **Schlaganfallrisiko** um das 5fache und stellen auch ein hohes **Mortalitätsrisiko** dar.

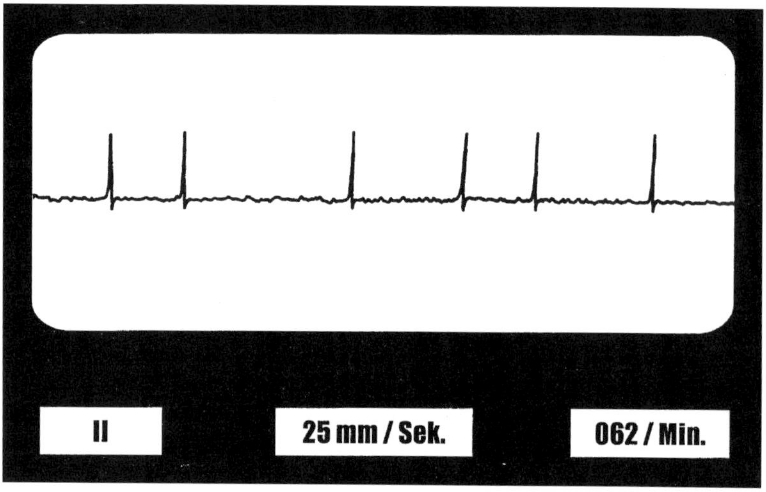

Abb. 1: Vorhofflimmern

Sinusknotensyndrom

Unter dem Sinusknotensyndrom versteht man eine bradykarde Rhythmusstörung, die unter Umständen abwechselnd mit paroxysmaler supraventrikulärer Tachykardie auftritt (**Tachy-Bradykardie-Syndrom**). Dieses Sinusknotensyndrom (**Sick-Sinus-Syndrom**") findet sich häufig bei KHK, hypertensiver Herzkrankheit und Herzklappenfehlern.
Oft bleiben klinische Erscheinungen aus, doch führen sowohl Frequenzabfall wie auch Frequenzanstieg in Folge ihrer hämodynamischen Wirksamkeit gelegentlich zu Herzklopfen, zu Schwindelgefühl und manchmal auch zu Synkopen (Ohnmachtsanfällen).

AV-Block III. Grades (totaler AV-Block)

Es handelt sich hier um eine **bradykarde Erregungsüberleitungsstörung.** Bis zum Einspringen eines untergeordneten Schrittmacherzentrums kommt es zu einer Asystolie, die mit einem Stillstand der Auswurfarbeit der Kammern verbunden ist und sehr rasch zu einem Absinken des mittleren Blutdrucks führt. Kommt es zu Bewusstlosigkeit, ausgelöst durch eine **Mangeldurchblutung des Gehirns** aufgrund einer kardialen Ursache, spricht man von einem **Morgagni-Adams-Stokes-Anfall.** Im EKG findet man einen totalen Überleitungsausfall vom Vorhof zur Kammer des Herzens. Die Vorhöfe werden dabei unverändert weiter erregt (☞ Abb. 2).

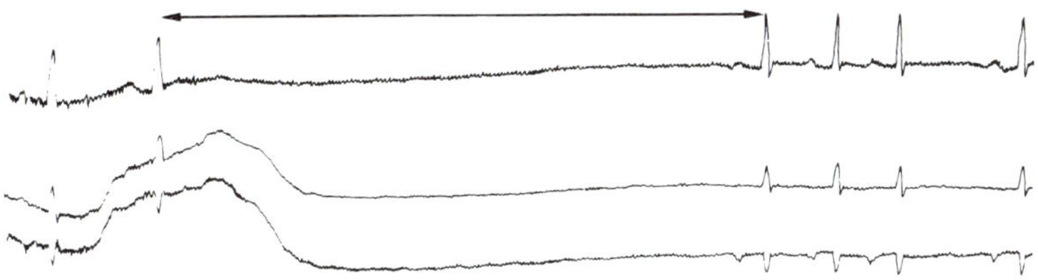

Abb. 2: Morgagni-Adams-Stokes-Anfall in seiner asytolischen Form. Die Vorhöfe werden unverändert weiter erregt, jedoch ohne nachfolgende Kammeraktion für etwa 12 Sek.

Kammerflimmern

Adams-Stokes-Anfälle entstehen aber nicht nur durch das Auftreten einer Pause der Herzkammeraktion, sondern ungefähr in 20 % der beobachteten Fälle durch eine zu schnelle Herzschlagfolge, also durch **Kammertachykardien**, **Kammerflattern** und **Kammerflimmern** (☞ Abb. 3). Auch durch diese Form des Adams-Stokes-Anfalles kommt es zu einer **Verminderung des Auswurfvolumens** des Herzens durch die sehr kurze diastolische Füllungszeit, aber auch zu einem Blutdruckabfall. Da diese Form der Rhythmusstörungen besonders ältere Menschen mit arteriosklerotischen Gefäßveränderungen trifft, ist die kritische Grenze für die zerebrale Durchblutung höher anzusetzen und damit die Gefahr, dass es zu zerebralen Durchblutungsstörungen kommt, erheblich größer.

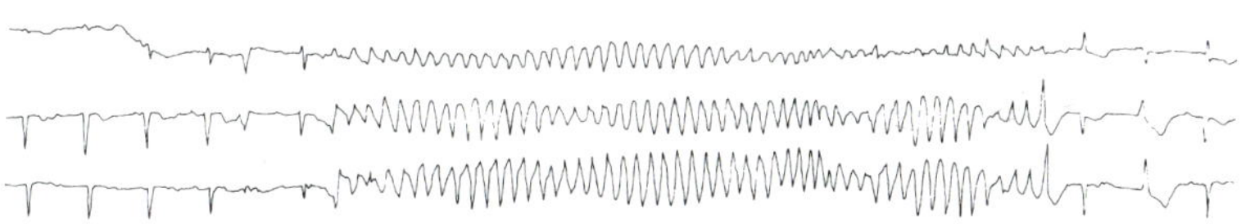

Abb. 3: Die kardiale Synkope ist hier durch Kammerflimmern verursacht

Karotis-Sinus-Syndrom

Das Karotis-Sinus-Syndrom entsteht durch mechanische Irritation des Karotissinus, der über den Karotis-Sinus-Reflex im Regelkreis des Herz-Kreislaufsystems eine bedeutende Rolle spielt. Es handelt sich hierbei ebenfalls um eine **bradykarde Herzrhythmusstörung.**

Ursachen

Als auslösende Faktoren bestehen in der Regel eine Wandsklerose der Karotisgabel, die zur Überempfindlichkeit des Rezeptorenapparates führt, und eine koronarsklerotisch bedingte AV-Überleitungsstörung, die häufig noch durch eine Digitalistherapie negativ verstärkt wird.
Vom Karotis-Sinus-Syndrom spricht man, wenn Synkopen („Ohnmachtsanfälle") durch Zurückneigen des Kopfes oder durch einen zu engen Kragen ausgelöst werden.

Ärztliche Maßnahmen

Der erste Schritt der Behandlung einer **Herzrhythmusstörung** besteht in der Suche nach deren Ursache. Vielfach werden dabei Hypertonie, Hyperthyreose, kleine Lungeninfarkte, Alkoholkonsum oder anderes ermittelt. Hier steht die **Behandlung** bzw. **Beseitigung der Ursache** für die Herzrhythmusstörung im Vordergrund.

Konversionsversuch

Bei **Vorhofflimmern** wird versucht, eine Frequenzsenkung bzw. eine Konversion durchzuführen. Dieser Konversionsversuch (**Wiederherstellung eines normalen Sinusrhythmus**) kann pharmakologisch, aber auch elektrisch erfolgen. Häufig bleibt aber ein dauerhaftes Vorhofflimmern bestehen. Hierbei ist eine **Antikoagulation** als präventive Maßnahme

gegen Embolien aus dem Vorhof notwendig. Die Antikoagulation reduziert die Inzidenz des Schlaganfalls deutlich. Auch die Gefahr peripherer Embolien wird gesenkt.
Bei den **ventrikulären Tachykardien** steht ebenfalls die **medikamentöse Therapie** im Vordergrund. Bei **Kammerflattern** und **Kammerflimmern** müssen natürlich die Vitalfunktionen durch **Reanimation** (Herzmassage und Beatmung bis zur Elektrokonversion) sichergestellt werden.

Schrittmachertherapie

Bei bradykarden **Herzrhythmusstörungen** (Sinusknotensyndrom, AV-Block, Karotis-Sinus-Syndrom) steht die **Schrittmachertherapie** im Vordergrund. Neben dem Einkammersystem (nur eine Schrittmachersonde in der Herzkammer) stehen heute auch Zweikammersysteme (eine Sonde im Vorhof und eine Sonde in der Herzkammer) wie auch frequenzadaptative Systeme zur Verfügung.

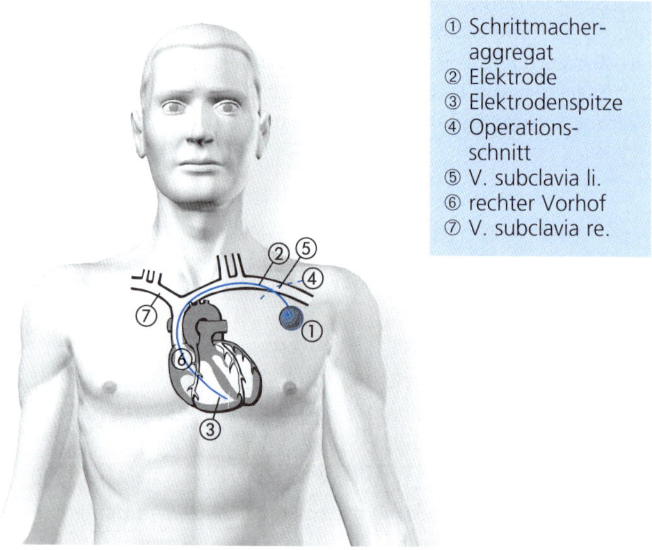

Abb. 4: Implantierter Herzschrittmacher. Das Schrittmacheraggregat (1) wird unter die Brusthaut eingelegt und die Elektrode (2) über Vena subclavia, obere Hohlvene und rechten Vorhof in den rechten Ventrikel eingeführt. Die Elektrodenspritze (3) ist im Balkenwerk der Muskulatur fixiert (VVI-Schrittmachersystem)

Schrittmachersyndrom

Die Komplikationen der Schrittmacherimplantation sind mit der Verbesserung der Schrittmachertechnik gering geworden. Neben der Infektion des Implantationsbettes und der Dislokation der Schrittmachersonde hat das Schrittmachersyndrom besondere Bedeutung. Das **Schrittmachersyndrom** entsteht beim Einkammersystem, wenn Vorhof (Eigenerregung) und Ventrikel (Schrittmacherimpuls) asynchron getriggert werden und sich gegenläufig kontrahieren. Der Patient spürt Herzklopfen und Schwindelgefühl. Auch Synkopen können Ausdruck dieses Schrittmachersyndroms sein.

Pflegerische Maßnahmen

Bei Herzrhythmusstörungen kommt der **Beobachtung der Herzfrequenz** (Puls) besondere Bedeutung zu. Da die meisten Antiarrhythmika erhebliche Nebenwirkungen haben, ist auf eine besonders korrekte Verabreichung der verordneten Medikamente zu achten und eine Krankenbeobachtung durchzuführen.

Spezieller Pflegehinweis: Bei akut auftretenden Rhythmusstörungen ist unbedingt Bettruhe einzuhalten. Bei implantiertem Schrittmacher sollte der Patient immer einen Schrittmacherpass mitführen. Hier ist es wichtig, im Rahmen von Pulsmessungen die Pulsschläge immer eine ganze Minute lang zu zählen.

1.1.3 Chronische Herzinsuffizienz

Definition: Unter Herzinsuffizienz versteht man die Unfähigkeit des Herzens, die vom Organismus benötigte Blutmenge zu fördern. Abhängig davon, welche Herzkammer geschädigt ist, unterscheidet man die **Rechtsherzinsuffizienz** (Blutrückstau in den Körperkreislauf) von der **Linksherzinsuffizienz** (Blutrückstau in den Lungenkreislauf). Sind beide Herzkammern betroffen, so handelt es sich um eine **Globalinsuffizienz**.

Ursachen

Hauptursache ist mit 77 % die **Hypertonie** (hypertensive Herzerkrankung), an zweiter Stelle steht die **koronare Herzkrankheit** (KHK). Weitere häufige Ursachen einer Herzinsuffizienz sind Herzinfarkte, Herzklappenfehler, Herzrhythmusstörungen und Lungenerkrankungen wie die chronische Bronchitis.

Bedeutung für die Geriatrie

Bis zu 50 % aller Menschen über 65 Jahre leiden an einer latenten oder manifesten Herzinsuffizienz, die auch eine der häufigsten Gründe für eine Krankenhauseinweisung ist. Die Prognose der Herzinsuffizienz ist in den ersten 5 Jahren ihres Auftretens sehr ungünstig. In diesem Zeitabschnitt sterben über 65 % der betroffenen Männer und über 40 % der betroffenen Frauen.

Symptomatik

Aufgrund der Multimorbidität im Alter und der unspezifischen Symptome kann das Erkennen einer latenten (beginnenden) Herzinsuffizienz bei älteren Menschen schwieriger sein als bei jüngeren. Die folgenden anamnestischen Hinweise sollten jedoch stets auch an eine Herzinsuffizienz als Ursache der bestehenden Beschwerden denken lassen: Belastungsdyspnoe, Nykturie, Schlafstörungen, Knöchelödeme, Belastungshusten, Belastungstachykardie (Extrasystolen), allgemeine Schwäche und gastrointestinale Symptome.

Allgemeinsymptome der chronischen Herzinsuffizienz werden in gemäß NYHA (New York Heart Association) unterschiedliche **Schweregrade** eingeteilt:

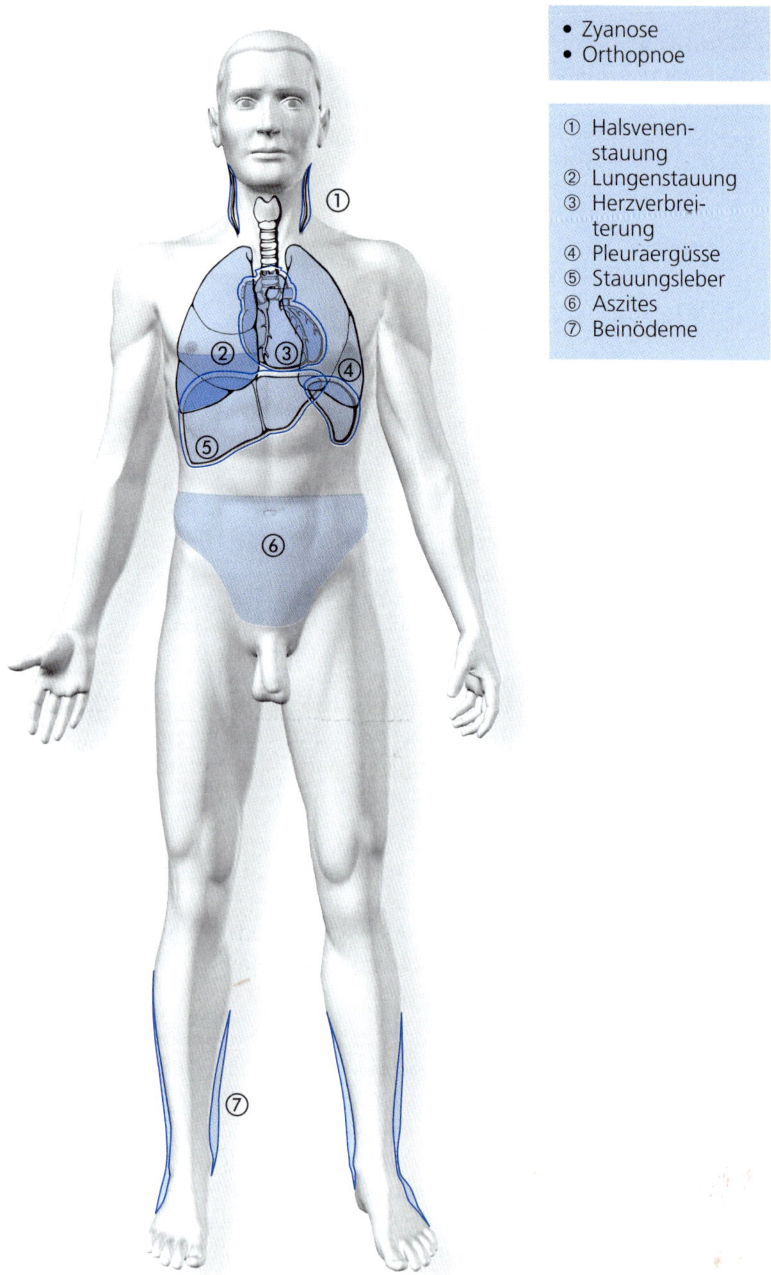

Abb. 5: Symptome bei Herzinsuffizienz

Übersicht 1: Schweregradeinteilung bei chronischer Herzinsuffizienz

Grad I: keine Einschränkung der körperlichen Aktivität.
Grad II: Symptome bei gewöhnlicher leichter körperlicher Aktivität.
Grad III: Symptome bereits bei leichter Anstrengung.
Grad IV: erhebliche Symptome bereits in Ruhe.

Typische Symptome sind Atemnot, Brustschmerzen und Herzklopfen. Weitere Symptome können Nykturie, Aszites, Leber- und Milzsschwellung sowie Gewichtszunahme (durch Stauung) sein. Besonders die Nykturie (nächtliches Wasserlassen) ist ein Zeichen des verminderten Herzfördervolumens. Aus der nächtlichen Steigerung der Nierendurchblutung aufgrund des verbesserten Rückflusses zum Herzen resultiert eine erhöhte Urinmenge.

Typische Symptome der Linksherzinsuffizienz

- **Atemnot** (Dyspnoe) – **Leitsymptom** (zuerst bei Anstrengung, später in Ruhe).
- Hartnäckiger Husten durch Blutrückstau in die Lunge.
- Orthopnoe (Atemnot auch im Liegen). Eine Linderung der Atemnot wird durch eine aufrechte Position des Oberkörpers erreicht. Die Intoleranz der flachen Horizontallage ist ein typisches Symptom (bei der Lagerung beachten). Grund: Bei der Oberkörperhochlagerung verlagert sich die Flüssigkeit in die unteren Anteile der Lunge, sodass die Oberfelder für den Gasaustausch frei werden.
- Lungenödem (Wassereinlagerungen in den Lungenbläschen) mit Zyanose.

Folgen

Dekompensiert eine chronische Linksherzinsuffizienz, kann das in die Lunge zurückgestaute Blut zu einem **akuten Lungenödem** (Wasseransammlung in der Lunge) führen. Typische Symptome hierfür sind anfängliche Hustenattacken und spastische Atmung, dann rasch zunehmende Atemnot mit brodelnden Atemgeräuschen, schaumig-rotem Sputum, Zyanose, Blutdruckabfall und Tachykardie, Schweißausbruch und Todesangst (☞ Kap. 2.8.1, S. 198 ff.).

Typische Symptome der Rechtsherzinsuffizienz

- Ödeme der unteren Körperpartien (Knöchel- und Beinödeme, Ödeme im Steißbereich) mit Gewichtszunahme, anfangs nur abends, später permanent.
- Blutrückstau in den zum Herzen führenden Venen, sichtbar als Halsvenenstauung und Stauung der Venen im Bereich des Zungengrundes.
- Stauungsleber (vergrößerte Leber durch Blutrückstau) mit Schmerzen im Bereich des rechten Rippenbogens.
- Magenschleimhautentzündung mit Appetitlosigkeit, Völlegefühl und Obstipation.
- Nächtliches Wasserlassen (Nykturie) durch Wiederaufnahme der Ödemflüssigkeit im Liegen.
- Stauungsnieren mit Eiweißausscheidung im Urin.

Definition: Unter einem **„Cor pulmonale"** versteht man eine **isolierte Rechtsherzinsuffizienz** aufgrund einer **chronischen Atemwegserkrankung** (z. B. COPD, ☞ Kap. 1.3.1, S. 70 ff.). Aber auch **rezidivierende Lungenembolien** kommen im Alter häufig als Ursache in Betracht.

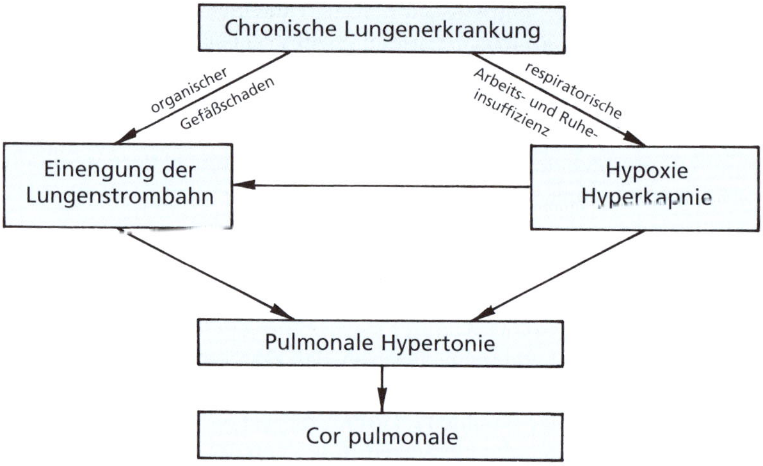

Abb. 6: Entwicklung des chronischen Cor pulmonale

Folgen

Bei fortgeschrittener Herzinsuffizienz kann es zu Pumpversagen des Herzens mit lebensbedrohlicher Schocksymptomatik kommen (**kardiogener Schock**). Durch die Strömungsverlangsamung und die eingeschränkte Mobilität des alten Menschen werden Thrombosen mit der Gefahr einer Lungenembolie begünstigt.

Ärztliche Maßnahmen

Die ärztlichen Maßnahmen haben das Ziel, die Lebenserwartung zu verlängern, die Lebensqualität zu verbessern und Arrhythmien, die zum plötzlichen Herztod führen können, zu vermindern. So sollten vor Einleitung einer symptomatischen Behandlung kardiale Grundleiden erfasst werden, um eine kausale Therapie durchführen zu können. Zudem gilt es, auslösende oder verschlimmernde Faktoren einer Herzinsuffizienz zu erfassen und auszuschalten (☞ Übersicht 2).

Kausale Therapie:
- Operation bei Herzklappenfehler,
- Einstellung einer Hypertonie,
- Behandlung einer Herzmuskelentzündung.

Übersicht 2: Auslösende Ursachen für eine akute Verschlechterung der Herzinsuffizienz (Dekompensation)

- Zusätzlich aufgetretene Herzrhythmusstörung
- Lungenembolie
- grippale und bronchopulmonale Infekte
- Medikamente (z. B. Betablocker)
- Hyperthyreose
- Stress.

Die Symptome der Herzinsuffizienz können durch das Verabreichen von Arzneimitteln verbessert werden: Verstärkung der Kontraktionskraft des Herzens (Digitalis), Reduzierung der Blutmenge (Diuretika), Verminderung des peripheren Gefäßwiderstandes (ACE-Hemmer) und Erweitern der Gefäße (Nitrate). Wichtig ist auch eine Diät zur Gewichtsreduktion und eine der Herzinsuffizienz angepasste körperliche Belastung.

Abb. 7: Therapie der Herzinsuffizienz

Pflegerische Maßnahmen

Herzinsuffiziente Patienten sind oft an der Grenze der Leistungsfähigkeit, man darf sie deshalb nicht überfordern und zu sehr belasten. **Regelmäßige Patientenbeobachtung** und **tägliche Gewichtskontrollen** sind bei Herzinsuffizienz angezeigt, um eine drohende Dekompensation frühzeitig erfassen und abfangen zu können. Die Herzinsuffizienz kann mit verantwortlich sein für die Abnahme der Hirnleistungsfähigkeit, d. h. eine vorbestehende Demenz verschlimmern. Hauptziele bei der Pflege bei chronischer Herzinsuffizienz sind die körperliche und seelische Entlastung der Patienten und das Vermeiden einer Überwässerung. Eine körperliche Schonung ist angezeigt, unter Umständen muss anfangs sogar eine strenge Bettruhe eingehalten werden, die später in eine gezielte Mobilisierung übergeht. Eine Lagerung mit erhöhtem Oberkörper („Herzbett“) ist sinnvoll. Trinkmenge und Flüssigkeitszufuhr sollten insgesamt exakt eingehalten und protokolliert (Einfuhrkontrolle) werden, da fast alle chronisch herzinsuffizienten Patienten tendenziell zu viel Flüssigkeit zu sich nehmen.

Achtung: Eine Linksherzinsuffizienz kann jederzeit ein Lungenödem auslösen.

Auch nachts sollte der Oberkörper hoch gelagert und Frischluft zugeführt werden (Zugluft vermeiden).
Bei einer neu eingeleiteten Diuretikatherapie muss eine Bilanzierung der Flüssigkeitsmengen durchgeführt werden. Da der Patient durch die Diurese (vermehrte Urinausscheidung) Durst bekommt, kommt einer psychischen Führung besondere Bedeutung zu. Die Kochsalzzufuhr sollte beschränkt, die Speisen mit Kräutern gewürzt werden. Die Darmtätigkeit muss reguliert, eine Obstipation (Stuhlverstopfung) verhindert werden.

Spezieller Pflegehinweis: Bei Patienten mit starker Atemnot infolge Lungenstauung sollte auf die Einhaltung der Bettruhe geachtet werden, wobei der Oberkörper hoch gelagert wird. Zur Atemerleichterung sollte auch Sauerstoff über eine O_2-Brille gegeben werden.

1.1.4 Hypertonie

Physiologische Veränderungen

Die Hypertonie des älteren Menschen wird begleitet und ist gekennzeichnet durch einen Rückgang des Schlagvolumens und der Herzfrequenz mit einer Reduzierung des Herzminutenvolumens, durch einen Rückgang des Blutvolumens, des renalen Blutflusses und der Plasma-Renin-Aktivität sowie durch einen Anstieg des peripheren und des renalen Gefäßwiderstandes mit Vergrößerung der linksventrikulären Wandstärke und mit Zunahme der linksventrikulären Muskelmasse des Herzens.
Mit zunehmendem Alter lässt sich im Bevölkerungsdurchschnitt eine fortschreitende systolische als auch diastolische Blutdrucksteigerung feststellen.

Definition: Von einer Hypertonie (Bluthochdruck) spricht man, wenn der Blutdruck dauerhaft einen systolischen Wert von 140 mmHg oder diastolisch von 90 mmHg erreicht oder überschreitet. Von einer **essenziellen Hypertonie** spricht man, wenn die Ursache nicht festgestellt werden kann. Tritt eine Hypertonie im Rahmen eines anderen Leidens (z. B. chronische Nierenerkrankung, endokrine Erkrankung) auf, dann spricht man von einer sekundären **Hypertonie** im Zusammenhang mit der jeweiligen Krankheit (nur 10 % aller Hypertonieformen).
Von einer **isolierten systolischen Hypertonie (ISH)** spricht man, wenn nur der systolische Blutdruckwert über 140 mmHg erhöht, der diastolische dagegen normal ist.

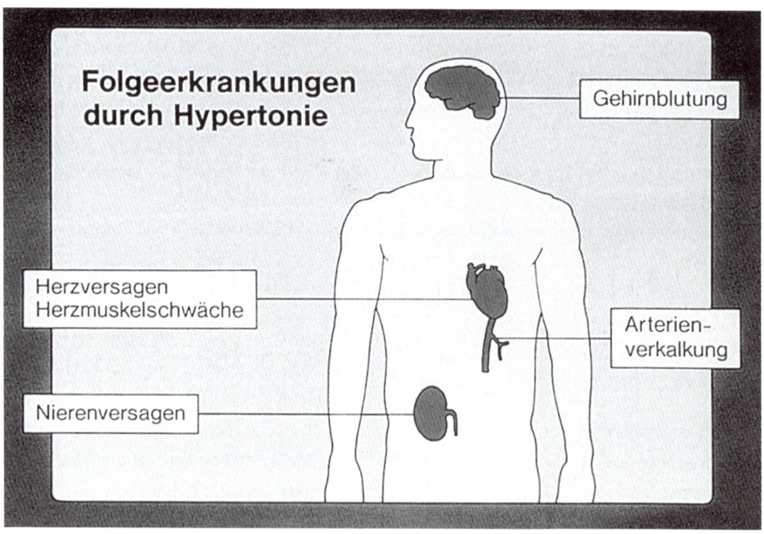

Abb. 8: Folgeerkrankungen bzw. Schäden durch Hypertonie

Beim diastolischen Blutdruck ist ein Anstieg bis etwa zum 5. Lebensjahrzehnt zu beobachten, der systolische Blutdruck dagegen steigt bis zum 8. Lebensjahrzehnt kontinuierlich an. Die isolierte systolische Hypertonie ist damit eine typische Alterserkrankung.

Bedeutung für die Geriatrie

Die Hypertonie ist bei älteren Menschen für ein Drittel aller Herzkrankheiten (sogen. **„hypertensive Herzkrankheiten"**) sowie für ca. 40 % aller **Schlaganfälle** bei Männern und 70 % bei Frauen verantwortlich. Die Hypertonie ist der wichtigste **Risikofaktor für kardiovaskuläre Krankheiten und Mortalität** (Sterblichkeit) bei älteren Menschen. Sowohl das isolierte Vorliegen einer systolischen wie auch einer diastolischen Hypertonie sind jeweils eigenständige kardio- und zerebrovaskuläre Risikofaktoren. Dabei scheint der systolische Blutdruck der wichtigere Faktor (da altersabhängig) zu sein; das Risiko bei systolischer Hypertonie nimmt mit dem Alter nicht ab!

Symptomatik

Eine Hypertonie kann viele Jahre klinisch völlig stumm vorliegen, d. h. die Diagnose wird wegen fehlender Beschwerden gar nicht gestellt. Selten klagt der Hypertoniepatient über morgendliche Kopfschmerzen, Schwindel und Tinnitus (= „Ohrensausen"). Folgende Symptome können durch die Auswirkungen der Hypertonie auf das Gehirn und das Herz auftreten:

Symptome bei Schädigung des Herzens und des Gehirns

- Schwindel
- Ohrensausen
- Schlafstörungen
- frühmorgens auftretende Kopfschmerzen
- Herzklopfen
- Nervosität
- Nasenbluten
- Benommenheit
- Gedächtnisstörungen
- Sehstörungen.

Ärztliche Maßnahmen

Diagnostisch müssen sekundäre Hypertonieformen aufgrund von Vorerkrankungen zuerst ausgeschlossen werden, da hier eine Therapie der Grundkrankheit erfolgen muss. Dazu werden insbesondere Laboruntersuchungen im Hinblick auf Nierenfunktionsstörungen und hormonelle Störungen durchgeführt. Ferner muss diagnostiziert werden, ob die Hypertonie bereits Organschäden (z. B. KHK, Herzinsuffizienz, zerebrale Durchblutungsstörungen, Niereninsuffizienz) verursacht hat.
Während beim jüngeren Hypertoniker die Indikation zur Therapie immer gegeben ist, muss sie beim Hochbetagten individuell gestellt werden. Dies geschieht in Abhängigkeit vom biologischen Alter (jung gebliebene 80-Jährige werden in jedem Fall therapiert) und den Begleitumständen (Vorliegen zusätzlicher Krankheiten oder Risikofaktoren, die durch die Hypertonie verschlimmert werden könnten, ☞ Übersicht 3).

Übersicht 3: Indikationen für eine antihypertensive Therapie im Alter

- Herzinsuffizienz, Aortenaneurysma, Zustand nach Apoplex, Diabetes mellitus.
- Isolierte systolische Hypertonie mit Blutdruckwerten über 170 mmHg.

Die Behandlung beginnt mit der Reduzierung des Körpergewichtes, vermehrter Bewegung und kochsalzarmer Diät. Zeigt sich nach diesen Maßnahmen kein Erfolg, wird auch bei älteren Patienten der Blutdruck medikamentös gesenkt.

Medikamentöse Therapie

Als Medikamente kommen Diuretika, Betablocker, Kalziumantagonisten, ACE-Hemmer (Angiotensin-Converting-Enzyme-Hemmer) und Angiotensin-II-Antagonisten (AT-2-Blocker) in Frage

Achtung: Zu beachten ist, dass ältere Hypertoniker eine Tendenz zu niedrigen Blut- und Herzminutenvolumen aufweisen. Dadurch besteht unter antihypertensiver Therapie ein erhöhtes Risiko für einen orthostatischen **Blutdruckabfall** und **Hypovolämie: Sturzgefahr** ! Deshalb sollte der Blutdruck bei älteren Patienten stets langsam (über einen Zeitraum von mehreren Wochen) gesenkt werden. Die Dosissteigerung des Antihypertonikums darf nur langsam und in kleinen Schritten erfolgen. Mögliche Folgen einer abrupten oder zu starken Blutdrucksenkung wäre eine zerebrale (Apoplex) und/oder Koronarischämie (Herzinfarkt).

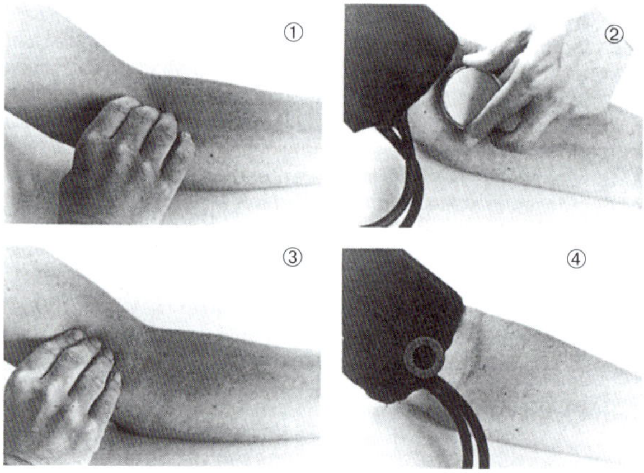

Abb. 9: Korrekte Blutdruck(selbst)messung

1 Tasten des Pulses in der Ellenbeuge
2 Aufsetzen der Stethoskopmembran bei Fremdmessung (durch Pflegepersonen)
3 Tasten des Pulses an der Innenseite des Oberarmes
4 Position der Stethoskopmembran bei Selbstmessung (durch den Patienten)

Pflegerische Maßnahmen

Der Schwerpunkt der pflegerischen Maßnahmen liegt in der Überwachung der Medikation und der begleitenden Therapiemaßnahmen (Gewichtsreduktion, Diät) und der Durchführung regelmäßiger Blutdruckkontrollen. Dabei sollten mögliche Fehler bei der Blutdruckmessung vermieden werden (☞ Übersicht 4). Wird der Blutdruck im Sitzen gemessen, so sollte der Arm in Herzhöhe gehalten werden. Wegen einer möglichen Seitendifferenz ist der Blutdruck immer auf derselben Seite zu messen. Bei adipösen Patienten muss eine breitere Blutdruckmanschette benützt werden.

Übersicht 4: Mögliche Fehler bei der Blutdruckmessung

- Keine ausreichende Ruhephase des Patienten vor der Messung.
- Verwendung einer zu schmalen Manschette.
- Zu lockeres Anlegen der Manschette.
- Zu langes Stauen.
- Kein Aufpumpen über den systolischen Blutdruckwert (fehlende Radialispalpation), sodass bei einer „auskultatorischen Lücke" der Korotkow-Töne der systolische Blutdruck u. U. erheblich zu niedrig gemessen wird.[1]
- Zu festes oder zu schwaches Aufsetzen der Stethoskopsmembran.
- Zu rasches Ablassen des Manschettendrucks.
- Einmalige Blutdruckmessung ohne nachfolgende Kontrollmessungen.
- Messung an nur einem Arm.
- Fehlerhaft arbeitende Blutdruckmessgeräte (Eichung alle 2 Jahre erforderlich).

[1] Anm.: Eine auskultatorische Lücke kann durch Interferenz und Auslöschung der Schallphänomene in der Phase II entstehen.

1.1.5 Hypotonie

Definition: Es gibt keine offiziell festgesetzte Grenze zwischen dem normalen arteriellen Blutdruck und einer Hypotonie. Als allgemeinen Grenzwert nimmt man einen systolischen Blutdruckwert von 100 mmHg und einen diastolisch Wert zwischen 60 und 70 mmHg an. Krankheitswert bekommt eine Hypotonie, wenn der Blutdruck bei Ruhe wie unter Belastung nicht ausreicht, um Gehirn, Nieren und andere Organe zu versorgen.

Ursachen

Als Ursache für eine Hypotonie kommen ungenügende Herzleistung (z. B. bei Herzinsuffizienz, Myokardinfarkt), eine endokrine Erkrankung (z. B. Hypothyreose), eine Hypovolämie (vermindertes Blutvolumen, durch z. B. Natriummangel bei Diuretikatherapie) sowie kombinierte Faktoren (Herzinsuffizienz, Rhythmusstörungen, Fehlernährung, geringe Trinkmenge, Bettlägerigkeit, Medikation u. a.) in Frage.

Bedeutung für die Geriatrie

In der Geriatrie kommt der **orthostatischen Hypotonie** besondere Bedeutung zu. Darunter versteht man ein Absinken des systolischen Blutdrucks um mehr als 20 mmHg bei der Mobilisation des Patienten vom Liegen zum Stehen. In diesem Fall „versackt" das Blut in den Beinen, weil die Anpassung des Kreislaufes an die aufrechte Haltung zu langsam erfolgt. Risikofaktoren sind:

Risikofaktoren für die orthostatische Hypotonie

- Arterielle Hypertonie.
- Kombination folgender Einzelfaktoren:
  - aktive medizinische Krankheit,

- psychotrope Medikamente,
- antihypertensive Medikamente,
- Polyneuropathie,
- Harnwegsinfekt,
- Anämie,
- Hyponatriämie.

Schon geringe Blutdruckminderungen können zu **gefährlichen Ischämien** in kritisch versorgten Gefäßgebieten (**arteriosklerotische Stenosen!**) führen. In der Geriatrie kommt der orthostatischen Hypotonie die größte Bedeutung zu. 15 % der alten Menschen in Pflegeheimen, 30 % in geriatrischen Abteilungen leiden unter dieser Form der Hypotonie. Blutdrucksenkende Medikamente sind häufig Ursache für eine orthostatische Hypotonie (☞ Übersicht 5). Bei älteren Patienten mit Gangstörungen, Schwindel und vermehrter Sturzneigung muss daher das evtl. Vorliegen einer Ortosthase diagnostisch abgeklärt werden.
Orthostatische Blutdruckfehlregulationen haben unter den im häuslichen Umfeld lebenden älteren Menschen eine Prävalenz zwischen 5 und 25 %.

Übersicht 5: Arzneimittel-induzierte Hypotonien

Arzneimittel, die eine Hypotonie verursachen können:

- Antihypertensiva
- Diuretika
- Nitrate
- Schlafmittel
- Antidepressiva.
- Tranquilizer
- Antiepileptika
- Neuroleptika
- Zytostatika u. a.

Das klinische Bild der Hypotonie ist geprägt durch die Erscheinungen der zerebralen Minderdurchblutung einerseits und durch jene der Gegenregulation andererseits. Zu beobachten sind:

Symptome der Hypotonie

- Schwindelgefühl
- Schwächegefühl
- Benommenheit
- Übelkeit
- Sehstörungen
- Synkopen und Stürze
- Tachykardie
- Kaltschweißigkeit, kalte Gliedmaßen, Frösteln
- depressive Verstimmung
- psychomotorische Unruhe.

Ärztliche Maßnahmen

Eine Hypotonie wird nur behandelt, wenn Beschwerden auftreten. Bei der diagnostische Abklärung einer Hypotonie sind Arzneimittel und Erkrankungen zuerst auszuschließen. Die orthostatische Hypotonie wird durch den **Orthostasetest** (Messen des Blutdrucks in Ruhe und nach dem Aufstehen) festgestellt.
Nach einer Mahlzeit (postprandial) kann der Blutdruckabfall besonders ausgeprägt sein, wobei es sich hier um eine eigenständige Hypotonieur-

sache handeln dürfte. Die Pulsfrequenzantwort ist auch am frühen Morgen, nach längerem Liegen und nach Nitroglyzeringabe verringert. Aus diesen Gründen sollte eine Blutdruckkontrolle unter orthostatischer Belastung und in o. g. prädisponierenden Situationen durchgeführt werden. Sie gehört zu den obligaten Untersuchungsstandards, gemeinsam mit einer ausgiebigen Befragung mit spezieller Medikamentenanamnese und einer eingehenden klinischen Untersuchung.
Häufig wird eine orthostatische Hypotonie auch in Belastungssituationen (z. B. im Rahmen einer fieberhaften Infektion) manifest.

Pflegerische Maßnahmen

Eine **Kochsalzsubstitution**, am besten in Form einer Bouillon (sofern keine Herzkrankheit vorliegt), vergrößert das Extrazellulärvolumen und verbessert die Orthostasetoleranz. **Schlafen mit erhöhtem Oberkörper** aktiviert die Renin-Angiotensin-Aldosteron-Achse, expandiert ebenfalls das Extrazellulärvolumen und reduziert sowohl die nächtliche Polyurie als auch die morgendliche Hypotonie.
Mit **Kompressionsstrümpfen**, soweit sie toleriert werden, kann das orthostatische Venenpooling der Beine verkleinert werden. Bei leichten Formen der orthostatischen Hypotonie reicht es meist aus, die Strümpfe morgens vor dem Aufstehen anzuziehen.
Wichtig ist eine **Steigerung der körperlichen Aktivität**, sie erhöht die Orthostasetoleranz. Allerdings wird die therapeutische Wirkung meist stark überschätzt.
Bei Vorliegen einer Orthostase sollte man den Patienten vor dem Aufstehen zu Bewegungsübungen anhalten:

Bewegungsübungen bei Orthostase

- Beine anziehen, ausstrecken,
- Füße kreisen,
- langsam aufsetzen, zuerst auf die Bettkante, dann
- Füße und Beine bewegen,
- danach langsam aufstehen.

1.2 Neurologische und psychiatrische Erkrankungen

Physiologische Veränderungen

Das menschliche Gehirn ist das komplizierteste Organ der belebten Natur. Es besteht aus ca. 100 Mrd. Nervenzellen. Diese Zellen, die sog. Neuronen, sind zusammengesetzt aus einem Zellkörper (Soma) und aus Zellfortsätzen, einem (efferenten) Neuriten mit vielen Kollateralen und einem oder mehreren (afferenten) Dendriten, über die die Nervenzellen miteinander in Verbindung stehen und kommunizieren. Diese neuronalen Verbindungsstellen werden Synapsen genannt. Der Informationsaustausch erfolgt über Transmittersubstanzen, die mit spezifischen Rezeptoren an der postsynaptischen Membran interagieren. Die Leistungsfähigkeit des zentralen Nervensystem ist somit definiert durch die funktionelle Integrität von Neuronen sowie Synapsen und

Transmittersubstanzen, durch die Dichte und Affinität der Rezeptoren sowie die Funktion des Postrezeptormechanismus.

Lernfähigkeit im Alter

Ein wichtiger Aspekt für das Altern ist die **neuronale Plastizität**. Dieser Begriff beschreibt die Fähigkeit des Gehirns, bei entsprechender Stimulation neue Synapsen zu bilden. Dadurch kommt es auch zu einer Vergrößerung der Repräsentation von Funktionen in einem zuständigen Gehirnareal. Die Plastizität, d. h. die **Trainierbarkeit des Gehirns, bleibt bis ins hohe Alter erhalten**. Diese Fähigkeit, sich durch Lernen und Erinnern den jeweiligen Erfordernissen anzupassen, ist aber genau wie die anderen Organsysteme einem Alterungsprozess unterworfen. So lernen ältere Menschen anders. Sie benötigen mehr Zeit, Anknüpfungspunkte, logische Verbindungen.

Psychologische Veränderungen

wichtig

Besondere **Züge der früheren Persönlichkeit** können **im Alter akzentuierter**, oft ungezügelter hervortreten, nicht nur aufgrund einer durch Altersveränderungen des Gehirns bedingten Enthemmung, sondern auch weil in mannigfacher Hinsicht die Fassade des Konventionellen an Bedeutung verliert. So kann eine Umbewertung von vielem eintreten, man begegnet Strebungen und Neigungen im Alter, deren Bedeutung die Umgebung des alten Menschen oft verkennt. Dabei ist zu berücksichtigen, dass solche oft bis zur Karikatur gehenden Veränderungen der Persönlichkeit im Alter für den Betroffenen selbst vielleicht wichtige Funktionen enthalten können, indem sie seiner Sicherung dienen und so letztlich einen biologischen Sinn erfüllen.

Verhaltensweisen

wichtig

Unter diesem Aspekt ist die Neigung vieler alter Menschen zum Zusammenraffen, Aufheben auch der unwichtigsten Dinge, zum Behaltenwollen (Verhaltensweise, die vielleicht als krankhafter Geiz oder Raffgier erscheint) zu verstehen. Man wird die pedantische Erstarrung, die Unlust und das Unvermögen, festgefahrene Gleise zu verlassen, das Bestehen auf althergebrachten Prinzipien der Ordnung leichter verstehen und damit auch billigend verzeihen, wenn man in diesen Verhaltensweisen die Bestandteile eines Gerüstes erblickt, das den alten Menschen allein noch trägt. Wie Sattes es ausdrückt: „Das früher so reiche Feuer des Lebens ist vergleichsweise auf eine Sparflamme umgestellt, und so ist es dem alten Menschen nicht zu verdenken, wenn er dieses flackernde Flämmchen mit Sicherungen umgibt, die vielleicht bizarr, verschroben oder auch charakterlich nicht eben günstig erscheinen."

So sind Misstrauen, die intolerante Überzeugung, alles doch besser zu wissen, Pessimismus bei vielen alten Menschen nach einem langen Leben voller Enttäuschungen, unerfüllter Hoffnungen und letzten Endes verlorener Siege nur zu verständlich. Und doch handelt es sich bei diesen Persönlichkeitsveränderungen um Ausnahmen, für die anlagemäßige Eigenschaften und altersbedingte zerebrale Störungen in unterschiedlicher Wertigkeit verantwortlich sind.

Gehirn

Untersuchungsergebnisse über physiologische Altersveränderungen des Gehirns sind sehr widersprüchlich. Dies liegt daran, dass eine scharfe Grenzziehung zwischen normalem und pathologischem Altern kaum möglich ist. Dennoch lassen sich eindeutig als altersbedingt zu bezeichnenden Veränderungen des ZNS beschreiben:

Veränderungen im Bereich des ZNS

- Volumenverlust (Gehirnatrophie),
- Verringerung des synaptischen Kontaktes,
- Abnahme der Neurotransmission (Transmittersynthese, Rezeptorfunktion, Postrezeptormechanismus),
- Verminderung der zerebralen Durchblutung,
- Erhöhung des Gefäßwiderstandes,
- regionaler Neuronenuntergang (Substantia nigra, Corpus striatum),
- Veränderung psychischer, kognitiver und motorischer Funktionen.

Kognitive Fähigkeiten

Die **kognitiven Fähigkeiten** zeigen bei Längsschnittuntersuchungen eine hohe Konstanz und scheinen erst im Alter von über 75 Jahren langsam abzunehmen. Querschnittuntersuchungen, die häufig einen Intelligenzverlust im Alter aufzeigen, lassen die äußeren Bedingungsfaktoren für das Konstrukt der multidimensionalen Intelligenz unberücksichtigt und erfassen eher einen altersgruppenspezifischen bzw. epochalen Effekt. Unterteilt man die kognitiven Fähigkeiten in eine **kristalline Intelligenz** (= Wissen und Erfahrung) und eine **fluide Intelligenz** (= abstraktes Denken, analytisches Denken, problemlösendes Denken), so zeigt sich, dass die kristalline Intelligenz im Alter eher zunimmt, während die Fähigkeit zum schnellen Erfassen neuer Situationen und zum raschen Lösen komplexer und abstrakter Probleme eher abnimmt. Können Aufgaben ohne Stressbedingungen gelöst werden, zeigen sich allerdings keine altersbedingten Einbußen, sodass hier wahrscheinlich noch die Emotionalität und das Motivationsgefüge zu berücksichtigen sind.

Rückenmark und periphere Nerven

Das Rückenmark erreicht im 4. Lebensjahrzehnt sein höchstes Gewicht, später nimmt es wieder ab, wobei Beziehungen zur Verminderung von Muskelmasse und Körpergewicht im Alter anzunehmen sind. Auch die peripheren Nerven zeigen Veränderungen. So wird z. B. der Ischiasnerv im Alter derber und dicker, obwohl der Querschnitt der Nervenfasern geringer ist als beim jugendlichen Nerv. Diese Zunahme wird durch Einlagerung von Schlackenstoffen und durch Anwachsen der bindegewebigen Hüllen verursacht.

Merkfähigkeit

Beim Hochbetagten dominiert im Allgemeinen eine **Minderung der Merkfähigkeit**, d. h. des Erinnerungsvermögens **für kurz zurückliegende Ereignisse**. Je mehr dabei eine Merkfähigkeitsstörung um sich greift, desto stärker wird die Verfügbarkeit des aktuell Wichtigen behindert. Es ist nicht möglich, alle Übergangsstufen zwischen der zunehmenden mangelnden Leistungsfähigkeit und der Verstandestätigkeit aufzuzeigen. Es darf nur daran erinnert werden, dass die Konzentration mehr und mehr nachlässt, dass die Umstellungsfähigkeit erschwert wird, die Aufmerksamkeit einer größeren Anspannung bedarf und das Auffassungsvermögen Schaden leidet. Das psychische Tempo lässt nach, und eine **vorzeitige Ermüdbarkeit** macht sich immer quälender bemerkbar. Die **Interessen** erfahren eine **Einengung**; der ganze geistige Horizont wird beschränkter. Das **Gefühlsleben** wird **unentschiedener**, je nach der Wesensart können sie eine rührselige Weinerlichkeit, eine flache Euphorie oder eine starre, zu heftigen Gefühlsausbrüchen neigende, rechthaberische Intoleranz entwickeln. Besonders zu nennen sind schließlich noch die Willensschwäche mit einer gesteigerten Suggestibilität beim einen

Psychische Veränderungen

und der kritiklose Starrsinn beim anderen alten Menschen. Es handelt sich hier bei den Hochbetagten um psychische Veränderungen, die schwer abzugrenzen sind von leichten kognitiven Störungen bzw. einer beginnenden Demenz (☞ Seite 36 f.).

Reflexanomalien

Reflexanomalien häufen sich mit zunehmendem Alter. So verlieren die Sehnen und Periostreflexe stark an Bedeutung; sie können sogar vollständig verschwinden. Besonders beeinträchtigt sind der Achillessehnenreflex, der Trizeps-, Patellar- und Bizepsreflex. Die Bauchhautreflexe sind oft nicht mehr vorhanden. Die Plantarreflexe können zu einer deutlichen Beugungs- und Streckreaktion führen. Sie sind wichtig bei pyramidalen Störungen. In vielen Fällen ist die Reaktion jedoch schwer zu deuten, da sie ungewiss und unterschiedlich ausfallen kann.

Veränderungen der Oberflächen- und Tiefensensibilität

Störungen der Oberflächen- und Tiefensensibilität nehmen im Alter ebenfalls zu. Die **Beeinträchtigung der Tiefensensibilität**, die mittels Stimmgabel oder durch das Lageempfinden der Gliedmaßen nachzuweisen ist, beginnt bei den distalen Gliedern der unteren Extremitäten und erstreckt sich anschließend auf deren proximalen Anteile.

Dabei ist zunächst das Vibrationsempfinden beim Aufsetzen der Stimmgabel erheblich stärker beeinträchtigt als der Lagesinn. Bei der **Oberflächensensibilität** kann es zum Erlöschen der vertikalen Sensibilität bei der Prüfung des Unterscheidungsvermögens anhand von zwei gleichzeitigen Berührungsreizen kommen; wenn man zuerst an Füßen und Händen, dann an Händen und Wangen prüft, geht zuerst der Berührungsreiz an den Füßen, dann an den Händen verloren.

Funktionsveränderungen der Hirnnerven

Im Bereich der Hirnnerven ist eine **Verminderung des Geruchs- und Geschmackssinnes** zu beobachten. Das **Sättigungsgefühl** ist **rascher erreicht**. Sonst werden im Bereich der Hirnnerven im Allgemeinen keine fassbaren altersphysiologischen Veränderungen der Funktion erwartet.

1.2.1 Demenz

Definition: „Demenz" ist laut ICD-10 (International Classification of Diseases) ein „ein Syndrom als Folge einer meist chronischen oder fortschreitenden Krankheit des Gehirns mit Störung vieler höherer kortikaler Funktionen einschließlich Gedächtnis, Denken, Orientierung, Rechnen, Lernfähigkeit, Sprache und Urteilsvermögen. Das Bewusstsein ist nicht getrübt. Die kognitiven Beeinträchtigungen werden gewöhnlich von Veränderungen der emotionalen Kontrolle, des Sozialverhaltens oder der Motivation begleitet, gelegentlich treten die letztgenannten Störungen auch eher auf".

Entscheidend für das Vorliegen einer Demenz ist auch die Beeinträchtigung des Patienten in den persönlichen Aktivitäten des täglichen Lebens und der Grund der Einschränkung seiner Alltagskompetenz.

Um die Demenz sicher zu diagnostizieren, sollte die Symptomatik seit mindestens 6 Monaten vorliegen. Bewusstseinsstörungen sollten ausgeschlossen sein.

Formen der Demenz

Das Auftreten einer Demenz kann unterschiedliche Ursachen haben. Häufig wird zwischen primären und sekundären Demenzformen unterschieden. Bei den **primären Demenzen**, also solchen, bei denen das Gehirn das von der Krankheit direkt betroffene Organ ist, können drei wesentliche Formen unterschieden werden: etwa jede zweite Demenz gehört zu den **degenerativen Demenzen**. Hierzu zählt man vor allem die Demenz vom **Alzheimer-Typ** (DAT), die morphologisch durch eine Atrophie bestimmter Anteile der Großhirnrinde und durch Ablagerungen pathologischen Eiweißes, dem sog. Amyloid, gekennzeichnet ist.
Die **vaskulären Demenzen** mit einem Anteil von etwa 20 % werden häufig auch als **„Multi-Infarkt-Demenzen"** (MID) bezeichnet. Mit zunehmendem Alter treten häufig Mischformen der vaskulären und degenerativen Demenzen auf. Neuere Untersuchungen weisen auch auf vaskuläre Ursachen bei der DAT hin.
Die **sekundären Demenzen** bilden einen Anteil von etwa 10 %. Man versteht darunter **Hirnleistungsstörungen**, die z. B. durch endokrine Störungen, Stoffwechselerkrankungen oder Vitamindefizite hervorgerufen werden (☞ Übersicht 6). Durch Behandlung der Grundkrankheit sind die kognitiven Defizite bei sekundären Demenzen häufig reversibel.

Übersicht 6: Mögliche Ursachen sekundärer Demenzen

- Kardiovaskuläre Erkrankungen (13 %)
- Alkoholabusus (8 %)
- metabolische Erkrankungen und Avitaminosen (4 %)
- Hydrocephalus aresorptivus (4 %)
- Schilddrüsenfunktionsstörungen (3 %)
- chronisches subdurales Hämatom (2 %)
- Menigeom (1 %)
- Enzephalitiden (1 %), verursacht durch Lues, MS, HIV-Infektion, Creutzfeld-Jakob-Syndrom, progressive multifokale Leukoenzephalopathie
- Medikamente (1 %).

Degenerative Demenzen

Unter dem Begriff „degenerative Demenz" sind unterschiedliche Krankheitsbilder zusammengefasst. Allen gemeinsam ist ein **chronisch fortschreitender Verlauf** mit neuronalen Zelluntergängen.
Die häufigste degenerative Form ist die **Demenz vom Alzheimer-Typ**, bei der es zu Amyloidplaques und zu neurofebrilen Bündeln kommt. Neben der Alzheimer-Demenz haben noch die **Levy-Body-Demenz** und die sog. **Morbus-Parkinson-Demenz** eine Bedeutung (☞ Abb. 10, S. 34).

wichtig

Vaskuläre Demenzen

Vaskuläre Demenzen werden überwiegend durch **Veränderungen in den kleinen subkortikalen Gefäßen** hervorgerufen. Häufig sind Männer im mittleren und höheren Lebensalter betroffen. Für die Entwicklung dieser Demenzformen sind Patienten mit Hypertonie am anfälligsten. Allerdings ist sie keine zwingende Vorbedingung.

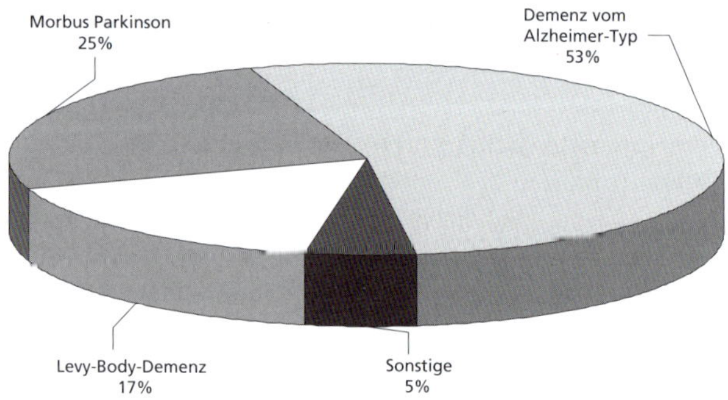

Abb. 10: Degenerative Demenz (mod. nach „Demenz – eine diagnostische und therapeutische Herausforderung", Merz Pharma)

Da der pathologische Prozess auf Infarzierungen beruht, neigt diese Form der Demenz zu **schrittweisem Fortschreiten.** Jedes weitere Infarktgeschehen führt zu einer Verschlechterung der intellektuellen Fähigkeiten und zu deutlichen neurologischen Symptomen.
Im Frühstadium der Erkrankung ist die Krankheitseinsicht oft besser erhalten als bei degenerativer Demenz. Zusätzliche Merkmale zeigen sich in depressiver Verstimmung, Affektlabilität, Persönlichkeitsveränderungen, Inkontinenz und Gangstörungen.

wichtig

Bedeutung für die Geriatrie

Bei der Demenz handelt es sich um eine **altersabhängige Erkrankung**, bei der sich ab dem 60. Lebensjahr die Prävalenz in konstanten Altersabständen von jeweils 5,1 Jahren verdoppelt. Sind bei den 65- bis 69-Jährigen erst 1,4 % betroffen, erhöht sich die Rate bei den 80- bis 84-Jährigen auf 13 %, bei den 85- bis 90-Jährigen auf 21,6 % und bei den über 90-Jährigen sogar auf 32,2 %. Dabei scheint der Anteil der Demenzkranken linear mit dem Sterbealter anzusteigen. Nach einer Repräsentativstudie befanden sich unter den im Alter zwischen 65 und 69 Jahren Verstorbenen weniger als 5 % Demenzkranker; bei einem Sterbealter von 70 bis 74 Jahren erhöhte sich der Anteil auf 13 %, bei einem Sterbealter von 75 bis 79 Jahren auf 25 %, bei den im Alter von 80 bis 84 Jahren Verstorbenen auf 36 % und bei den Menschen, die zum Zeitpunkt ihres Todes das 85. Lebensjahr überschritten hatten, auf rund 50 %. Im stationären pflegerischen Bereich finden sich je nach Institution zwischen 30 bis 80 % Demenzkranke. Die Demenz ist eine der Hauptursachen für die Aufnahme in Langzeitinstitutionen (aufgrund der Betreuungsprobleme).

Diagnostik

Zur Diagnostik bzw. Differenzialdiagnostik dementieller Erkrankungen hat sich das Vorgehen nach einem **festen Diagnoseschema** (☞ Übersicht 7) bewährt. Im Zentrum der Diagnostik stehen die sorgfältige, ausführliche Anamnese, ergänzt durch die Fremdanamnese, der Ausschluss „reversibler" Demenzformen („sekundäre Demenz") aus dem internistischen und neurologischen Bereich sowie die Abgrenzung einer Depression und eines Delirs (☞ Kap. 1.2.4, S. 62 ff.).
Eine Abnahme der kognitiven Leistungsfähigkeit ist eine unabdingbare Voraussetzung für die Diagnostik. Entgegen früherer Auffassungen muss der Verlauf einer Demenz nicht durchgängig progredient sein. Die Diag-

nose lässt sich also auch mit einem gleich bleibenden Befund oder einer reversiblen Symptomatik vereinbaren.

Übersicht 7: Diagnoseschema

- Anamnese (Ergänzung durch Fremdanamnese)
- Klinischer Status:
  Herz-Kreislaufsystem, Lunge, Risikofaktorenprofil für vaskuläre Demenz: Hypertonie, Diabetes mellitus, Rauchen, Alkohol
- Labordiagnostik:
  z. B. Blutsenkungsgeschwindigkeit, Blutzucker, Elektrolyte, Harnstoff, Schilddrüsenfunktion
- Psychiatrischer Status
- Neurologischer Status
- Beurteilung mentaler Funktionen durch Hirnleistungstests
- Apparative Untersuchungen:
  EEG, Computertomografie (CT), Magnetresonanztomografie (MRT).

Krankheitsverlauf

In der frühen Phase der Demenz beginnt der Verlust der Selbstständigkeit. Die Grafik (☞ Abb. 11) zeigt, in welchem Zeitraum sich die typischen Symptome einer Demenz entwickeln.

KLINISCHES BILD

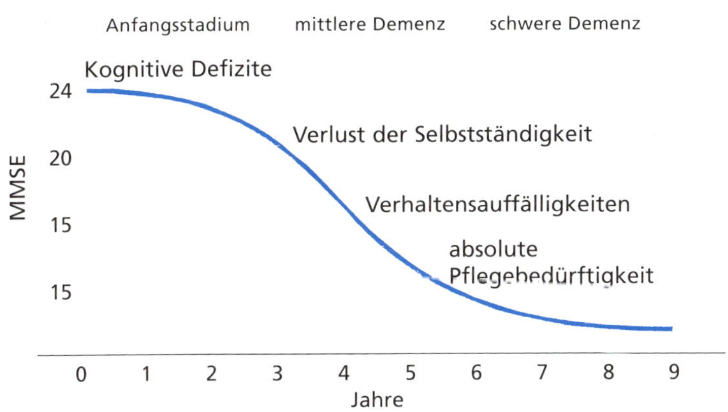

Abb. 11: Verlauf einer Demenz (nach Gauthier 1996)

Frühsymptomatik

Insbesondere im Frühstadium ist es schwierig, eine Demenz zu erkennen, da viele Symptome, die bereits auf die Erkrankung hinweisen, nicht als solche erkannt oder vom Patienten vertuscht bzw. bagatellisiert werden (☞ Übersicht 8, S. 36). Die Symptome können zudem im Frühstadium einer Demenz bei den einzelnen Patienten sehr unterschiedlich ausgeprägt sein. Gedächtnis- und Konzentrationsstörungen sind noch diskret. Im Vordergrund stehen Antriebsarmut, Interesselosigkeit und Abneigung gegen Neues.

Übersicht 8: Typische Symptome einer beginnenden Demenz

wichtig

- Konzentrationsstörungen
- Überforderungsgefühl
- rasche Erschöpfbarkeit
- Depressivität
- Antriebsarmut
- Interesselosigkeit
- diffuse Ängste.

Mit fortschreitender Demenz entstehen globale Defekte, die alle Bereiche höherer kortikaler Funktionen erfassen. Desorientiertheit, Affektlabilität, Wesensveränderungen und Störungen des Sozialverhaltens stehen im Vordergrund.
Neben Gedächtnisstörungen werden Agnosie (Erkennungsstörungen), Aphasie (Sprachstörungen) und Apraxie (Störung sinnvoller Bewegungsabläufe) erkennbar. Manchmal steht auch räumliche und zeitliche Desorientiertheit im Vordergrund.

Begleitsymptome der Demenz

Psychische Störungen und **Verhaltensauffälligkeiten** sowie **somatische Funktionseinschränkungen** sind regelmäßig anzutreffende Begleitphänomene demenzieller Abbauprozesse. Nicht selten liegen sie bereits vor, wenn die kognitiven und funktionellen Defizite im täglichen Leben noch kompensiert werden können und sich allenfalls in sehr sensitiven psychomotorischen Tests oder bei eingehender körperlicher Untersuchung nachweisen lassen.
Nach den Ergebnissen einer Längsschnittuntersuchung zeigen 64 % der Demenzkranken psychische Störungen und Verhaltensauffälligkeiten. Berücksichtigt man darüber hinaus die funktionellen und körperlichen Einschränkungen, weisen fast 100 % der Patienten Begleitsymptome auf. In Übersicht 9 sind die psychischen Störungen, Verhaltensauffälligkeiten und Funktionsdefizite aufgeführt.

Übersicht 9: Begleitsymptome der Demenz

wichtig

- Depressive Symptome und Angst
- paranoide Selbsttäuschung
- Wahn und Halluzinationen
- Schlafstörungen
- Antriebsstörungen und Aggressivität
- Panikreaktionen
- Persönlichkeitsveränderungen
- Fehlidentifikationen
- epileptische Anfälle
- Harninkontinenz
- Stuhlinkontinenz
- Obstipation
- Sprachstörungen
- Bewegungsstörungen.

Bestimmung des Schweregrades und der Funktionsdefizite

Nachdem das demenzielle Syndrom diagnostiziert wurde, sollte im Krankheitsverlauf einer Demenz immer wieder eine Bestimmung des Schweregrades im Hinblick auf die Alltagskompetenz vorgenommen werden.

> **Hinweis:** Neben der durch den Arzt vorzunehmenden Einschätzung sollte besonders die Pflegebedürftigkeit durch eine Beurteilung der Symptome und der Aktivitäten im täglichen Leben erfasst werden.

In der Medizin wird die Demenz international in die drei Schweregrade leicht, mittel und schwer eingeteilt (☞ Übersicht 10).

Übersicht 10: Kriterien für den Schweregrad einer Demenz

- **Leicht**
  - Arbeit und soziale Aktivitäten sind deutlich eingeschränkt.
  - Die Fähigkeit, mit entsprechender persönlicher Hygiene und intaktem Urteilsvermögen unabhängig zu leben, ist erhalten.
- **Mittel**
  - Selbstständige Lebensführung ist mit Schwierigkeiten möglich.
  - Ein gewisses Ausmaß an Aufsicht ist erforderlich.
- **Schwer**
  - Die Aktivitäten des täglichen Lebens sind beeinträchtigt.
  - Ständige Betreuung und Pflege ist nötig.
  - Unfähigkeit, minimale persönliche Hygiene aufrechtzuerhalten.
  - Motorische Fähigkeiten gehen verloren.

Im Bereich der sozial-pflegerischen Betreuung von Dementen hat sich aber gezeigt, dass die nachfolgenden **vier** aufgeführten **Verlaufsformen** nicht nur die Krankheit besser beschreiben, sondern auch für den Betreuungsaufwand von größerer Bedeutung sind. Dabei ist es sinnvoll, zwischen so genannten **Primärsymptomen** und **Sekundärsymptomen** zu unterscheiden. Während die Primärsymptome Defizite sind, die meist obligat vorkommen und nicht entscheidend therapierbar sind, handelt es sich bei den Sekundärsymptomen oft um therapeutisch beinflussbare reaktive Zusatzsymptome, die darüber hinaus nicht immer vorkommen müssen.

Frühes Stadium

- Der Pflegeaufwand ist erträglich, die Patientengefährdung durch die Krankheit gering.
- Der Kranke ist unaufmerksam, wenig interessiert am Alltagsgeschehen, vergesslich, indifferent gegenüber sozialen Kontakten, unentschlossen, zögernd.

Tab. 2: Symptome im frühen Stadium der Demenz

Primärsymptome	Sekundärsymptome
• Gedächtnisstörungen: Merkfähigkeitsschwäche (Kurzzeitgedächtnis), Konzentrationsstörungen (Vergesslichkeit), Orientierungsstörungen, vor allem zeitlich. • Urteilsschwäche: Fehlentscheidungen. • Störungen des abstrakten Denkens: Fehlplanungen. • Antriebsstörungen (Produktivität, Motivation).	• Persönlichkeitsveränderungen: Reizbarkeit, Desinteresse. • Depressive Verstimmungszustände: Traurigkeit, Unlust, Apathie, Freudlosigkeit, sozialer Rückzug. • Wahnideen: Beeinträchtigungs-, Verfolgungs- und Bestehlungsideen, Verarmungs- und Eifersuchtsideen.

Fortgeschrittenes Stadium

- Die Pflege ist schwierig, die **Gefährdung des Patienten** durch die Krankheit hat im alltäglichen Leben deutlich zugenommen.
- Die Merkfähigkeit schwindet, der Kranke vergisst Vereinbarungen, Geburtstage, Rechnungen zu bezahlen, den Weg zum Heim, verliert Papiere; Zeitungen häufen sich, er entleert den Mülleimer nicht, nimmt Medikamente unregelmäßig ein, verlegt Sachen und behauptet, andere hätten sie ihm gestohlen, verwechselt Tag und Nacht, antwortet sehr langsam, vernachlässigt Hygiene, Essen und Trinken. Sprachstörungen treten beginnend mit Wortfindungsstörungen auf. Handfertigkeitsstörungen und Erkennungsstörungen erschweren die Aktivitäten des täglichen Lebens.
- Die intellektuellen Fähigkeiten, d. h. Rechen-, Urteils- und Kritikfähigkeit, Denken und die Fähigkeit zur Problemlösung schwinden.

Tab. 3: Symptome im fortgeschrittenen Demenzstadium

Primärsymptome	Sekundärsymptome
• Kognitive Defizitsymptome: Desorientierung (zeitlich/örtlich) mit Weglaufgefahr, Sprachstörungen (vor allem das Sprachverständnis ist gestört). • Wahrnehmungsstörungen. • Handfertigkeitsstörungen (Ankleiden, Haushalt). • Beeinträchtigte Urteils- und Handlungsfähigkeit („Versagen").	• Depression und Angst. • Wahnvorstellungen. • Agitation, psychomotorische Unruhe. • Perseverationen: permanente Wiederholung derselben Tätigkeit und der gleichen Fragen. • Tag-Nacht-Umkehr. • Aggression.

Spätes Stadium

Der **Pflegeaufwand nimmt erheblich zu**, die Versorgung des Patienten ist rund um die Uhr erforderlich.

Der Kranke ist räumlich und situativ desorientiert, wandert ziellos umher, verkennt Situationen, die Personenidentifikation fehlt in vielen Fällen. Die persönliche Orientierung schwindet: er weiß nicht, wie er heißt, hat Illusionen, er teilt sich unzusammenhängend oder teilweise nur mit Gesten mit. Störungen vonseiten des Nervensystems nehmen zu: abnorme Reflexe können auftreten, er entblößt sich, onaniert öffentlich oder belästigt Pflegende, wird inkontinent. Er kann sich kaum noch an- und ausziehen, waschen oder zur Toilette gehen, kritzelt seinen Namen.

Manche Patienten bekommen Krämpfe, u. U. treten Anfälle von Lecken, Kauen und Lippenschnalzen auf.

Tab. 4: Symptome im Spätstadium der Demenz

Primärsymptome	Sekundärsymptome
• Gedächtnisverfall (auch das Langzeitgedächtnis ist betroffen). • Sprachverlust (Kommunikation ist unmöglich). • Agnosie (Patient erkennt Angehörige nicht mehr). • Persönlichkeitsverlust (Endstadium „leere Hülle").	• Schwere Verhaltensstörungen. • Psychotische Explosivreaktionen. • Körperliche Störungen (Gangstörung, Stürze). • Inkontinenz, Infektionen.

Endstadium

- Eine Selbstgefährdung für den Bewohner besteht in diesem Stadium meist nicht mehr.
- Der Demente wird urin- und stuhlinkontinent, liegt bewegungslos im Bett, geht nicht mehr, handelt sinnlos oder wiederholt, reagiert kaum auf Reize. Er erkennt niemanden mehr, hat Halluzinationen, lebt nur noch dahin.
- Meist stirbt der demente Bewohner an einer Infektionskrankheit, z. B. einer Lungenentzündung, wenn er nicht schon vorher durch eine zusätzliche Krankheit erlöst wird. Es handelt sich hier insbesondere um Durchblutungsstörungen des Gehirns (Schlaganfall) oder den Herzinfarkt. Aber auch große Dekubitusgeschwüre (Wundliegestellen) mit einer begleitenden Sepsis kommen als Todesursache in Frage.
- Der Demente versteht im Endstadium nicht mehr, was mit ihm geschieht. Er stöhnt nur selten, klagt nicht, blickt lange still vor sich hin. Ob seine Nase rinnt, ob er Hals- oder Kopfschmerzen hat, ob er erbricht oder Durchfall hat, er ruft nicht um Hilfe und lässt im Allgemeinen zu, dass man ihn versorgt.

Schweregrad der Demenz

Zur differenzierten **Einschätzung des Schweregrades** einer Demenz kann die im deutschen Sprachraum häufig eingesetzte **globale Verschlechterungsskala** herangezogen werden, die im Anhang in Band 1 dargestellt ist.

Funktionsdefizite

Neben der Einschätzung des Schweregrades ist eine **Beurteilung der Funktionsdefizite** für die Betreuung und Behandlung von großer Bedeutung. Auch in diagnostischer Hinsicht, wenn also geklärt werden soll, ob eine Demenz entsprechend der Definition vorliegt, bzw. in welchem Stadium sich der Patient befindet, ist es wichtig, die **funktionellen Fähigkeiten zu erfassen.**

Erfassungsmethoden

Inwieweit der Demenzkranke noch zur selbstständigen Durchführung seiner täglichen Aktivitäten in der Lage ist, lässt sich mithilfe sog. **ADL-Skalen** abschätzen, die im ersten Band des Buches dargestellt sind. Neben den im Kapitel „Geriatrisches Assessment" aufgeführten Funktionseinschätzungen ist der Fragebogen **„Functional Assessment Questionare (FAQ)"** (☞ Übersicht 11) ein weiteres standardisiertes, aussagekräftiges Verfahren zur Bestimmung der funktionellen Fähigkeiten eines dementen Patienten, das insbesondere in Amerika eingesetzt wird.

Übersicht 11: Functional Assessment

Durchzuführende Tätigkeiten

- Schecks ausschreiben, Rechnungen bezahlen, Konto überprüfen.
- Steuererklärung ausfüllen, geschäftliche Angelegenheiten regeln.
- Kleidung, Gegenstände für den Haushalt, Nahrungsmittel selbstständig einkaufen.
- Geschicklichkeitsspiele machen, einem Hobby nachgehen.
- Wasser kochen, Kaffee zubereiten, den Herd ausschalten.
- Mahlzeiten zubereiten.
- Aktuelle Ereignisse verfolgen.
- Das Fernsehprogramm verfolgen, ein Buch, eine Zeitschrift aufmerksam lesen und verstehen, darüber diskutieren.
- Sich an Verabredungen, Familienfeste, Urlaub, Medikamenteneinnahme erinnern.
- Die vertraute Umgebung verlassen, Auto fahren, öffentliche Verkehrsmittel benutzen.

Score	Leistung des Patienten bezüglich der Tätigkeit
3 Punkte	Der Patient ist völlig unfähig, etwas zu tun
2 Punkte	benötigt Hilfe
1 Punkt	kann die Tätigkeit mit Mühe durchführen, bzw. hat dies noch nie getan, doch der Angehörige glaubt, er könne es
0 Punkte	hat normale Fähigkeiten, bzw. hat die Tätigkeit noch nie durchgeführt, doch der Angehörige glaubt, er könne dies.

Ein Gesamtscore von 9 oder mehr weist auf eine funktionelle Beeinträchtigung hin.

Ärztliche Maßnahmen

Alle vorliegenden medizinischen Leitlinien fordern vor dem Beginn der Therapie eine Klärung der Diagnose. Die Diagnose wird entsprechend den Vorstellungen auf Seite 35 durchgeführt. Nach der Diagnostik ist ein Gesamtbehandlungsplan zu erstellen. Dabei wird es sich immer um einen **ganzheitlichen Therapieansatz** handeln (☞ Übersicht 12). Diese Maßnahmen müssen schweregradabhängig gezielt, kontinuierlich und koordiniert eingesetzt werden.

Übersicht 12: Elemente eines ganzheitlichen Therapieansatzes – internistische Basistherapie

- Arzneimitteltherapie:
  - internistisch-medikamentöse Therapie
  - Nootropika/Antidementiva
  - Psychopharmaka zur Behandlung von Verhaltensauffälligkeiten.
- Psychosoziale Maßnahmen
- Körperliches Training
- Angepasste Ernährung
- Dem Krankheitsstadium angepasste Betreuung.

Insgesamt zielt die Therapie des Demenzkranken nicht auf die isolierte Korrektur einzelner Störungen ab, sie muss vielmehr auf die Lebensqualität des Patienten und seine Kompetenz zur Bewältigung des Alltags ausgerichtet sein. Dies lässt sich nur mit einem **ganzheitlichen Therapieansatz** realisieren, da die pharmakologische Behandlung mit Nootropika/Antidementiva zwar die Hirnleistungsstörung günstig beeinflussen kann, nicht jedoch die resultierenden Kompetenzdefizite. Sie muss daher mit nicht medikamentösen Maßnahmen, z. B. zerebralem Training und Bewegungstherapie kombiniert werden. Im Zentrum des therapeutischen Interesses werden dabei die für den Patienten praktisch relevanten Maßnahmen stehen, die es ihm erleichtern, seinen Tagesablauf so selbstständig wie möglich zu bewältigen. Insgesamt werden **aktivierende Maßnahmen** einer „Ruhigstellung" immer vorgezogen. Letztere „entlastet" oft weniger den Betroffenen als seine Umwelt.

Hinweis: Für den Arzt stellt die krankheitsbegleitende Allgemeinbehandlung (☞ Übersicht 13) eine wesentliche Voraussetzung für die Langzeitbetreuung des Patienten dar. Besonders wichtig ist dabei ohne Zweifel die Diagnostik und Behandlung der häufig bestehenden Multimorbidität.

Übersicht 13: Allgemeinbehandlung

- Regelmäßige Verlaufskontrolle der bestehenden Multimorbidität,
- Versorgung mit Hilfsmitteln (Brille, Hörgerät, Prothese usw.)
- bedarfsgerechte Ernährung und Flüssigkeitszufuhr,
- Bewegungstraining, Dekubitusprophylaxe,
- Vermeiden einer nicht indizierten Mehrfachmedikation (Polymedikation),
- frühzeitige Intervention bezüglich kardiovaskulärer Erkrankungen und ihrer Risikofaktoren erwägen (wegen möglicher präventiver Effekte vor allem in nicht fortgeschrittenen Demenzstadien),
- sorgfältige Indikationsstellung für weiterführende diagnostische und therapeutische Maßnahmen (unter besonderer Beachtung des funktionellen Status des Patienten und der Nutzen-Risiko-Relation im individuellen Fall),
- Krankenhausaufnahme/Operation nur bei klarer Indikation.

Des Weiteren wird neben der internistischen Basistherapie eine Behandlung mit Nootroptika bzw. Antidementiva und eine Therapie der meist bestehenden **psychiatrischen Begleitsymptome** und weiterer **funktionaler Defizite** durchgeführt.

Insbesondere Antriebsstörungen, Aggressivität, Angst, Wahn und Halluzinationen bedürfen einer gezielten medikamentösen Therapie, die meist mit Neuroleptika, aber auch Antidepressiva durchgeführt wird. Zur Regulierung des Schlaf-Wach-Rhythmus werden niederpotente Neuroleptika oder auch Chloralhydrat verordnet. Depressive Symptomatik fordert die Gabe von Antidepressiva (☞ Seite 65), die häufig bestehende Harninkontinenz vom Typ der Dranginkontinenz die Gabe von Spasmolytika in Kombination mit Toilettentraining (☞ Seite 130). Die Stuhlinkontinenz wird in erster Linie mit einem Kontinenztraining angegangen. Dagegen wird man bei der häufig bestehenden Obstipation nicht umhinkommen, entsprechende Abführmittel anzuwenden. Bei Bewegungsstörungen steht die Einzel- und Gruppengymnastik im Vordergrund, allerdings kann im Einzelfall auch die Verordnung Spastik lösender Arzneimittel notwendig sein.

Inkontinenz

Trainingsmaßnahmen

Während zu Beginn der Demenzkrankheit **kognitive Trainingsmaßnahmen** (z. B. Hirnleistungstraining nach Petra Riegling oder Franziska Stengl) sinnvoll einsetzbar sind, wird bei weiterem Fortschreiten der Krankheit das **Realitätsorientierungstraining** (ROT), **Wahrnehmungs-**, **Koordinations-** und **Erlebnistraining** sowie **psychosoziales Training** und **Beschäftigungstherapie** an Bedeutung gewinnen.

Pflegerische Maßnahmen

Der pflegerischen Betreuung kommt beim Dementen eine hohe Bedeutung zu. Beispielhaft sei nur die Körperpflege, die den entsprechenden Stadien angepasste Kleidung, die Unfallverhütung oder die Ernährung einschließlich einer notwendigen Ernährungstherapie genannt. Im Folgenden seien zwei Schwerpunkte der Pflege Dementer herausgegriffen, da sie in Zusammenarbeit mit dem Arzt helfen, Medikamente richtig einzusetzen bzw. zu ersparen. Es handelt sich dabei um den **richtigen Umgang** mit **dementen Patienten** und die **Milieutherapie**.

Der richtige Umgang mit dementen Patienten

Pflegepersonen werden im Verlauf der Krankheit „Demenz" zum wichtigsten Instrument der Betreuung bzw. Behandlung. Folgende Regeln sollten im täglichen Umgang mit dementen Patienten beachtet werden:

1. Geben Sie klare Anweisungen in einfachen, kurzen Sätzen.
2. Sprechen Sie deutlich und bestimmt.
3. Bemühen Sie sich um einen fürsorglichen, aber bestimmten Umgang.
4. Wiederholen Sie wichtige Informationen bei Bedarf.
5. Seien Sie geduldig und geben Sie dem Kranken Zeit für eine Reaktion oder Entgegnung.
6. Überhören Sie Anschuldigungen.
7. Diskutieren Sie nicht. Statt auf Ihrer Meinung zu bestehen, sollten Sie ablenken und einlenken.
8. Bei komplexen Vorgängen oder Gesprächen mit Dritten muss dem Kranken der Inhalt verständlich gemacht, „übersetzt" werden.
9. Wenden Sie keinen für Gesunde gültigen Leistungsmaßstab an.

10. Einfache Regeln und feste Gewohnheiten sind hilfreich.
11. Bereiten Sie Veränderungen, z. B. Umzug, Pflegerwechsel, Diät oder Arzneimittelumstellung vor. Führen Sie diese möglichst langsam durch.
12. Konkrete Angaben wie Zeit, Datum, Ort und Namen sind wichtige Erinnerungshilfen.
13. Uhr, Kalender und Orientierungstafel für Geburtstage, Gedenktage usw. helfen, die zeitliche Orientierung zu erhalten.
14. Legen Sie persönliche Angelegenheiten des Kranken wie Briefe, Papiere oder Versicherungsscheine geordnet ab.
15. Akzeptieren Sie das Denken in der Vergangenheit und nutzen Sie es als Überleitung zur Gegenwart.
16. Seien Sie verständnisvoll.
17. Halten Sie eine verständnisvolle Haltung aufrecht.
18. Sorgen Sie für Beständigkeit und Routine im Tagesablauf des Patienten.
19. Die Umgebung sollte strukturiert und verlässlich bleiben.
20. Seien Sie auch bzgl. geringer Veränderungen im Verhalten aufmerksam. Diese können Fortschritte oder Krankheit andeuten.
21. Beobachten Sie, ob der Patient Krankheitsveränderungen verschleiert oder auszugleichen versucht.
22. Loben Sie den Patienten bei richtigen Reaktionen durch Worte, Berühren, Lächeln o. Ä. Vermeiden sie nach Möglichkeit Kritik.
23. Jede sinnvolle Tätigkeit sollte gelobt werden, um das Selbstwertgefühl des Kranken zu stärken und ihn zur Eigenaktivität zu ermutigen.
24. Überfordern Sie den Patienten nicht. Aktivieren Sie ihn behutsam und schieben Sie ihn nicht ins Bett ab!
25. Der Kranke benötigt angemessene Anregung und vor allem Gesprächspartner.
26. Vermeiden Sie Sinnesüberforderungen und Reizüberflutung, z. B. durch Gedränge, Lärm, große, weite Räume oder Fernsehen.
27. Achten Sie auf eine ausgewogene Ernährung und insbesondere auf ausreichende Flüssigkeitszufuhr.
28. Achten Sie auf eine regelmäßige Nahrungszufuhr und einen geregelten Tagesablauf (Durchführung der Körperpflege, Einhalten der Wach- und Ruhezeiten, ...). Die Einhaltung fester Zeiten hilft, Medikamente einzusparen.
29. Die Kleidung solle bequem und einfach anzuziehen sein.
30. Der Kranke sollte täglich leichte Gymnastik durchführen, wenn möglich einen Spaziergang in bekannter Umgebung unternehmen.

Verhaltensprobleme

Im Verlauf der Krankheit treten oft Verhaltensweisen auf, die den Kranken, aber auch seine Umgebung vor ernsthafte Schwierigkeiten stellen, z. B. unsinnige Vorwürfe, der Rückzug von gewohnten Aktivitäten, gesteigerte Reizbarkeit, verstärkte Unruhe, ständiges Umher- oder sogar Weglaufen und Verirren, permanentes Wiederholen derselben Fragen und Handlungen, Sammeln bzw. Verstecken von Dingen sowie Störungen des Schlaf- und Sexualverhaltens.

> **Hinweis:** Es ist wichtig, dass die Verhaltensauffälligkeiten als Folge der Erkrankung erkannt und auch akzeptiert werden. Es schützt davor, sich persönlich gekränkt und angegriffen zu fühlen.

Grundregeln bei auffälligem Verhalten

Das Beachten einiger Grundregeln bei Verhaltensauffälligkeiten hilft, mit störenden Verhaltensweisen umzugehen und sie abzubauen:

- Rechtzeitiges Beruhigen und Ablenken des Demenzkranken kann das Auftreten problematischer Verhaltenweisen verhindern.
- Keine Überforderung, da sie störendes Verhalten auslösen kann. Man sollte nie versuchen, mehrere Verhaltensweisen gleichzeitig ändern zu wollen.
- Machen Sie sich ein klares Bild über Form, Häufigkeit und Auftreten der Verhaltensstörungen. Entscheiden Sie danach, welche Störungen geändert werden sollen und welche tolerabel sind.
- Berücksichtigen Sie Verhaltensketten: Oft geht einem störenden Verhalten eine Reihe verschiedener Verhaltensweisen voraus, die sich im Einzelnen recht gut beeinflussen lassen.
- Keinesfalls darf ein Verhalten als bösartig, egoistisch o. Ä. gedeutet werden. Angriffe sind nicht persönlich gemeint. Die Erwartung an das Verhalten des Kranken sollte in dieser Hinsicht realistisch sein.
- Ein ruhiger Umgangston oder eine Berührung ist wichtig. In schwierigen Situationen muss positives Verhalten schrittweise entwickelt werden.

Schlafstörungen

Ältere Menschen benötigen im Allgemeinen weniger Schlaf als jüngere. Bei Demenzkranken scheint darüber hinaus die „innere Uhr" falsch zu gehen: Sie sind tagsüber häufig schläfrig, nachts dagegen hellwach. Sie wandern mitten in der Nacht umher, wollen draußen spazieren gehen oder kochen. Eine Ursache für die **nächtliche Aktivität** des Demenzkranken könnte das mangelnde Differenzierungsvermögen zwischen Realität und Traum, eine andere könnte mangelnde körperliche Bewegung sein. Manchmal hat der Demenzkranke sein Schlafbedürfnis bereits während des Tages erfüllt. Diese Aspekte sind bei der Betreuung von Schlafstörungen zu berücksichtigen. Häufig reicht es aus, den Patienten **tagsüber** durch **interessante Aktivitäten** wach zu halten oder am späten Nachmittag spazieren zu gehen. Die Beachtung der allgemeinen **schlafhygienischen Regeln** sollte selbstverständlich sein, d. h. der Tag sollte ruhig ausklingen und der Patient täglich zur selben Zeit zu Bett gehen.

Schlaffördernde Maßnahmen

Probleme durch **nächtliche Toilettengänge** müssen berücksichtigt werden. Man sollte auch **vertraute Gegenstände** und **Gewohnheiten** beachten, die für den Betroffenen beim Schlafengehen von Bedeutung sind. Ein **beruhigendes Gespräch** vor dem Einschlafen ist oft hilfreich. Eine **schwache Lichtquelle** kann nächtliche Verwirrtheit beheben. Eine Tasse **warme Milch** wirkt schlaffördernd. Bei arteriosklerotischen Patienten kann Kaffee dieselbe Wirkung haben.

Merke: Die Verabreichung eines Schlaf- oder Beruhigungsmittels sollte als letztes Mittel zur Gewährung der Nachtruhe eingesetzt werden.

Rastlosigkeit, Umherwandern und Weglaufen

Oft ist neben der Schlaflosigkeit ein nächtliches, unruhiges Umherwandern zu beobachten. Schwankungen, d. h. scheinbare Besserungen und plötzliche Verschlechterungen sind typisch. Sie können vom Kranken nicht beeinflusst werden. Allerdings kann ein derartiges Verhalten durch Umgebungsreize oder durch bestimmte Verhaltensweisen der betreuenden Personen herbeigeführt, aufrechterhalten oder verstärkt werden.

Hinweis: Sogar in vertrauter Umgebung kann sich der Demenzkranke verlaufen. Wichtig ist, ihm immer wieder freundlich und geduldig zu erklären, wo er sich befindet. Selbst in schwierigen Fällen gibt die wiederholte freundliche Erklärung über den Aufenthaltsort Sicherheit und macht den Patienten eher lenkbar. Die Kranken sind meist sehr dankbar, wenn sie freundlich angesprochen werden.

Wandert der Kranke ziellos umher, sollte man ihn täglich auf einen langen, nach Möglichkeit anstrengenden Spaziergang mitnehmen. Dies bringt häufig Besserung. Allerdings müssen derartige Aktivitäten mehrere Wochen lang durchgeführt werden, bis sich der erwünschte Erfolg einstellt. Sind Erregungszustände der Grund des Umherwanderns, ist zunächst nach deren Ursache zu forschen. Manche Patienten müssen zurückgehalten werden, oder man muss ihnen folgen. Um eine Konfrontation zu vermeiden, sollte man versuchen, den Patienten abzulenken. **Ruhiges Sprechen** gibt dem Kranken Sicherheit. Akute Erregungsausbrüche und ein nicht zu bremsender Drang wegzulaufen lassen sich auf diese Weise verhindern. Eine **ruhige Umgebung** kann das Herumwandern meist ohne besondere Maßnahmen verhindern. Für den unruhigen Patienten ist ein **strukturierter stressfreier Tagesablauf** ohne Belastungen sehr wichtig. Die Ruhelosigkeit kann darüber hinaus durch Medikamente gelindert werden. In bestimmten Fällen können Arzneimittel die Rastlosigkeit fördern. Die Verordnung erfolgt i. Abh. v. Krankheitsbild. Eine genaue Berichterstattung über die Arzneimittelwirkung vonseiten des Pflegepersonals ist in diesem Zusammenhang wichtig.

Ständiges Fragen und Wiederholen von Handlungen

Ständiges Fragen und insbesondere das permanente Wiederholen derselben Frage ist für die Umgebung oft eine große Belastung. Es hilft wenig, den Kranken belehren zu wollen bzw. auf seine wiederholten Fragen hinzuweisen. Manchmal ist es besser, die Antworten nicht zu wiederholen, sondern den Patienten zu beruhigen und ihm zu versichern, dass alles in Ordnung ist. Der Versuch, das ständige Fragen und Wiederholen von Handlungen zu unterbinden, verunsichert den Kranken und kann unter Umständen Erregung und Unruhe verstärken. Meist ist es für alle Beteiligten weniger anstrengend, den Kranken einfach gewähren zu lassen.

Aggressivität

Die Ursachen aggressiver Verhaltensweisen sind vielfältig. Demente Patienten, die weder etwas sagen noch wahrnehmen, reagieren schnell aggressiv. Jede Art von Unruhe kann darüber hinaus die Bereitschaft zu aggressiven Reaktionen verstärken. Aber auch Angst und Wut der Umgebung, z. B. der Pflegenden, können sich auf den Kranken übertragen. Andererseits kann aggressives Verhalten auch durch alltägliche Bedürfnisse des Patienten, z. B. aus dem Wunsch nach mehr Beachtung oder aus Angstabwehr, ausgelost werden. Häufig hat die aggressive Handlung selbstverstärkende Wirkung und fördert weiteres aggressives Verhalten.

Ursachen

In der Regel findet sich für Unruhe, Aggressivität und Erregung eine Ursache. In Übersicht 14 sind einige ursächliche Probleme angegeben, auf die man in der Pflege besonders achten sollte.

Angst, Frustration und Stress gehören zu den häufigsten Quellen der Aggressivität. Besondere Bedeutung kommt dabei den **psychotischen Ängsten** zu, die durch Wahnvorstellungen und Halluzinationen ausgelöst werden. Im Alter werden sie vor allem als Symptome eines Delirs beobachtet. Demenz beeinträchtigt auch die Triebkontrolle und verstärkt die Neigung der Kranken zu einer sofortigen Befriedigung ihrer Bedürfnisse ohne Rücksicht auf die sozialen Normen und die Reaktionen der Umgebung.

Übersicht 14: Checkliste bei Aggressivität

Mögliche Ursachen für aggressives Verhalten:
- Schmerzen
- Atemnot
- Exsikkose
- Harnwegsinfekt
- Harnverhaltung
- Koprostase (chronische Obstipation)
- Medikamentenüberdosierung (Nebenwirkung)
- Wahnvorstellungen und Angst
- Umgebungseinflüsse (psychosozialer Stress, Angehörige, Interaktion mit Pflegepersonen und Mitpatienten/Bewohnern).

Vorsicht: Alle Verbote und Widerstände wirken frustrierend auf den Betroffenen und provozieren aggressive Reaktionen.

Zu beachten ist auch, dass sowohl ein **Reizmangel** als auch eine **Reizüberflutung** Aggressivität fördern können. Eine als feindlich erlebte **bedrohliche Umgebung** sowie **Verunsicherung** durch widersprüchliche Informationen (Sprache, Körpersprache, emotionaler Ausdruck) wirken hier verstärkend. Durch die Verkennung der Umgebung und falsche Interpretation der eigenen Rolle sowie durch eine Diskrepanz zwischen dem Selbstbild und der Fremdbeurteilung entstehen Missverständnisse und frustrierende Situationen.

Hinzu kommt, dass das Verhalten vieler Demenzkranker bei oberflächlicher Betrachtung als aggressiv fehlinterpretiert wird. Mit einer Demenz ist höchstwahrscheinlich ein **Verlust des Körpergefühls** verbunden. Die

Kranken nehmen Körpersignale wie Hunger, Durst, Sättigungsgefühl, Schmerzen, Anspannung der Muskulatur usw. nicht in angemessener Weise wahr und reagieren auf äußere Stimuli zum Teil reflektorisch.

> So kommt es zum **Beispiel** während der pflegerischen Maßnahmen zu einem schmerzhaften Festhalten oder Kneifen der Betreuer. Durch die Abwehrhaltung mit Verspannung der Muskulatur, Zurückziehen der Arme und dem Versuch, sich aus dem Griff zu befreien, wird die reflektorische Umklammerung noch verstärkt, und es entsteht der Eindruck einer beabsichtigten aggressiven Handlung.

Auch durch **zunehmende neurologische Störungen** (z. B. Apraxie) kann es zu Fehlhandlungen kommen, die zwar aggressiv wirken, aber im Erleben der Kranken mit größter Wahrscheinlichkeit freundliche oder neutrale Färbung haben. Sie entsprechen eher dem Wunsch, vertraute Tätigkeiten fortzuführen.

> **Beispiel:** Ein ehemaliger Friseur „kämmt" eine Mitpatientin mit seiner Hand und zieht dabei sicher ungewollt an ihren Haaren. Eine Demenzkranke versucht, ihre Bettnachbarin „zu mobilisieren" und zieht sie durch das Bettgitter aus dem Bett.

Bei **Patienten mit rechtshirnigen Schlaganfällen** sowie bei **blinden und tauben Menschen** wurden z. T. erhebliche Veränderungen der psychischen Funktionen beschrieben, die Aggressivität fördern können oder fälschlich als aggressiv verstanden werden. So kann z. B. nach einem rechtshirnigen Insult die Fähigkeit zu einer emotionalen Färbung der Sprache verloren gehen. Die Patienten sprechen dann laut und „unfreundlich". Die Blindheit kann zu einem Verlust des Zeitgefühls führen, was Ungeduld und ständiges Schreien provoziert.

Verhalten der Pflegepersonen

Der erste Schritt im Umgang mit aggressiven Hirnleistungsgestörten ist, die **eigenen aggressiven Neigungen zu erkennen** und von denen des Kranken zu unterscheiden. Der Pflegende muss lernen, mit eigenen Aggressionen, die im Umgang mit dem Kranken auftreten, umzugehen. Aggressive Verhaltensweisen, die nicht durch zusätzliche Aufmerksamkeit verstärkt oder in anderer Weise bestraft werden, verschwinden. Der **Pflegende** bzw. Betreuende sollte sich bemühen, absolut **gütig und milde** zu **reagieren**.

> **Hinweis:** Es hilft, bestehende Aggressionen nicht zu beachten. Aggressive Verhaltensketten kann man oft durch Ablenkung unterbrechen; unter Umständen kann man Aggressionen im Ansatz humorvoll abreagieren.

Für den aggressiv Verwirrten sollte man **Verständnis zeigen** und ihn **beruhigen**. Wichtig ist es, freundlich zu reagieren, nicht zu drohen, nicht zu schimpfen. Konflikte sollte man nach Möglichkeit klären oder nach einer anderen Konfliktlösung suchen. In Tab. 5 sind praktische Empfehlungen für den Umgang mit unruhigen, erregten und aggressiven Patienten dargestellt.

Tab. 5: Praktische Empfehlungen zum Umgang mit Aggressivität

Richtiges Verhalten	**Falsches Verhalten**
Einfache Sätze verwenden, ruhiger Redeton.	Komplexe Mitteilungen, lauter Redeton.
Beruhigen, Patienten in Ruhe lassen, aber beobachten.	Diskutieren.
Körpersprache des Patienten respektieren.	Am Arm zerren, zu Handlungen zwingen.
Ansichten und Sinneseindrücke des Patienten akzeptieren.	Versuch, dem Patienten Wahnvorstellungen ausreden zu wollen.
Ruhige Atmosphäre schaffen.	Hektische Atmosphäre, helles Licht.
Selbst ruhig bleiben, Hilfe holen.	Gegenaggression aufkommen lassen.
Tagesschwankungen des Patienten beachten.	Die eigene Tagesform aufzwingen.
Erkennen, was den Patienten aufregt und was ihn beruhigt.	Bekannte Entgleisungssituationen zulassen.
Sedierende Medikamente nach Möglichkeit vermeiden.	Sofortige Sedierung, Fixierung.
Ursache für aggressives Verhalten suchen, z. B. Harnwegsinfekt, Schmerzzustand.	Medikamentöse Sedierung ohne Pflegeplanung.

Validation nach Feil

Ein in den letzten Jahren zunehmend akzeptierter Ansatz im Umgang mit Dementen ist die Validation nach Naomi Feil. Dieses Konzept legt den **Schwerpunkt** weniger auf die objektive Realität und die kognitive Leistung, sondern vielmehr auf die **subjektive, gefühlsbetonte Welt des Kranken.** Insgesamt gibt es bisher allerdings zu wenig wissenschaftlich fundierte Studien, um definitive Aussagen zu diesem Konzept machen zu können. Im Pflegebereich findet die Validation allerdings zunehmend Anklang.

Vorgehensweise

Validieren nach Feil bedeutet, die **Realität des Dementen anzunehmen,** seine aktuellen **Gefühle und Verhaltensweisen** „für gültig zu erklären" und **wertzuschätzen.** Die auf den ersten Blick wirr erscheinende Welt des Dementen hat eine subjektive Bedeutung, die wir versuchen können, nachzuvollziehen, was uns natürlich nicht immer gelingt. In der intensiven Beobachtung zeigt sich, dass Demente Reaktionen, Anpassungsversuche und Abwehrmechanismen offenbaren, die vermutlich im Zusammenhang mit sozialen und körperlichen Verlusten stehen. Die Validation versucht aus ihrem humanistischen Grundverständnis heraus, **Demente** trotz der zunehmenden Veränderungen grundsätzlich **ernst zu nehmen,** und ihnen **im therapeutischen Sinne mit Empathie zu begegnen.**

Positive Effekte

Bei einem solchen Vorgehen lassen sich **im gesamten psychosozialen Spektrum** positive Effekte feststellen, im kognitiven Bereich z. B. eine verbesserte Konzentrationsfähigkeit. Im Bereich der Persönlichkeit schwächen sich negativ erlebte Gefühle wie Angst, Unruhe und Aggression ab. Die Patienten entwickeln mehr **Vertrauen** und **Selbstwertgefühl**, die notwendigen **Voraussetzungen für verbesserte soziale Interaktion**.

Inhalte und Zielsetzung der Validation

Die Validation stellt also ein **therapeutisches Interventionskonzept** im Umgang bzw. in der Betreuung dar, welches – abgesehen von der humanistischen Grundhaltung – das Krankheitsbild Demenz psychosomatisch begreift und als **therapeutisches Mittel empathische Kommunikation** empfiehlt, die spezifisch auf die Belange von Dementen zugeschnitten ist.

> **Merke:** Nach der Erfahrung in der Praxis verändert Validation auch das Arbeitsverhalten bzw. die Arbeitszufriedenheit der Anwender positiv.

> **Empfehlung:** Informationen zur Validation nach Feil und zu den Ausbildungsmöglichkeiten sind vom Kuratorium Wohnen im Alter in Unterhaching zu erhalten.

Milieutherapie

Die **Milieutherapie,** wie sie in der Geriatrie seit längerem propagiert wird, ist die **erfolgversprechendste**, aber auch **anspruchvollste Therapieform** für demente Patienten. Sie ist primär auf die kognitiven Defizite des Patienten ausgerichtet und wird in der Praxis fast immer mit einer Pharmakotherapie und Trainingsmaßnahmen kombiniert.

Grundlagen

Die Grundidee der kognitiven Milieutherapie basiert auf dem **Defizit-Ressourcen-Modell.** Dabei soll das zwischenmenschliche (Familie, Betreuer) und situative (Wohnung, Institution) Milieu den kognitiven Ausfällen des Patienten angepasst werden. Die Betreuung des Dementen orientiert sich zum einen an seinen geistigen Einschränkungen, zum anderen an den noch vorhandenen Fähigkeiten. Im Umgang mit dem Kranken muss man also einen Mittelweg finden zwischen Überforderung und damit Frustration sowie Unterforderung und daraus resultierender Langeweile.
Die kognitive Milieutherapie gründet auf folgenden **Überlegungen:** Primärsymptome der Demenz lassen sich therapeutisch wenig oder nur schwer beeinflussen; Sekundärsymptome hingegen können durch Anpassung des Umfeldes, pflegerisches Umgehen und Pharmakotherapie gemildert werden, wodurch die Primärsymptome wiederum indirekt günstig beeinflusst werden (☞ Seite 38).

Praktisches Vorgehen

Praktisches Vorgehen bei der Milieutherapie

1. Aufklärung

Betreuer und Angehörige werden über das Wesen der Krankheit im Allgemeinen sowie über die „Defizite“ (Primärsymptome) des Patienten und die „Ressourcen“ (noch vorhandene Fähigkeiten) informiert.

Situationsanalyse

Es wird ein **Leistungsprofil** mit Stärken und Schwächen entsprechend dem Schweregrad der Demenz (Einordnung durch den Arzt, möglichst gemeinsam mit den Pflegenden), den funktionellen Defiziten (ADL-Skalen und psychometrische Einschätzung, ☞ Seite 40) und den Verhaltensstörungen (☞ Seite 36) erstellt.

2. Defizitkompensation

Es erfolgt ein **Ausgleich der Defizite** durch **Pflege** und **Milieuanpassung**. Körperliche und psychische Defizite müssen in der Grundpflege berücksichtigt werden, örtliche und zeitliche Orientierungshilfen (verbal und nicht verbal) werden gegeben. Kommunikation (Ersatz der fehlenden Sprache) kann durch mimische und gestische Zuwendungsformen erfolgen. Unterstützung bei den täglichen Verrichtungen (Toilettengang, Körperpflege, ...) ist erforderlich. Das Hilfsmittelsortiment muss geprüft und entsprechend angepasst werden, z. B. Schlüpfschuh statt Schnürschuh, Gehhilfen.

3. Aktivierung der Ressourcen

Es erfolgt eine **Förderung noch vorhandener Fähigkeiten** (entsprechend des Schweregrades der Demenz und der Funktions- bzw. Verhaltensstörung, der Biografie und des Persönlichkeitsprofils) durch Betreuer/Angehörige, besonders aber durch das Pflegepersonal, und soweit möglich mittels Ergotherapie.

Beispielsweise wird in der aktivierenden Pflege Toilettentraining dem Anlegen eines Dauerkatheters vorgezogen. Die allgemeine Aktivierung und Förderung in den Bereichen mit intakten Fähigkeiten wird in Abhängigkeit von der Motivation der Patienten kontinuierlich durchgeführt.

4. Adjuvante Therapie

Die Therapie der Multimorbidität betrifft nicht nur den Arzt, sondern wird auch entsprechend den Krankheitsbildern von pflegerischer Seite durchgeführt. Die **Verabreichung der Antidementiva** und die **Pharmakotherapie** der Verhaltens- und Funktionsstörungen wird durch den Arzt durchgeführt und durch die **Krankenbeobachtung des Pflegepersonals** mit Rückmeldung an den Arzt begleitet.

Ferner muss eine **defizitorientierte Milieuanpassung** mit möglichst geringfügigen Veränderungen (wegen der amnesiebedingten Anpassungsschwierigkeiten an Neuerungen) durchgeführt werden, z. B. Entfernen eines Teppichs bei Sturzgefahr.

1.2.2 Parkinson-Syndrom

Definition: Das Parkinson-Syndrom (Paralysis agitans, „Schüttel-Krankheit") wird hervorgerufen durch die Degeneration von Zellen der Substantia nigra im Mittelhirn mit daraus folgendem Mangel an dem chemischem Überträgerstoff Dopamin. Der englische Arzt James Parkinson beschrieb 1817 erstmals die Krankheitssymptome.

Krankheitsformen

Man unterscheidet das **idiopathische Parkinson-Syndrom** (Morbus Parkinson), das mehr als 80 % aller Parkinson-Syndrome ausmacht, von sekundären Formen, bei denen das **medikamenteninduzierte Parkinson-Syndrom** mit knapp 10 % das Wichtigste ist. Insbesondere geriatrische Patienten sind von dieser Form häufig betroffen. In einer prospektiven Studie waren 50 % der neu aufgetretenen Parkinson-Syndrome bei älteren Patienten medikamenteninduziert. Als Auslöser kommen Antihypertonika, Neuroleptika, Tiaprid oder Flunarizin in Betracht.

Bedeutung für die Geriatrie

Das Parkinson-Syndrom zählt zu den **häufigsten neurologischen Erkrankungen** und beginnt meist jenseits des 60. Lebensjahres, womit es sich um eine typische Alterskrankheit handelt, auch wenn zunehmend schon bei jüngeren Menschen das Bild der Parkinson-Erkrankung festzustellen ist.
Die Prävalenz des Parkinson-Syndroms beträgt 2 bis 3 pro 1.000 Einwohner. Die Altersverteilung zeigt einen deutlichen Gipfel im 8. Lebensjahrzehnt.

Symptomatik

Aufgrund der relativ guten Behandlungsmöglichkeit kommt der Diagnosestellung im Anfangsstadium eine besondere Bedeutung zu. Frühsymptome sind z. B.:

Beobachtbare Krankheitszeichen

- **Muskelverspannungen**, besonders im Arm-, Schulter-, Nackenbereich, die zunächst an rheumatische Beschwerden, an Muskelkater oder ein Halswirbelsäulensyndrom erinnern.
- Das Bild des **Zahnradphänomens** (abgehakte, ruckartige Bewegungen) kann bei vielen Patienten schon früh nachweisbar sein.
- Die **Feinmotorik** (Anziehen, Körperpflege, Nahrungsaufnahme, Bedienung von technischen Geräten) einschließlich des Schriftbildes (Mikrografie) ist **gestört**.
- Der **Gang** wird **unsicher** (Gleichgewichtsstörungen).
- Die **Stimmung** ist eher **depressiv** geprägt, oft schon bevor andere Symptome erkennbar sind, Antrieb und Aktivität lassen merklich nach.

Leitsymptome

Das **Vollbild** der Parkinson-Erkrankung ist durch die bekannten Symptome **Akinese**, **Rigor** und **Tremor** gekennzeichnet. Klinisch ist die Akinese durch Verlangsamung und Verminderung von Spontan- und Willkürbewegungen gekennzeichnet. Es kommt zu kleinschrittigem Gang, Start- und Stoppstörungen und Hypomimie (Verarmung der Mimik).

Der Rigor ist durch eine tonische Koinnervation von Agonisten und Antagonisten bedingt und führt zu einer wechselnden Tonuserhöhung mit starrer, oft gebeugter Körperhaltung, angewinkelten Armen und gebeugten Knien.
Der – nicht obligate – Tremor kommt durch alternierende antagonistische Innervation v. a. der distalen Muskulatur der Arme zustande („Pillendrehen").

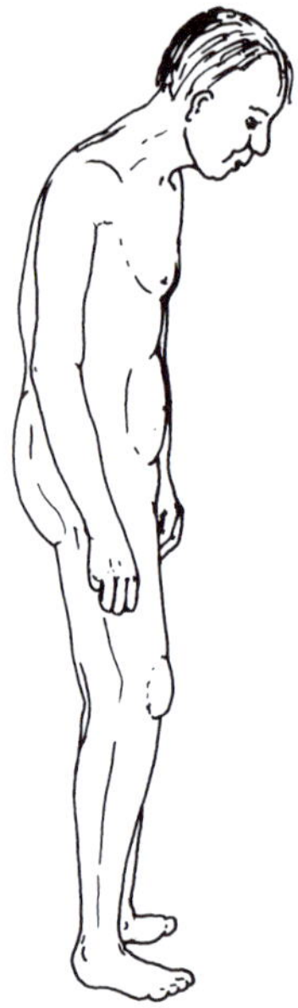

Abb. 12: Körperhaltung beim Parkinson-Syndrom – im Wesentlichen Folge des erhöhten Rigors (aus Ludin: Das Parkinson-Syndrom. Kohlhammer-Verlag)

Übersicht 15: Klinik der Parkinson-Erkrankung

- Typische, vornübergebeugte Körperhaltung (☞ Abb. 12) und trippelnder, kleinschrittiger Gang.
- Die Sprache wird leiser und undeutlicher.
- Der Tremor, das Zittern, meist ein grobes Zittern in Ruhe, lässt bei gezielten Bewegungen häufig nach oder verschwindet ganz.
- Die Gesichtszüge sind starr, maskenhaft, die Haut wirkt durch vermehrte Talgproduktion fettig.
- Die Muskelverspannungen sind ausgeprägt nachweisbar. Alle Bewegungsabläufe sind noch weiter verlangsamt, sodass die Patienten ohne fremde Hilfe nicht mehr zurechtkommen.
- Die Beeinträchtigung des unwillkürlichen Nervensystems führt neben den beschriebenen Hautveränderungen zu oft hartnäckiger Obstipation (Stuhlverstopfung).
- Die psychischen Veränderungen nehmen zu, die Patienten werden ängstlich, weinerlich, ziehen sich zurück oder meiden jegliche fremde Umgebung. Neben den depressiven Verstimmungen und psychoorganischen Störungen wird häufig auch eine demenzielle Entwicklung beobachtet.

Ärztliche Maßnahmen
Medikamentöse Therapie

Die anfangs recht erfolgreiche Therapie beginnt mit einer niedrig dosierten **Monotherapie** (L-Dopa-Präparate), wodurch der Verlauf der Erkrankung erfolgreich beeinflusst wird, ohne dass die zum Teil erheblichen Nebenwirkungen der Therapie in Kauf genommen werden müssen. Durch **Kombination verschiedener Medikamente** und Steigerung der Dosis kann die Symptomatik heute für Patienten und Angehörige viele Jahre zufrieden stellend beherrscht werden. Bei vorherrschendem Tremor und nur geringer Akinese werden medikamentös zusätzlich Anticholinergika (Akineton, Tremarit) eingesetzt. Grundsätzlich muss, insbesondere bei älteren Menschen, einschleichend dosiert werden. Es besteht die Gefahr des Harnverhalts, eines Glaukomanfalls oder der Entwicklung einer Psychose. Ist unbeeinflussbar starker Tremor vorhanden, kann im Einzelfall durch eine stereotaktische Operation Besserung erzielt werden.

Begleitende Therapie

Ebenso wichtig ist, dass schon frühzeitig eine gezielte, begleitende **physio- bzw. ergotherapeutische Behandlung** begonnen wird. Sie verbessert nicht nur die motorischen Funktionen, sondern führt gleichzeitig zu einer positiven Beeinflussung der psychischen Auswirkungen des Krankheitsbildes.

Pflegerische Maßnahmen

Der psychosozialen Unterstützung der Patienten und ihrer Angehörigen durch optimale Information und Teilnahme an Veranstaltungen der lokalen **Parkinson-Selbsthilfegruppe** kommt besondere Bedeutung zu. Darüber hinaus ist die Einhaltung einer **eiweißreduzierten Diät** erforderlich: Insgesamt sollte die Eiweißzufuhr auf ein Minimum (1g / kg Körpergewicht pro Tag) beschränkt werden; Eiweiß sollte nur abends zugeführt werden, d. h. Frühstück ohne Milchprodukte, ohne Ei oder Fleischwaren, Mittagessen ohne Fleisch, Milchprodukte, eiweißreiches Gemüse und Ei. Als Zwischenmahlzeit eignen sich Früchte oder Süßigkeiten, die keine Milch beinhalten.
Wichtig ist, die Mobilität zu erhalten, z. B. durch ein **Aktivierungsangebot**: Gymnastik, Werken, Musizieren, Spiele, Teilnahme an Festen, Gedächtnistraining. Der **Einsatz von Hilfsmitteln** sollte darauf ausgerichtet sein, die Mobilität zu erhalten. Entsprechend den Erhebungen im ADL-Bereich müssen Defizite therapeutisch behoben und Ressourcen zielgerichtet genutzt werden. Im Frühstadium der Erkrankung werden einfache gymnastische Übungen ausgeführt, im Endstadium ist die umfassende Versorgung des Pflegebedürftigen erforderlich.

1.2.3 Schlaganfall (Apoplex)

Definition: Der Schlaganfall (zerebraler Gefäßinsult, Apoplex) beruht auf einer akuten Durchblutungsstörung des Gehirns, die bei 85 % der Betroffenen durch eine verminderte Blutversorgung (Hirninfarkt) und bei ca. 15 % der Betroffenen durch eine Hirnblutung hervorgerufen wird.

Ursachen

Ursache einer **verminderten Blutversorgung** können **Thrombosen** oder **Embolien** sein, meist auf dem Boden einer Arteriosklerose. Deshalb sind ältere Menschen mit Bluthochdruck, Diabetes mellitus, erhöhten Blutfetten sowie Raucher besonders gefährdet. Aber auch Herzrhythmusstörungen oder der Zustand nach einem Herzinfarkt können Ursache für Embolien sein. **Hirnblutungen** werden meist durch eine **Gefäßwandzerreißung** aufgrund einer Gefäßaussackung (Aneurysma) oder einer chronischen Hypertonie verursacht. Seltene Ursachen sind Gerinnungsstörungen, Tumorblutung, Gefäßmissbildungen oder Gefäßentzündungen.

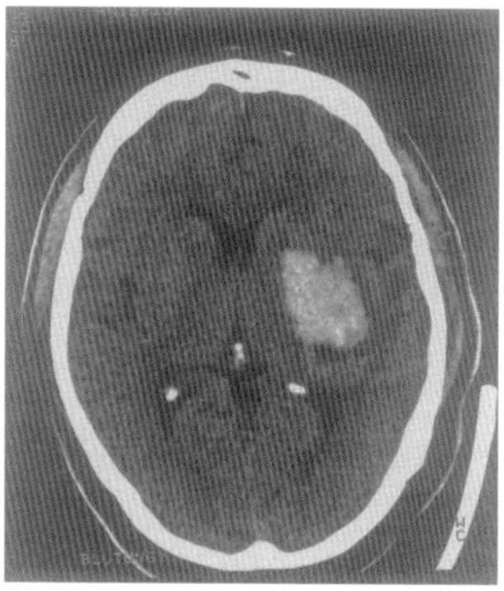

Abb. 13: Computertomogramm einer hypertensiven Massenblutung im Basalganglienbereich (vorwiegend Linsenkern) links mit Kompression des linken Seitenventrikels und Verlagerung der Mittellinienstrukturen nach rechts.

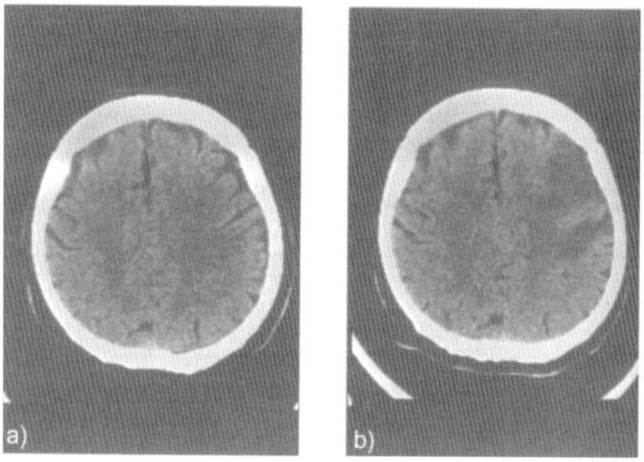

Abb. 14: Territorialinfarkt der A. cerebri media links: Nach 2 Stunden **(a)** ist nur eine leichte Minderdichtigkeit zu sehen (guter Zeitpunkt für eine systemische Thrombolyse); 2 Tage später **(b)** ist der Infarkt deutlich markiert (Lyse war nicht möglich).

Auswirkungen

Die klinischen Auswirkungen zerebraler Durchblutungsstörungen reichen in Abhängigkeit von Art und Ort des Geschehens von kaum fassbaren, flüchtigen Funktionsstörungen bis hin zu ausgeprägten, bleibenden und im Extremfall zum Tode führenden Störungen (☞ Tab. 6)

Tab. 6: Stadieneinteilung der zerebralen Durchblutungsstörung

Krankheitsstadium	Symptome / Beobachtung
Stadium 1	**Symptomfreies Stadium.** Zufallsbefund. Stenose (Verengung) oder Verschluss der Karotiden bei gutem Kollateralkreislauf (Umgehungskreislauf).
Stadium 2	**TIA** (transitorisch-ischämische Attacke): neurologische Ausfallserscheinungen von weniger als 24 Stunden Dauer mit vollständiger Restitution (Rückbildung).
Stadium 3	**RIND** oder **PRIND**: (prolongierte) reversible, durch die Ischämie bedingte, neurologische Ausfallserscheinungen (deficits) von mehr als 24 Stunden Dauer mit Restitution innerhalb von vier Wochen oder Stroke in evaluation (progredienter Schlaganfall).
Stadium 4	**Complete Stroke** (vollständiger Schlaganfall): Mild Stroke mit teilweise rückbildungsfähigen Ausfällen oder manifeste, ausgeprägte Ausfälle.

Bedeutung für die Geriatrie

In der Bundesrepublik Deutschland erleiden jährlich etwa 350.000 Menschen einen Apoplex. Eine altersgruppenspezifische Aufteilung belegt, dass der Schlaganfall eine **Krankheit der höheren Altersgruppen** darstellt. Die Inzidenz wächst von 308 Fällen pro 100.000 bei den 60 bis 64-Jährigen auf 1.300 bei den über 65-Jährigen. Bzgl. der Mortalität stehen die zerebrovaskulären Erkrankungen hinter den kardiovaskulären und malignen Erkrankungen an 3.Stelle. Nicht zuletzt aufgrund der langwierigen Rehabilitation und des intensiven Pflegeaufwandes nehmen Patienten nach zerebralem Infarkt in der **geriatrischen Betreuung** eine **herausragende Stellung** ein. Die 5- Jahres-Überlebensrate nach embolischer oder thromboembolischer Apoplexie beträgt 35 %, nach intrazerebraler Blutung 6 %.

Symptomatik

Häufig kündigt sich ein Schlaganfall durch **Vorboten** an, die sich wieder zurückbilden können:

- Sehverlust bzw. Sehen von Doppelbildern
- Lähmungen, v. a. im Bereich des Armes und einer Gesichtshälfte
- Gangstörungen
- Sprachstörungen
- Schluckstörungen
- Drehschwindel
- plötzlicher Sturz ohne oder mit kurzem Bewusstseinsverlust
- Ohrgeräusche, Hörminderung.

Die klinische Symptomatik bei Schlaganfall ist vielgestaltig und hängt von Ort und Größe der Hirnschädigung ab. Je größer das betroffene Gehirnareal ist, desto wahrscheinlicher sind Symptome, die unabhängig von der Lokalisation sind, insbesondere Bewusstseinstörung, Schluckstörung und Inkontinenz zu Beginn des Krankheitsverlaufs.

Verschluss der A. carotis interna

Verschlüssen der A. carotis interna gehen häufig transitorische ischämische Attacken (☞ oben) voraus. Das **Vollbild** ist gekennzeichnet durch:

- kontralaterale, brachiofaziale Parese und Sensibilitätsstörungen,
- Aphasie (falls dominante Hirnhälfte betroffen).

Verschluss der A. cerebri media

Das am häufigsten betroffene Blutgefäß ist die A. cerebri media. Bei einem Stammverschluss zeigen sich folgende **Symptome:**

- kontralaterale, sensomotorische Hemiparese mit brachiofazialer Betonung,
- komplette Aphasie (falls dominante Hälfte betroffen),
- Apraxie (falls nicht dominante Hälfte betroffen),
- Bewusstseinstrübung und Hirndrucksteigerung bei großem, raumfordernden Infarkt (oder Blutung).

Bei peripheren Verschlüssen kann es aber auch nur zu neuropsychologischen Ausfällen ohne Paresen kommen. Patienten mit einer solchen klinischen Symptomatik werden im Akutstadium häufig fehldiagnostiziert.

Infarkt im vertebrobasilären Kreislauf

Infarkten im vertebrobasilären Kreislauf gehen häufig transitorisch ischämische Attacken (s. o.) voraus, die durch ein uneinheitliches klinisches Bild mit wechselnden Symptomen gekennzeichnet sind, abhängig vom Ort der Durchblutungstörung:

- Drehschwindel,
- Hemianopsie der Gegenseite (A. cerebri posterior),
- Drop attacks (plötzliches „Umkippen" bzw. Sturz ohne Bewusstlosigkeit),
- flüchtige Paresen und Sensbilitätsstörungen (Hirnstammarterien),
- Ataxie, Dysarthrie und Dysphagie (A. cerebelli).

Neuropsychologische Störungen

Grundsätzlich verschieden sind die neuropsychologischen Störungen, in Abhängigkeit davon, welche Hirnhälfte geschädigt wurde. Bei **Rechtshirngeschädigten** tritt eine Raumanalysestörung auf, das sog. **Neglect-Phänomen**, bei dem Dinge der kontralateralen Seite nicht beachtet werden, sowie Schwierigkeiten im Erfassen von Gesamtzusammenhängen und Beziehungen (konstruktiven Leistungen).

Aphasien

Der **Linkshirngeschädigte** weist eine Störung der sprachabhängigen Fähigkeiten auf. Das Ausmaß der **Sprachstörung** ist von Ort und Größe des geschädigten Bezirks abhängig. Bei der **globalen Aphasie** sind alle Sprachfunktionen schwer beeinträchtigt. Bei der **Broca-Aphasie** äußern sich die Patienten in einer Art Telegrammstil, bei der **Wernicke-Aphasie** ist vornehmlich das Sprachverständnis gestört. Patienten mit **amnestischer Aphasie** leiden hauptsächlich unter Wortfindungsstörungen. Neben Aphasien finden sich sequenzielle Störungen im Handlungsablauf (z. B. Apraxien), Schwierigkeiten im Erfassen von Einzelheiten und bei der Entwicklung von Strategien zur Problemlösung.

Komplikationen

Die Bettlägerigkeit kann ohne rechtzeitiges Einsetzen prophylaktischer Maßnahmen zu **Folgekrankheiten** wie Dekubitus, Kontrakturen, Aspiration mit Pneumonie, Thrombose, Zystitis oder Obstipation führen. Mitunter erleiden die Betroffenen kurze Zeit nach dem ersten einen **weiteren Schlaganfall.**

Prognose

Die **spontane Rückbildung** der Symptome bis zur vollen Selbstständigkeit ist in **den ersten vier Wochen** am wahrscheinlichsten, ab der 8. Woche wird sie unwahrscheinlicher. Eine vollständige Späterholung nach 6 Monaten ist noch bei 5 bis 10 % der Patienten zu beobachten, 40 % der Gehunfähigen erlernen noch das Gehen. Nach 24 Monaten ist eine weitere Erholung die Ausnahme. Insgesamt bestehen große interindividuelle Schwankungen. Als Indikator für eine **schlechte Prognose** gelten: fehlende Rumpfkontrolle im Sitzen, schwere Armparese, Präsenz einer Hemianopsie oder eines Neglectes, Vorhandensein von Aphasie, Agnosie oder Apraxie. Auch eine länger als zwei Tage anhaltende Inkontinenz ist ein Hinweis auf eine schlechte Prognose.

Ärztliche Behandlung

Die wichtigste ärztliche Behandlung ist die **Vorsorge** gegen einen Schlaganfall. Das heißt v. a., die entsprechenden Risikofaktoren (Hypertonie, Diabetes mellitus, Rauchen) auch beim Betagten konsequent zu behandeln bzw. auszuschalten. Jeder alte Mensch mit Vorboten oder einem manifesten Schlaganfall sollte so rasch als möglich in eine Fachklinik eingewiesen werden.

Therapie im Frühstadium: In den ersten Tagen nach einem Schlaganfall ist das Ziel der ärztlichen Behandlung, die **lebenswichtigen körperlichen Funktionen** (Atmung, Herz-Kreislauffunktion, Blasen- und Darmfunktion, Wasser- und Elektrolythaushalt) **aufrechtzuerhalten.** Im Einzelfall wird versucht, das im Gehirn lokalisierte Blutgerinnsel medikamentös aufzulösen. Zur Verbesserung der Fließeigenschaften des Blutes und damit auch der Hirndurchblutung wird in der Regel eine Infusionstherapie durchgeführt. Risikofaktoren werden nach Möglichkeit ausgeschaltet. Eine intensive **Überwachung und Therapie** von **Komplikationen** ist indiziert.

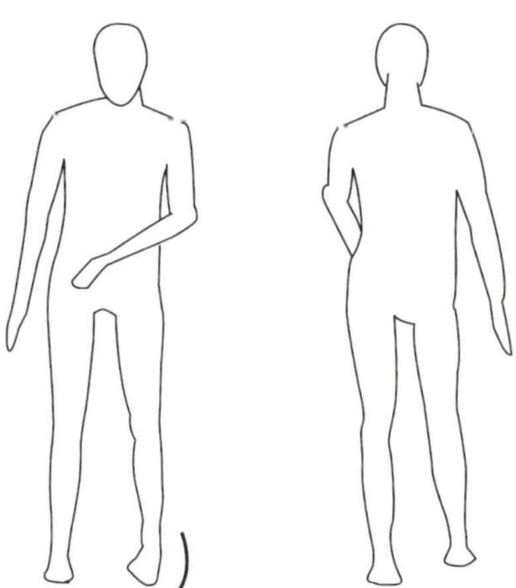

Abb. 15: Gangbild mit der typischen Wernicke-Mann-Haltung bei Schlaganfall mit Hemiparese links (n. Mauritz: Rehabilitation nach Schlaganfall, W. Kohlhammer Verlag, 1994)

Rehabilitationsmaßnahmen

Nach Stabilisierung des lebensbedrohlichen Zustandes beginnen sofort Rehabilitationsmaßnahmen, die **Physiotherapie, Ergotherapie** und **Logopädie** umfassen. Zur Langzeitbehandlung wird häufig Acetylsalicylsäure (Aspirin®) und seit neuestem ein ACE-(Angiotensin-Converting-Enzym-) Hemmer eingesetzt. Bei einer Hirnblutung kann das entstandene Hämatom je nach Größe selbst bei Hochbetagten operativ beseitigt werden.

Pflegerische Maßnahmen

Den pflegerischen Maßnahmen kommt eine besondere Bedeutung in der Akutphase, aber auch in der Dauerbehandlung des Apoplexes zu.

Spezielle Pflegemaßnahmen sind:

- Seitenlage zur Verhinderung von Aspiration (bei Bewusstlosigkeit und Erbrechen obligatorisch).
- Schutz der Cornea bei fehlendem Lidschluss.
- Bei Bedarf intermittierende Blasenkatheterisierung.
- Mundpflege (inkl. Absaugen bei pharyngealer Speichelansammlung).
- Dekubitusprophylaxe.
- Schonung der Bänder und Gelenke gelähmter Extremitäten (verhindert schmerzhafte Zerrungen und Subluxationen).
- Regelmäßiges passives Durchbewegen der gelähmten Gelenke zur Vermeidung arthrogener Kontrakturen (mehrmals täglich).
- Lagerung bei Hemiplegie nach dem Bobath-Konzept.

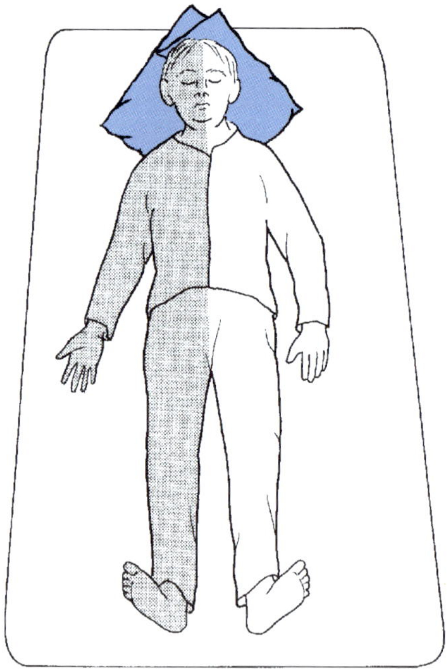

Abb. 16: Rückenlage

In Anlehnung an das **Bobath-Konzept** beginnt die pflegerische Rehabilitation sofort nach der Diagnosesicherung mit der Lagerung. Alle Verrichtungen werden über die gelähmte Seite getätigt:

Bobath-Lagerung

Rückenlage:

- Sie ist am ungünstigsten, da große Aspirationsgefahr und Tonuserhöhung durch tonische Nacken- und Labyrinthreflexe besteht.
- Bei normalem Bewusstsein zur Abwechslung jedoch möglich.

Seitenlagerung auf plegischer Seite:

- Plegischer Arm nach vorn (90 Grad zum Rumpf) gestreckt, Unterarm supponierend, Handgelenk passiv dorsoflektiert,
- plegisches Bein in der Hüfte gestreckt, im Knie leicht gebeugt,
- gesundes Bein auf ein Kissen vor gelähmtem Bein lagern, dadurch ist der gesunde Arm frei beweglich. Gelähmte Schulter nach vorn bringen ☞Abb. 17.

Abb. 17: Lagerung des Hemiplegikers auf der gelähmten Seite

Seitenlage auf gesunder Seite ist zur Abwechslung möglich:

- beide Beine gebeugt oder unteres Bein gestreckt,
- oberes Bein mit Kissen unterlagert, nicht in Außenrotation,
- Fuß rechtwinklig angebeugt,
- kranker Arm im Ellbogengelenk gestreckt in Supination, Außenrotation und Abduktion,
- Hand in Dorsalflexion, gestreckte Finger, abduzierter Daumen (☞ Abb. 18).

Im Zentrum aller Bemühungen stehen Überlegungen zur Unterstützung und zum Training im Grenzbereich der funktionellen Defizite/Ressourcen entsprechend den Assessment-Erhebungen, die in Band 1 des Buches detailliert beschrieben sind. Grundsätzlich ist eine generelle kognitive Stimulation hilfreich.

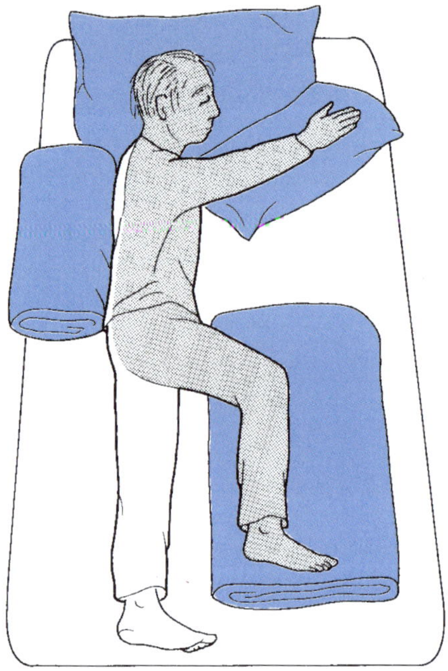

Abb. 18: Lagerung auf der gesunden Seite

Bewegungstechniken

Positionswechsel vom Liegen zum Sitzen mit Unterstützung:

Der Positionswechsel erfolgt grundsätzlich über die geschädigte Seite (Grund: Akzeptanzförderung, Antispastik)! Zunächst wird der Patient aus der Rückenlage auf die plegische Seite gerollt. Die Beine werden dabei stärker angebeugt, um entweder die Spastik zu hemmen oder einen hypertonen Patienten besser sichern zu können. Danach werden die Beine aus dem Bett herausgehoben, wobei die Hilfsperson stets vor dem betroffenen Knie steht. Der Arm wird durch die Pflegekraft sehr weit proximal fixiert und nach außen gedreht, um einer Verletzung der Schulter entgegenzuwirken. Nun stützt sich der Patient mit dem gesunden Arm nach oben, wobei er von der Pflegekraft unterstützt wird, indem sie von hinten um den Schultergürtel greift und die Aufrichtung des Oberkörpers ermöglicht. Es ist darauf zu achten, dass der Oberkörper beim Aufrichten nicht nach hinten kippt, wodurch sich der Extensionstonus im Rumpf massiv verstärken würde. Sitzt der Patient aufrecht, und belastet er seine Gesäßhälften gleichmäßig, ist die Spastik gehemmt. Beim Hinlegen des Patienten verfährt man in umgekehrter Reihenfolge.

Positionswechsel vom Liegen zum Sitzen ohne Unterstützung:

Kann sich der Patient ohne Unterstützung einer weiteren Person aufsetzen, muss er das gelähmte Bein über die Bettkante heben.
Er greift dann mit seiner gesunden Hand vorn über seinen Körper und stützt sich ab.

Durch langsame, ruckhafte Bewegungen „schaukelt“ sich der Patient so lange nach vorne, bis er sitzt.

Positionswechsel des im Bett sitzenden Patienten auf einen Stuhl/Rollstuhl:

Der Stuhl/Rollstuhl steht auf einer Seite des Bettes, das Niveau seiner Sitzfläche ist etwa gleich dem der Bettoberkante. Der Rollstuhl ist festgestellt. Der Patient sitzt auf der Bettkante, seine Beine hängen herab.
Die Pflegeperson steht vor dem Patienten, seine Arme liegen auf ihren Schultern (nicht auf dem Hals). Die Hände der Pflegeperson liegen auf den Schultern des Patienten oder sie legt nur eine Hand auf seine Schulter, während sie mit der anderen Hand Ellbogen und Unterarm des Patienten von unten umfasst.
Die Knie beider Personen stützen sich gegenseitig. Die Pflegeperson bewegt den Oberkörper des Patienten während des Umsetzens. Sie beugt sich dabei so weit zurück, bis sich das Gesäß des Patienten abhebt. Die Pflegeperson schwenkt den Patienten nun über die kranke Seite und bewegt seinen Rumpf Richtung Stuhl. Bei diesem Vorgang kommt der Patient noch nicht richtig zum Stehen. Das Gesäß des Patienten wird auf der Sitzfläche des Stuhls positioniert, die Sitzposition korrigiert.

Sitzposition am Tisch:

Der Patient sitzt aufrecht auf dem Stuhl. Gesäß und Oberschenkel liegen vollständig auf der Sitzfläche auf. Die Füße sollten zur zusätzlichen Abstützung flächigen Kontakt zum Fußboden haben. Der LWS-Bereich wird mit einem Polster abgestützt. Der Stuhl sollte so nah als möglich an den Tisch gestellt werden, dass sich der Patient mit den Armen abstützen kann und der Oberkörper nicht vornüber kippt. Ein Polster im Oberbauchbereich verhindert Druck durch die Tischkante. Der gelähmte Arm liegt in physiologischer Stellung auf dem Tisch. Ggf. kann ein flaches Kissen zur Hochlagerung unterlegt werden. Ein Herabhängen des Armes muss wegen der Gefahr der Ödembildung unbedingt vermieden werden. Der gesunde Arm ist frei beweglich.

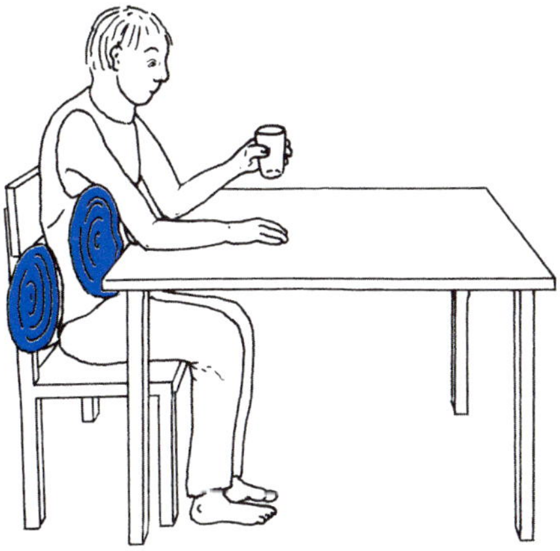

Abb. 19: Sitzen am Tisch bei Halbseitenlähmung rechts (nach Muritz, K.-H.: Rehabilitation nach Schlaganfall, W. Kohlhammer, 1994)

Unterstützung des aufstehenden Patienten:

Der Patient sitzt aufrecht im Stuhl, dabei steht der gelähmte Fuß näher am Stuhl als der gesunde. Um beim Aufstehen das Gleichgewicht nicht zu verlieren, hält der Patient seine Hände gefaltet und die Arme nach vorne gestreckt. Die Pflegekraft steht hinter dem Stuhl und unterstützt das Becken, wenn der Patient sich nach vorne neigt und das Gesäß anhebt. Dabei richtet er sich auf. Hat der Patient das Aufstehen mithilfe einer Pflegekraft geübt, kann er nach ausreichendem Training auf gleiche Weise alleine aufstehen.

Unterstützung beim Gehen:

Der Patient sollte feste Schuhe mit einem flachen Absatz und rutschfester Sohle tragen. Die Unterstützung durch die Pflegeperson erfolgt von der kranken Seite her.

Bobath-Konzept

Beim **Bobath-Konzept** handelt es sich um ein **konzeptionelles Verfahren zur Verbesserung von Tonus, Koordination und Körperhaltung** bei Bewegungsabläufen apoplektischer Patienten. Allerdings müssen zur erfolgreichen Umsetzung des Konzeptes alle Mitarbeiter, welche mit der Pflege und Therapie der Patienten betraut sind, in der Methodik theoretisch und praktisch geschult sein. Für alle Mitarbeiter muss die Anwendung des Konzeptes verbindlich sein.

Zielsetzung

Das Bobath-Konzept strebt durch gezielte Beübung der hemiplegischen Körperseite eine **Körper- und Bewegungssymmetrie** an, denn die **Hemmung pathologischer Haltungs- und Bewegungsmuster** reduziert den spastischen Muskeltonus. Dabei wird der ganze Körper in die Behandlung einbezogen, wobei in der Regel in den proximalen Bereichen (Kopf, Schulter, Rumpf, Hüfte) begonnen wird, da die Spastizität der distalen Körperareale von proximal beeinflusst wird.
Im Laufe der Therapie soll der Hemiplegiker ein Gefühl für normale Muskelspannung, Haltung und Bewegung bekommen. Die Aufgabe des Teams besteht darin, ein Zurückfallen in abnorme Bewegungsmuster zu verhindern und dem Patienten im Laufe der therapeutischen Bemühungen allmählich die Kontrolle über sich selbst zu überlassen.

Merke: Es wird angestrebt, dass der hemiplegische Patient diejenigen Bewegungsabläufe als Übungsziele sieht, die notwendig sind, um den Anforderungen des täglichen Lebens gerecht werden zu können.

1.2.4 Depression

Definition: Depression bedeutet Niedergeschlagenheit oder Lähmung der Gefühle. Die **endogene Depression** ohne erkennbare körperliche oder seelische Ursache wird von der **exogenen Depression** unterschieden. Bei der exogenen Depression liegt häufig eine Hirnerkrankung (Hirntumor, Arteriosklerose, Hirnentzündung, Morbus Parkinson) vor. Am häufigsten kommt beim älteren Menschen allerdings die reaktive Depression vor, die durch einen unverarbeiteten Konflikt oder ein aktuelles Ereignis, das häufig mit einem Geborgenheitsverlust einhergeht, hervorgerufen wird. In der neueren Definition der Depression wird allerdings nur noch zwischen der **leichten Depression** (minor depression) und der **schweren Depression** (major depression) unterschieden. Depressionen sind nicht zu verwechseln mit gelegentlichen Stimmungstiefs wie Niedergeschlagenheit oder Traurigkeit.

Bedeutung für die Geriatrie

Die Depression ist die **häufigste psychiatrische Erkrankung im Alter**. Man schätzt, dass ca. 12 bis 15 % der selbstständig lebenden und ca. 40 bis 55 % der in Heimen versorgten älteren Menschen unter leichten bis mittelschweren Depressionen leiden.

Symptomatik

Depressive Störungen können sich bei älteren Menschen anders präsentieren als bei Personen mittleren Alters. Beim Alterspatienten äußert sich die Depression oft weniger in Form vitaler Symptome wie Essunlust, allgemeine Inappetenz oder Schlafstörungen, vielmehr stehen (unbegründete) Ängste vor Krankheiten, „Verblödung", Verarmung, allgemeine Hoffnungslosigkeit und ganz besonders körperliche Symptome im Vordergrund (☞ Übersicht 16).

Übersicht 16: Körperliche Symptome

- Schlafstörungen
- Appetitlosigkeit, Gewichtsverlust
- Obstipation
- Druck- und Engegefühl im Kopf-, Hals- und Brustbereich
- verlangsamte Sprache
- verlangsamte Bewegungen
- Antriebsarmut
- vorzeitige Ermüdbarkeit
- Leistungsrückgang
- alltägliche Verrichtungen können nicht mehr oder nur noch unter großer Anstrengung vollbracht werden
- körperliche „Erstarrung" durch Muskelverspannung, starre Mimik und Gestik
- zusammengesunkene Haltung
- Kraftlosigkeit, schleppender Gang
- Libidoverlust
- manchmal Unruhe, Jammern und Klagen, Nervosität (agitierte Depression).

Diese körperlichen Beschwerden mit teilweise diffusen Schmerzen oder Missempfindungen wie Herzjagen, Oberbauchbeschwerden oder Globusgefühl können mitunter so vorherrschend sein, dass oft Monate vergehen, bis die Diagnose einer Depression gestellt wird. Richtungsweisend auf eine Depression können **„Screening-Fragen"** sein (☞ Übersicht 17).

Dabei sollte besonderes Augenmerk auf eventuell vorhandene Suizidabsichten gelegt werden.

Übersicht 17: Schlüsselfragen zu depressiven Syndromen

1. Können Sie sich freuen? Worüber?
2. Welche Interessen haben Sie? Veränderungen? Seit wann?
3. Was denken Sie über Ihre Zukunft? Haben Sie Pläne? Haben Sie Sorgen?
4. Fühlen Sie sich müde, schwunglos? Wie lange schon? Gibt es Tagesschwankungen?
5. Neigen Sie in letzter Zeit vermehrt zum Grübeln? Worüber?
6. Plagt Sie das Gefühl, Ihr Leben sei sinnlos geworden?
7. Haben Sie daran gedacht, dass das Leben eine zu große Last ist? Haben sie konkret etwas unternommen?
8. Wie steht es mit Ihrem Schlaf (Ein- und Durchschlafstörungen, Früherwachen)? Haben Sie Appetit? Ist ein Gewichtsverlust zu beobachten?

In diesen Fragen sind die typischen Beschwerden depressiver älterer Menschen enthalten. Es kommt zu einem Verlust der Fähigkeit, Freude zu empfinden. Die Reduzierung des Interesses, auch für Hobbies, der Verlust des Elans, der Vitalität und der Entschlusskraft wird deutlich. Zukunftsangst, Einbußen im Bereich der Konzentrationsfähigkeit, Verlust des Selbstwertgefühls und Schlafstörungen (Ein- und Durchschlafstörungen, frühes Erwachen oder Tag-Nacht-Umkehr) sind weitere wichtige Hinweise auf eine Depression.
Es kann aber auch ein Symtomenkomplex nur aus Interesselosigkeit, Abwendung und allgemeiner Verlangsamung vorherrschen. Letzterer kann leicht als beginnende Demenz verkannt werden. Einige Symptome weisen mehr auf eine Depression hin, andere mehr auf eine Demenz (☞ Tab. 7).

Tab. 7: Abgrenzung Depression („Pseudodemenz") versus Demenz

Symptome, die auf eine Depression hinweisen	Symptome, die auf eine Demenz hinweisen
Subjektive Klagen sind stärker als objektive Befunde, Patient klagt v. a. über kognitive Leistungsverluste.	Patient bagatellisiert, klagt weniger über kognitive Leistungsverluste.
Depressive Stimmung labil.	Affektlabilität, leicht umstimmbar.
Schuldgefühle und Versagensangst.	Patient verneint, beschuldigt andere, konfabuliert.
Unsicherheit gegenüber anderen.	Patient ist fordernd.
Stimmungen, Wahngedanken kongruent.	Wahnideen oberflächlicher, teils lächerlicher Natur.
Rascher Beginn, Dauer weniger als sechs Monate.	Meist heimtückischer, langsamer Beginn, erste Anzeichen datieren in der Regel länger als ein Jahr zurück.

Kognitiv – allg. Bezeichnung f. den Komplex von Wahrnehmung Denken, Erkennen, Erinnern usw.

Symptome, die auf eine Depression hinweisen	Symptome, die auf eine Demenz hinweisen
Schlaflosigkeit, selten nächtliche Unruhe.	Deutliche nächtliche Unruhe.
Familiäre Belastung mit Depressionen.	Familiäre Belastung mit Demenz.
Keine Orientierungsstörungen, weiß Hilfe zu finden.	Desorientiert, ungezielt, Hilfe suchend.
Aufmerksamkeit und Konzentration noch gut erhalten.	Aufmerksamkeit und Konzentration früh gestört.
Überwiegend gequälte Stimmungslage, Selbstabwertung.	Stimmung eher gleichgültig, neigt zu kompensatorischer Selbstüberschätzung.
Wenig Bemühung, leistungsfähig zu bleiben.	Versuch, Defizite z. B. mit Notizen usw. auszugleichen.
Kaum Bemühung, auch bei leichten Aufgaben.	Freude an der Bewältigung auch leichter Aufgaben.
Auffällige Leistungsschwankungen bei Aufgaben gleichen Schwierigkeitsgrades.	Meist gleichmäßige Leistungsminderung bei Aufgaben gleichen Schwierigkeitsgrades.
Remission der Depression und der kognitiven Störung.	Bei Ansprechen auf antidepressive Therapie Persistieren der kognitiven Störungen.
Im Untersuchungsverlauf Verbesserung.	Im Untersuchungsverlauf schlechter werdend.

Tab. 7: Abgrenzung Depression („Pseudodemenz") versus Demenz (Fortsetzung)

Ältere Menschen, die sich über „Gedächtnisschwund" beklagen, sind meist eher depressiv als dement. Häufig gestaltet sich die Diagnose einer Depression im Alter recht schwierig, da sich Depressionsskalen, die für jüngere Patienten entwickelt wurden, infolge der veränderten Symptomatik nur eingeschränkt für ältere Patienten eignen.

Ärztliche Maßnahmen

Der erste Schritt zur erfolgreichen Therapie der Depression ist die Diagnose, die Einschätzung der begleitenden Multimorbidität und der Umweltfaktoren. Da bei der Genese des depressiven Syndroms im Alter meist mehrere Faktoren eine Rolle spielen, besteht das therapeutische Konzept zumeist aus verschiedenen Komponenten. In der Regel umfasst es **internistische, antidepressive und psychosoziale Maßnahmen**. Im Vordergrund steht dabei zunächst die frühzeitige Behandlung körperlicher Vorerkrankungen (z. B. einer Herzinsuffizienz), um einer somatisch bedingten zerebralen Dekompensation vorzubeugen. Die meisten Experten sind sich heute darüber einig, dass depressive Syndrome älterer Patienten, die über einen Zeitraum von mehr als zwei bis drei Wochen bestehen, mit antidepressiven Medikamenten behandelt werden sollten.

Medikamentöse Therapie

Die Auswahl des Arzneimittels richtet sich in erster Linie nach dem individuell unterschiedlichen Erscheinungsbild der Depression. Stehen **Unruhe und Angst** zusammen mit funktionellen Organbeschwerden im

Vordergrund, wird i.d.R. ein **Antidepressivum** mit leicht sedierender anxyolytischer Wirkung eingesetzt. Bei **gehemmt-apathischer Symptomatik** eignen sich **stimmungsaufhellende** und **leicht aktivierende Substanzen.**

> **Merke:** Die internistische und antidepressive Therapie kann nur erfolgreich sein, wenn der Patient auch entsprechend psychotherapeutisch und sozial betreut wird. Hier kommt der individuellen Pflege große Bedeutung zu.

Pflegerische Maßnahmen

Der depressive Patient braucht **verbale und nonverbale Zuwendung,** Interesse an seiner Person, auch wenn scheinbar keine Resonanz auf liebevolles Verhalten erkennbar ist. Man darf sich dabei nicht durch Aggression, Nörgeln und negative Sichtweisen entmutigen lassen.
Keinesfalls sollte man den Patienten auffordern, sich zusammenzureißen und aktiv zu sein. Auch die Ablenkung durch fröhliche Gesellschaft und zu frühe Aktivierung durch Physio- und Ergotherapie schadet mehr, als sie nützt. Das Treffen lebenswichtiger therapeutischer Entscheidungen können das Krankheitsbild negativ beeinflussen. Es ist wichtig, **Fähigkeiten** durch Biografie, Gespräche und Beobachtungen zu **ermitteln** und **Verantwortung** zu **übertragen,** allerdings darf der Patient nicht überfordert werden. Erfolgsergebnisse sollten in jedem Fall vermittelt werden.
Die Aussage, es gehe schon besser, löst meist Abwehrreaktionen aus. Dagegen sollten kleinere therapeutische Fortschritte besonders betont werden, dies festigt das Selbstwertgefühl des Kranken. Dazu gehört auch **positive Verstärkung** (Kleider, Aussehen, Verhalten).

Krankenbeobachtung

Auch über Suizidgedanken und -impulse sollte offen gesprochen werden, sie dürfen keineswegs tabuisiert werden. Der Krankenbeobachtung kommt dabei, v. a. im Hinblick auf potenzielle Komplikationen besondere Bedeutung zu. In diesem Zusammenhang spielen vor allem akute **Suizidgefahr** und **Arzneimittelabhängigkeit** eine Rolle, da hier sofort der Arzt benachrichtigt werden muss. Die Arzneimitteleinnahme erfolgt unter Aufsicht, um das „Horten" der Medikamente zu verhindern. Da **Antidepressiva** eine Reihe von **Nebenwirkungen** haben, z. B. Mundtrockenheit, Tremor, Schwitzen, Obstipation, Schlafstörungen, Blutdruckabfall, Schwindel, gesteigerte oder erniedrigte Herzfrequenz, kommt auch in dieser Hinsicht der Krankenbeobachtung besondere Bedeutung zu.

1.2.5 Alterssuizid

> **Definition:** Suizidgefahr (Selbstmordgefahr) besteht bei einem Menschen, der überzeugt ist, dass ihm als Ausweg aus seinen Problemen und erlebten Kränkungen nur noch das Auslöschen seines Lebens bleibt.

Bedeutung für die Geriatrie

Die Zahl der Suizidversuche nimmt im Alter nur geringfügig zu, die Zahl der gelungene Suizide steigt dagegen deutlich an. **Menschen über 65 Jahre** haben die **höchste Suizidrate** in der Bevölkerung. Dabei ist der Anteil der Männer etwa doppelt so hoch wie der der Frauen. Dafür dürften soziale und psychologische Ursachen verantwortlich sein. Allein stehende oder sich einsam fühlende Männer scheinen viel weniger mit den Widrigkeiten des Alltags fertig zu werden als Frauen, welchen häusliche Pflichten und religiöse Verankerung meist zur Sinnfindung genügen. Es mag auch sein, dass der ältere, kranke, pflegebedürftige Mann seinem Leiden mit viel weniger Duldsamkeit gegenübersteht als eine betagte Frau in derselben Situation.

Symptomatik

Häufig finden sich **Symptome einer Depression** (☞ Seite 63). Die Gedanken des Betroffenen kreisen nur um sich selbst und die verzweifelte Situation, aus der kein Ausweg gesehen wird. Alles erscheint sinnlos und das Leben als nicht mehr lebenswert. Häufig bestehen auch ein **Realitätsverlust** sowie **versteckte Aggressionen. Gehemmte Aggressionen** machen sich dabei bemerkbar in Form von Gereiztheit, Spannungen, Vorwürfen, Abschiedsbriefen, Suizidäußerungen, Drohungen, Selbstverletzungen, Verweigerung von Nahrung, Körperpflege oder Kommunikation.

Achtung: Es bestehen **Todesphantasien/Todeswünsche**, der Patient berichtet von „Beerdigungsträumen". **Ankündigungen** (oft verschlüsselt) müssen als **Hilferuf** gesehen werden. Typisch sind Aussagen wie diese: „Bald werde ich Ruhe haben und niemandem mehr zur Last fallen".

Ärztliche Maßnahmen

Die **Krisenintervention** steht bei der Therapie im Vordergrund. Bei einer bestehenden Depression erfolgt die Behandlung durch entsprechende Medikamente und psychische Führung bzw. Therapie. Bei akuter Suizidalität ist eine stationäre Therapie angezeigt. Während die Akuttherapie beim älteren Patienten in gleicher Weise wie beim jüngeren durchgeführt wird, ist die Nachsorge anders, da der ältere Mensch andere Selbstmordmotive hat und sich in einer anderen Lebens- und Alltagssituation befindet. Der Psychotherapie kommt beim älteren Patienten eine besondere Bedeutung zu.

Pflegerische Maßnahmen

Wichtig ist, bei gefährdeten Personen auf **Symptome** zu achten. Auch **verschlüsselte Suiziddrohungen** müssen erkannt und ernst genommen werden. Bei akuter Bedrohung muss der Arzt umgehend benachrichtigt werden.

Man sollte dem älteren Menschen mit **Zuwendung** und **Einfühlungsvermögen** begegnen. Aktives Zuhören ist wichtig. Dem Patienten sollte das Äußern von Gedanken und Gefühlen ermöglicht werden, man sollte aber auch **Aggressionen zulassen**. Suizidale und negative Gedanken sollten vorbehaltlos akzeptiert werden. Ratschläge zu geben, ist meist sinnlos. Wichtig ist, möglichst realistische, erste Schritte zu einer **Problemlösung** zu **erarbeiten**.

Spezieller Pflegehinweis: Von großer Bedeutung ist, den alten Menschen in seiner bedrohlichen Situation **nicht allein** zu **lassen.** Dazu gehört, Ressourcen und Kompensationsmöglichkeiten zu reaktivieren und Kontakte zu einem Seelsorger oder einer anderen Bezugsperson herzustellen. Auch Angehörige gedanklich und nach Möglichkeit tatsächlich einbeziehen. Von großer Bedeutung ist es, Möglichkeiten zur **Neuorientierung** auszuloten und dabei auch Unterstützung zu geben.

1.3 Atemwegs- und Lungenerkrankungen

Physiologische Veränderungen

Aufbau und Struktur der Lunge unterliegen mit zunehmendem Lebensalter Veränderungen. Im Vordergrund des pulmonalen Alterungsprozesses steht der Elastizitätsverlust von Fasern und Gefäßwänden, wobei u. U. Verkalkungen des Knorpelgewebes hinzukommen. Die pulmonalen Blutgefäße sind von altersabhängigen arteriosklerotischen Gefäßablagerungen nicht ausgenommen. Altersbedingte Veränderungen zeigen sich auch in den Lungenkapillaren; durch die Verbreiterung der Basalmembran vergrößert sich der alveokapilläre Abstand. Das Kapillarnetz der Endstrombahn reduziert sich im Alter. Die durch den Elastizitätsverlust des Fasersystems bedingte Erweiterung der Alveolargänge führt zum so genannten **Altersemphysem** und stellt einen bedeutenden **altersphysiologischen Prozess** dar.

Altersemphysem

Destruktives Lungenemphysem

Die Differenzierung zwischen physiologischem Altersemphysem und einem sekundären destruktiven Emphysem fällt oft schwer, weil naturgemäß Überlagerungen auftreten. Im Gegensatz zum Altersemphysem ist ein destruktives Lungenemphysem durch einen **inhomogenen Strukturabbau** mit **Zerstörung der Alveolarwände** gekennzeichnet, der auch die Stromkapillaren der Alveolen betrifft und bei der Entstehung der **pulmonalen Hypertonie** eine bedeutende Rolle spielt.

Atemmechanik

Beeinträchtigungen der Atemmechanik beruhen aber auch auf osteoporotischen und **degenerativen Veränderungen der Wirbelkörper** und Kostovertebralgelenke sowie auf Verkalkungen der Rippenknorpel, die zu einer Versteifung des knöchernen Brustkorbes und zum Rundrücken führen. Die degenerativen Veränderungen an der Wirbelsäule führen zusammen mit der zunehmenden Atonie und Atrophie der langen Rückenmuskeln zu einer sich mehr und mehr entwickelnden **Kyphose**, die bei nahezu 100 % der Menschen jenseits des 75. Lebensjahres anzutreffen ist. Durch die Übertragung des Gewichts der oberen Wirbelsäule über die Sternoklavikulargelenke auf das Manubrium sterni (oberster Teil des Brustbeines) neigt sich dieses in einem kleinen, nach unten geöffneten Winkel. Es entsteht so das Bild des **Altersthorax**, der anteposteriore Durchmesser nähert sich dem seitlichen, die untere Apertur (Brustkorböffnung) ist erweitert. Diese fassartige Erweiterung des knöchernen

Altersthorax

Thorax und seine Erstarrung haben Auswirkungen auf die Atemexkursionen und die Ventilationsgröße (☞ Abb. 20a).

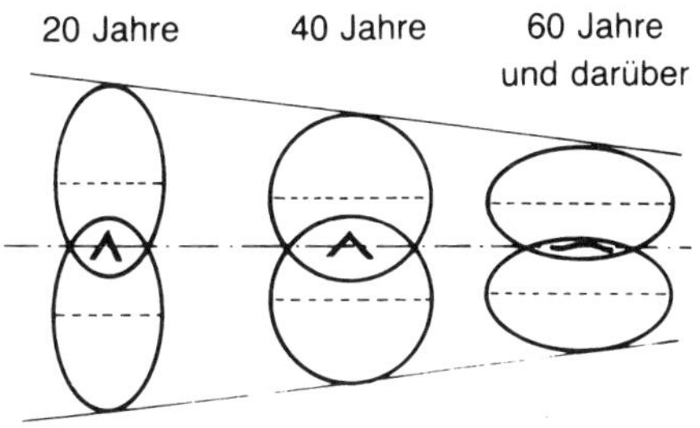

Abb. 20a: Abnahme der Lungenfunktion

Folgen

Die pulmonalen Alterungsprozesse äußern sich in einer **Reduktion** fast aller **Funktionsparameter.** So vermindert sich die Vitalkapazität pro Jahr um etwa 25 ml, gleichzeitig steigt das Residualvolumen auf über 40 % der Totalkapazität. Hinzu kommt noch der Stabilitätsverlust der Bronchialwand, der eine Zunahme des so genannten **„Clothing-volume"** verursacht. Der junge Mensch mit weitgehend offenen peripheren Atemwegen kann rund 90 % seiner Vitalkapazität ohne Erhöhung der Strömungswiderstände ausatmen, der 70-Jährige dagegen nur noch etwa 65 %.
Diese physiologischen Altersveränderungen der Lunge im Zusammenhang mit einer bestehenden erhöhten Infektanfälligkeit sind Ursache für das häufige Auftreten von **Pneumonien** im Alter. Die Immunabwehr ist im Alter durch die Involution (Rückbildung) des Thymus und die begrenzte Anzahl immunkompetenter Zellen verringert. Die Funktion des bronchialen Flimmerepithels ist nach jahrelangem Tabakkonsum oft gestört. Alkohol, Betablocker und Viren können die Aktivität und Koordination der Zilien zusätzlich hemmen. Der **Hustenreflex** als bronchialer Ersatzreinigungsmechanismus ist im Senium **weniger sensibel.** Grundsätzlich führen aber die physiologischen Altersveränderungen nicht zu einer Einschränkung der Aktivitäten des täglichen Lebens.

Bedeutung für die Geriatrie

Bei einer **zusätzlichen Belastung**, z. B. durch Atemwegsinfekt, Trauma oder erhöhtem Schadstoffgehalt der Luft, stellen die begrenzten pulmonalen Leistungsreserven jedoch einen kritischen Faktor dar, der beim älteren Patienten schnell zur **Dekompensation** führen kann. Es ist deshalb nicht verwunderlich, dass bronchopulmonale Erkrankungen im Alter eine **hohe Mortalitätsrate** aufweisen.

Bronchitis

Die **einfache Bronchitis** (Husten und Auswurf) tritt mit zunehmendem Lebensalter immer häufiger auf. Bei 60-Jährigen ist mit Bronchitiden bei ca. 30 % zu rechnen. Diese Bronchitiden sind mit zunehmendem Lebensalter immer häufiger obstruktiv. Es kommt zur chronischen Emphysembronchitis mit Atemwegsobstruktion, also zur **chronisch obstruktiven Lungenerkrankung (COPD)**, die die Lebensqualität des älteren Menschen erheblich reduziert.

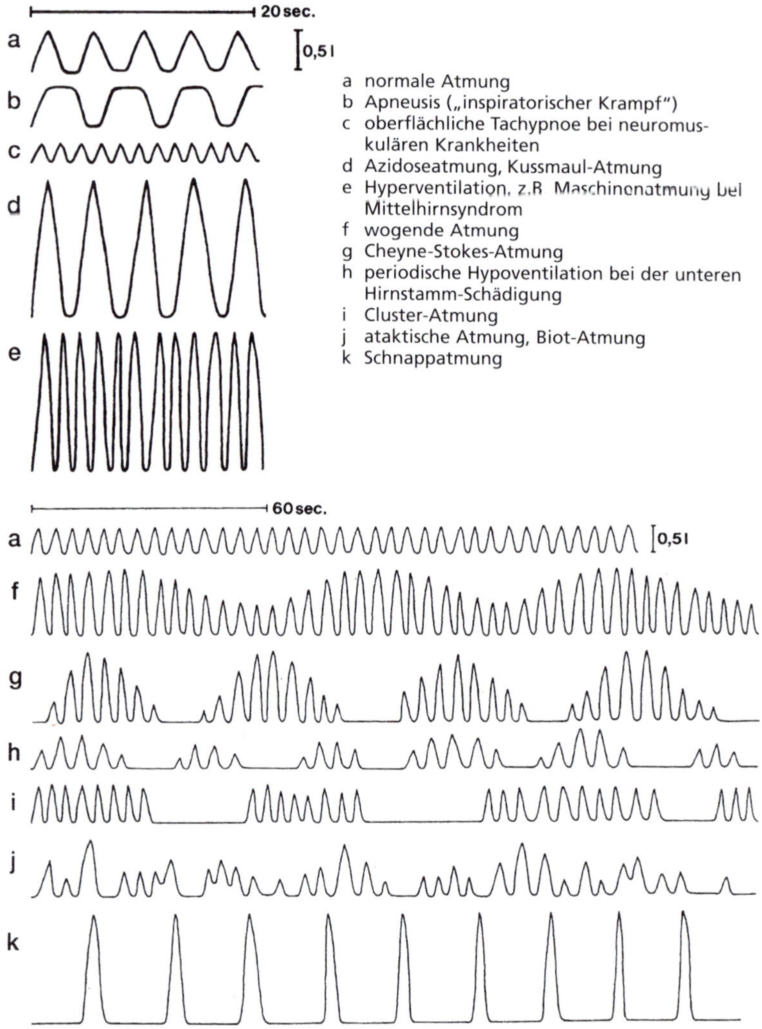

a normale Atmung
b Apneusis („inspiratorischer Krampf")
c oberflächliche Tachypnoe bei neuromuskulären Krankheiten
d Azidoseatmung, Kussmaul-Atmung
e Hyperventilation, z.B. Maschinenatmung bei Mittelhirnsyndrom
f wogende Atmung
g Cheyne-Stokes-Atmung
h periodische Hypoventilation bei der unteren Hirnstamm-Schädigung
i Cluster-Atmung
j ataktische Atmung, Biot-Atmung
k Schnappatmung

Abb. 20b: Atemtypen

1.3.1 Chronische Bronchitis und Lungenemphysem

Definition: Eine **chronische Bronchitis** (chronische Entzündung der Bronchialschleimhaut) liegt vor, wenn in zwei aufeinander folgenden Jahren über einen Zeitraum von mindestens drei Monaten pro Jahr Husten und Auswurf besteht (WHO). Es kommt zu einer Zerstörung der Bronchialschleimhaut mit Verengung (Obstruktion) der Bronchien.

Ursache ist in erster Linie langjähriges Rauchen, weiterhin Arbeitsplatzbelastungen und die allgemeine Luftverschmutzung. Auch in bestimmten Abständen wiederkehrende (rezidivierende) Infekte der Atemwege und genetische Anlagen kommen als Ursache in Frage.

> **Definition:** Unter einem **Lungenemphysem** versteht man die Zerstörung von Lungengewebe durch eine dauerhafte Überblähung der Lunge. Die Trennsepten der Lungenbläschen (Alveolen) gehen zugrunde, sodass die Alveolen miteinander verschmelzen und große Emphysemblasen (Bullae) entstehen. Die Elastizität des Lungengewebes nimmt ab. Da weniger Blutgefäße am Gasaustausch teilnehmen, kommt es zu einem Sauerstoffmangel im Blut.

Die chronische Bronchitis ist eine meistens über Jahre bestehende Krankheit, die durch massive tracheobronchiale Schleimproduktion gekennzeichnet ist.
Sie ist neben dem Emphysem häufig Ausgangspunkt einer chronisch obstruktiven Lungenerkrankung (COPD). Chronische Bronchitis bzw. Emphysem sind als Krankheiten im Alter selten isoliert anzutreffen, weil jede der beiden die andere begünstigt.

Bedeutung für die Geriatrie

In der Rangfolge der 10 häufigsten Krankheiten der über 65-Jährigen nimmt die chronische Bronchitis bei den 65- bis 74-jährigen Männern den 3. Platz ein und steigt bei den über 75-jährigen Männern auf den 1. Platz, kommt dagegen bei den über 75-jährigen Frauen erst auf dem 9. Platz. Es handelt sich also um eine **vorwiegend „männliche Alterserkrankung“**. Mehr als 25 % der vom Arzt in der Praxis behandelten Erkrankungen gehören – besonders in den Wintermonaten – dem Formenkreis der chronisch unspezifischen Atemwegserkrankungen an. Bei über 65-Jährigen führen sie in mehr als 60 % der Krankheitsfälle zum Tode.
Die Prävalenz der **chronisch obstruktiven Lungenerkrankung** erreicht in der über 65 jährigen Bevölkerung über 14 %. Dabei nimmt die Inzidenz dieses Krankheitsbildes, das die Lebensqualität des alten Patienten erheblich einschränkt, noch weiter zu. Sie gehört damit zu den **häufigsten Erkrankungen älterer Menschen**.

Symptomatik

Die entzündliche Schleimhautschwellung und die Schleimproduktion führen besonders in den unteren Atemwegen zur **Obstruktion**, wobei neben **Husten** und zum **Auswurf** noch die **Dyspnoe** auftritt. Den Verlauf der chronischen Bronchitis erschwert im höheren Alter zudem die Abschwächung des Hustenreflexes, wodurch die Expektoration des Bronchialsekretes nur mangelhaft erfolgt. Infektionen werden begünstigt. Die Keimbesiedlung der Atemwege führt schließlich zur putriden (eitrigen) Bronchitis und bei chronisch rezidivierender Bronchitis zum Emphysem bzw. zur COPD.

Schweregrad der Erkrankung

Die Ausprägung der COPD ist vom **Schweregrad der Grunderkrankung** (Bronchitis oder Emphysem) abhängig. Trotz starker individueller Schwankungen ist eine Stadieneinteilung für Diagnosestellung und The-

rapie sinnvoll. Sie ist durch die Ermittlung des Atemstoßwerts (FEV_1) und der Vitalkapazität (VC) möglich.
Dennoch bleibt jede Stadieneinteilung willkürlich und korelliert keineswegs in allen Fällen mit den Beschwerden des Patienten. Grundsätzlich gilt, dass die emphysematösen Formen der COPD eine schlechtere Prognose besitzen als die asthmatisch-bronchitischen Formen.
Die Schweregradeinteilung wird heute nach internationalem Standard anhand der Beschwerden und der Lungenfunktion durchgeführt (☞ Tab. 8).

Tab. 8: Internationale Einteilung der chronisch obstruktiven Lungenerkrankung (COPD)

Schweregrad	Symptome	Lungenfunktion
Schwere Erkrankung (III)	Husten, Auswurf, Atemnot in Ruhe bzw. bei geringer Belastung	FEV_1/VC < 70 % FEV_1 < 30 % oder FEV_1 < 50 % und respiratorische Insuffizienz oder Rechtsherzinsuffizienz
Mittelgradige Erkrankung(II)	Husten, Auswurf, Atemnot bei Belastung	FEV_1/VC < 70 % FEV_1 < 50 %
Leichtgradige Erkrankung (I)	Husten, Auswurf Atemnot bei starker Belastung	FEV_1 /VC < 70 % FEV_1 ≥ 80 %

Klinisches Bild

Klinisch findet sich meist ein fassförmiger Thorax mit horizontal verlaufenden Rippen bei geringer Atembeweglichkeit des Brustkorbes. Der Patient leidet unter **Atemnot** (Dyspnoe) in Abhängigkeit vom Schweregrad der Krankheit. Bei fortgeschrittener Erkrankung findet sich eine **Zyanose** (bläuliche Hautfarbe) durch den verminderten Sauerstoffgehalt des Blutes bei häufig bestehender Rechtsherzinsuffizienz (Cor pulmonale). **Husten mit Auswurf** und **rasselnde Atemgeräusche** runden das Krankheitsbild ab.

Ärztliche Maßnahmen

Die wichtigste Maßnahme zu Beginn jeder Therapie ist die Beseitigung bzw. Minimierung der Risikofaktoren, die zur Atembehinderung führen. An der Spitze der Risikofaktoren für eine COPD steht der Nikotinabusus.

Behandlungsziele

Behandlungsziele sind die **Reduktion der Schleimproduktion**, die **Steigerung der Expektoration** und in die **Bronchodilatation** (☞ Übersicht 18). Die Vermeidung oder die Behandlung bronchialer Infekte gehört nach der Beseitigung der Risikofaktoren zu den wirkungsvollsten Maßnahmen zur Verminderung der Schleimproduktion. Bei bakteriellen Infekten sollte vorzeitig eine antibiotische Behandlung eingeleitet werden.

Übersicht 18: Therapie der chronischen Bronchitis

1. Reduktion der Schleimproduktion
2. Steigerung der Expektoration
3. Frühzeitige antibiotische Therapie bei bakterieller Superinfektion
4. Impfung gegen das Influenza-Virus
5. Adjuvante Therapie (Sauerstoffgabe)

Medikamentöse Therapie

Die **medikamentöse Therapie** ist auf die vorherrschenden Symptome Bronchospasmus, Schleimhautschwellung, pathologisches Sekret und Infektion ausgerichtet. Sie richtet sich nach dem Schweregrad der Erkrankung (☞ Tab. 9). Der Bronchospasmus kann durch **Bronchospasmolytika** (Theophyllinderivate, Beta-II-Sympathomimetika) bzw. **Anticholinergika** (Parasympatholytika), bei unzureichender Wirkung der genannten Substanzen bzw. im akuten Anfall durch **Glukokortikosteroide** beeinflusst werden. Verständlicherweise wirken Anticholinergika nur dann, wenn die Bronchialkonstriktion auf dem Reflexweg bzw. durch cholinerge Rezeptoren zustande gekommen ist, was für die meisten Patienten mit chronisch-obstruktiver Bronchitis zutrifft. **Mukolytika** verflüssigen das angestaute Sekret, dessen Abhusten durch zusätzliche physiotherapeutische Maßnahmen (Atemgymnastik, Klopfmassage, Hustenübungen) gewährleistet werden muss.

Tab. 9: Stufenplan für die Langzeittherapie der COPD

Schweregrad der Erkrankung	**Medikamentöse Therapie**	**Nicht medikamentöse Therapie**
schwer (III)	Prüfen, ob eine zusätzliche Sauerstoff-Langzeittherapie angezeigt ist.	Riskofaktoren meiden, Rehabilitation. Weitere Möglichkeiten: Heimbeatmung.
mittel (II)	Kurz und/oder lang wirksame Beta-2-Sympathomimetika, ggf. kombiniert mit Anticholinergika.	Risikofaktoren meiden, Schutzimpfungen, körperliches Training/ Rehabilitation, Physiotherapie.
bei fehlender Besserung	Zusätzliche Gabe von Theophyllin.	Patientenschulung.
leicht (I)	Einsatz kurz wirksamer Beta-2-Sympathomimetika oder Anticholinergika bei Bedarf.	Risikofaktoren meiden, Physiotherapie durch das Pflegepersonal, Patientenschulung.

Begleitende Therapie/unterstützende Maßnahmen

Eitriges Sputum wird durch den Einsatz von **Antibiotika** behandelt. Bei hartnäckig verlaufender Bronchitis mit mühsam expektorierbarem Sputum, bei produktiven Bronchiektasen, in der Pneumoniebehandlung und der postoperativen Versorgung hat sich die **Aerosoltherapie** mittels maschineller Düsenvernebelung zur Unterstützung der Bronchialtoilette bewährt.

Wichtig ist, die drohende bzw. bereits ausgebildete Rechtsherzinsuffizienz zu behandeln. Darüber hinaus muss eine weitere Minderung der Lungenfunktion verhindert werden. Dies geschieht durch **Atemgymnastik**, deren Ziel die Intensivierung und Erleichterung der Ausatmung ist. Die atemgymnastischen Übungen können durch **Unterwasser- und Bindegewebemassagen** unterstützt werden. Zwar ist von diesen Methoden keine wesentliche Besserung der Lungenfunktion zu erwarten, die verspannte Atemmuskulatur (häufig bei Emphysen) wird aber gelockert und gleichzeitig trainiert, was die Atmung erleichtert.

Fällt der arterielle PO_2 unter 60 ab, sind Patienten mit respiratorischer Insuffizienz kaum mehr belastbar. Hier kann eine **Sauerstofftherapie**, die auch zu Hause durchführbar ist, offensichtlich nicht nur das subjektive Befinden der Patienten deutlich verbessern, sondern auch die Überlebenszeit günstig beeinflussen. Geräte zur Heimtherapie stehen heute ausreichend zur Verfügung.

Pflegerische Maßnahmen

Im Vordergrund steht die Reduzierung bzw. Ausschaltung der Risikofaktoren. Das Pflegepersonal ist besonders dazu angehalten, die Auswirkungen des Nikotinabusus im Zusammenhang mit der Erkrankung zu mindern. Das bedeutet, den Patienten zum Nichtrauchen anzuhalten (ggf. Raucherentwöhnung), „passives Rauchen“ zu verhindern sowie wiederholte Hinweise auf die Auswirkungen des Nikotinabusus zu geben.

Atmungserleichternde Maßnahmen

- Bei allen Hilfestellungen **Einfühlungsvermögen** zeigen, Ruhe und Sicherheit vermitteln.
- Häufiger Aufenthalt an **frischer Luft**, kalte Atemluft jedoch vermeiden (fördert Verengung der Bronchien). Patienten dabei vor Unterkühlung schützen.
- **Anfeuchten** der **Umgebungsluft** durch Vernebelung mit Aquadestillator, evtl. unter Zusatz von Medikamenten (Arztanordnung). Mundpflege durchführen.
- Heißen Tee zuführen, kalte Getränke vermeiden, **Wärmeanwendung** durch Wärmflasche, feucht-warme Wickel und Rückeneinreibungen.
- Zur Sekretlösung auf ausreichende Flüssigkeitszufuhr achten. Cave: Herzinzuffizienz!
- Bei starkem Hustenreiz Patienten mit geschlossenem Mund husten lassen.
- **Inhalationen** nach Arztanordnung.
- **Sauerstoffgabe** nach Arztanordnung.
- **Vibrationsbehandlung** mehrmals täglich; der Rücken wird dabei vom Lendenbereich Richtung Schulter behandelt, Nieren und Wirbelsäule werden ausgespart.

Lindern der Atemnot

- **Atemtechniken** zur Reduktion der Atemwegsverengung einüben: **Lippenbremse** (durch die locker geschlossenen Lippen geräuschlos ausatmen), langsam gähnend einatmen und kurz die Luft anhalten.

Anleitung zum richtigen Abhusten

- **Abhusten** durch Druck der seitlich auf den Bauch aufgelegten Hände unterstützen.
- Patienten erst abhusten lassen, wenn sich wirklich viel Schleim gebildet hat.
- Der Patient sollte durch die Nase einatmen (Zwerchfell wird mobilisiert, dient zur besseren Durchlüftung der Lunge) und wenig Luft ausatmen.
- Knie und Gesäßmuskeln werden zusammengepresst.
- Patienten mit **kurzen, kräftigen Stößen** abhusten lassen.
- Nach dem Abhusten atmet der Patient wieder normal durch die Nase ein und aus. Falls erforderlich wird der Vorgang wiederholt.

Körperliche Aktivierung

Ziel der körperlichen Aktivierung ist die Verringerung des Ventilationsbedarfs durch Ökonomisierung der Muskelarbeit und eine Anpassung der oftmals überproportional gesteigerten Ventilation. Nicht alle Patienten eignen sich zur Therapie durch körperliche Aktivierung, vor allem, wenn gleichzeitig eine ausgeprägte Rechtsherzinsuffizienz die Sauerstoffaufnahme einschränkt. Sie benötigen eine permanente Sauerstoffzufuhr und tolerieren nur minimale körperliche Belastung. Dennoch gelingt bei vielen Patienten eine gewisse Stabilisierung des Krankheitszustandes, wenn das Rauchen eingestellt wird und die Bereitschaft zur regelmäßigen Durchführung körperlicher Übungen besteht. Ein entsprechendes Trainingsprogramm kann nur in kompensiertem Zustand durchgeführt werden.

Spezieller Pflegehinweis: Bei sehr schwachen Patienten beginnt man mit sehr kurzen Trainingssequenzen. Sinnvoll sind hier Gehstreckentraining und Atemgymnastik.

Schutz vor weiteren Infektionen

- Unterkühlung vermeiden,
- Patienten vor Ansteckung durch Mitbewohner schützen,
- Grippeschutzimpfung und Pneumokokkenimpfung durchführen,
- auf ausgewogene, vitaminreiche Ernährung achten.

1.3.2 Bronchiektasen

Definition: Dauerhafte, spindel-, zylinder- oder sackförmige Erweiterung von Bronchialästen infolge Zerstörung elastischer und muskulärer Wandelemente, vor allem bei chronischer Bronchitis oder bei Vorliegen extrabronchialer Narbenzüge (z. B. bei Tb, Silikose).

Bedeutung für die Geriatrie

Ältere Menschen mit chronisch-rezidivierender Bronchitis haben häufig auch **Bronchiektasen**, die rezidivierene **Bronchopneumonien** verursachen können.

Symptomatik

Die Symptomatik unterscheidet sich kaum von der bei jüngeren Menschen. Der klinische Verlauf wird jedoch bestimmt durch die Multimorbidität und die erhöhte Bereitschaft des rechten und linken Herzens, zu versagen. Die chronisch-eitrige Entzündung kann gelegentlich auch zu einer **Amyloidose** (Einlagerung von krankhaften niedermolekularen Eiweißkörpern in die mesenchymalen Gewebe) führen. Eine **Proteinurie** (Eiweißausscheidung im Urin), für die keine andere Ursache nachgewiesen werden kann, lenkt den Verdacht auf diese Erkrankung.

Ärztliche Therapie

Therapeutisch stehen im Allgemeinen **medikamentöse Maßnahmen** wie bei chronischer Bronchitis und Emphysem im Vordergrund (☞ Kap. 1.3.1, S. 70 ff.). Nur in besonderen Situationen wird man auch beim alten Menschen einen **thoraxchirurgischen Eingriff** vornehmen.

Pflegerische Maßnahmen

Sie entsprechen den Pflegemaßnahmen bei chronischer Bronchitis und Emphysem. Besondere Bedeutung haben darüber hinaus spezielle Lagerungsmaßnahmen. Die **Lagerungsdrainage** fördert den Abtransport des Infektmaterials aus den ektatischen Bronchien bei erschwerter Expektoration.

1.3.3 Pneumonie

Definition: Unter Pneumonie (Lungenentzündung) versteht man eine akute oder chronische Entzündung des Lungengewebes durch eine Infektion mit Bakterien, Viren, Pilzen, Protozoen oder aber durch Reizstoffe bzw. Gifte, die durch Aspiration (Einatmen) – z. B. von Erbrochenem, Magensaft oder anderen Substanzen – in die Lunge gelangen.

Krankheitsformen

In Abhängigkeit von Symptomen und Befunden werden **bakterielle** („**typische**") von so genannten **„atypischen" Pneumonien** unterschieden. Als Erreger der atypischen Pneumonie kommen Mykoplasmen, Viren und Legionellen in Frage. Seit Beginn des Jahres 2003 hat die durch Viren hervorgerufene Erkrankung SARS (schweres akutes respiratorisches Syndrom) vermehrt Erkrankungs- und Todesfälle gefordert. Zurzeit stehen noch keine wirksamen Medikamente zur Verfügung. Ferner werden ambulant erworbene Pneumonien von nosokomial (im Krankenhaus oder Pflegeheim) erworbenen Pneumonien abgegrenzt.
Das Krankheitsbild kann als **primäre Pneumonie** bei zuvor Gesunden oder als **sekundäre Pneumonie** bei Personen mit Vorerkrankungen wie z. B. Herzinsuffizienz, Diabetes mellitus, Tumorerkrankungen, Bronchiektasen und Lungenempyhsem oder „aufgepropft" auf eine chronische Bronchitis auftreten.

Bedeutung für die Geriatrie

Infektionen der unteren Atemwege zählen mit zu den **häufigsten Todesursachen** im Alter. Die Mortalität bei 81- bis 90-jährigen Patienten dürfte bei fast 40 % im Unterschied zu 7 % bei unter 30-Jährigen liegen. Bei bettlägerigen alten Menschen ist die Pneumonie eine besonders gefürchtete Erkrankung, da sie häufig zum Tode führt. Die Inzidenz in der älteren, nicht institutionalisierten Bevölkerung wird auf etwa 25 bis 40/1000 pro Jahr geschätzt.

Die hohe Prävalenz und Mortalität der **Pneumokokken- und Influenzapneumonie** jenseits des 70. Lebensjahres erklären sich aus den anfangs angeführten physiologischen Veränderungen. Eine Abschwächung der Schutzreflexe, der reduzierte Allgemeinzustand aufgrund der Multimorbidität oder Reflexstörungen bei Sedierung sind typische Ursachen von **Aspirationspneumonien.**

Risikofaktoren

Prädisponierend für das Auftreten einer Pneumonie sind das Vorhandensein einer obstruktiven Lungenerkrankung, einer chronischen Herzinsuffizienz, von Diabetes mellitus, demenziellen Syndromen, Immobilität u. a. Im Alter bestehen häufig kombinierte Grundleiden mit generell schlechtem Allgemeinzustand.

Prodromalzeichen

Als **Prodromalzeichen** (Frühsymptome) können unklares Zittern, Beben, Kollaps, Übelkeit und Erbrechen, Verwirrtheitszustand oder Sturz angesehen werden.
Bei alten Menschen sind die typischen Symptome (☞ Übersicht 19, S. 78) oft nur gering ausgeprägt oder fehlen ganz. Im Alter gibt es keine typischen klinischen Verläufe, keine eindeutigen Laborzeichen und keine sicheren Röntgenbefunde, die eine zuverlässige Aussage zur Genese der Pneumonie zuließen. Häufig findet sich nur ein geringfügiger Husten mit wenig Auswurf. Tachykardie, Tachypnoe und Exsikkose begleiten häufig die sonst **unauffällige Symptomatik**. Die befallene Seite wird beim Atmen meist geschont. Fieber und Husten als Zeichen für eine schwere Pneumonie können bei bis zu 50 % der älteren Patienten fehlen. Tachykardie, Zyanose, Hypotonie, Hypothermie (unter 35°C), Hyperthermie (über 40°C) sind Zeichen einer schweren Pneumonie mit ungünstiger Prognose. Die Abgrenzung einer bakteriellen von einer grippalen Pneumonie ist aufgrund klinischer Parameter nicht möglich.

Begleitsymptome

Im Alter sind **Begleitsymptome** der Pneumonie häufig Thoraxschmerz, Tachypnoe, Verwirrtheit, Somnolenz, körperlicher Verfall, Sturzneigung und plötzliche Verschlechterung einer bekannten Grunderkrankung (z. B. Inkontinenz). Bei fehlendem Fieber oder Husten können diese Symptome der einzige Hinweis auf das Vorliegen einer schweren Pneumonie sein und sollten immer zur Krankenhausaufnahme des Patienten führen.

Krankheitserreger

Häufigster Pneumonieerreger im Alter ist nach wie vor **Streptokokkus pneumoniae** (bis zu 20 bis 64 % je nach Studie). Ältere Patienten erkranken etwa 3- bis 4-mal häufiger an Pneumokokkenpneumonien als jüngere. Bewohner von Pflegeheimen zeigen ein dreifach höheres Risiko, an einer Pneumokokkenpneumonie zu erkranken als nicht institutionalisierte Personen gleicher Altersstufe.
Viruspneumonien haben je nach epidemiologischer Situation eine Gesamthäufigkeit von 2 bis 19 %, die zu 90 % durch das **Influenzavirus** bestimmt wird. 30 bis 50 % aller Infektionen bleiben auch in umfassenden Studien ohne definierbare Erregerursache.

Hämatogene Streuung

Auch die hämatogene Entstehung von Pneumonien, z. B. **bei chronischem Harnwegsinfekt** (Dauerkatheter) oder **Divertikulitis**, ist möglich. Typisch für diesen Ausbreitungsweg sind herdförmig gestreute Verteilungsmuster einer Pneumonie. Bei stark resistenzgeminderten Patienten und Diabetikern können auch hämatogen gestreute Pilzpneumonien beobachtet werden.

Diagnosestellung

Die Diagnose wird häufig sehr spät, gelegentlich überhaupt nicht gestellt. Damit ist die akute Pneumonie bei älteren Menschen eine der häufigsten Todesursachen, vor allem bei Bettlägerigen und Patienten mit neurologischen Störungen. Der weitere klinische Verlauf der Bronchopneumonie ist beim älteren Menschen sehr verzögert. So lassen sich Infiltrate im Röntgenbild teilweise noch nach Monaten nachweisen.

Achtung: Als Komplikationen können Kreislaufversagen, Schock, eitrige Ergüsse in die Pleurahöhle (Pleuraempyem), eitrige Lungengewebseinschmelzung (Lungenabzess), Begleitmyokarditis (Entzündung des Herzmuskels), Bildung von irreversiblen Ausweitungen der Bronchien (Bronchiektasen) oder eine Allgemeininfektion (Sepsis) durch die Erreger oder deren Giftstoffe auftreten.

Übersicht 19: Typische Krankheitssymptome bei Pneumonie

- Hohes Fieber, häufig mit Schüttelfrost,
- schnelle, flache Atmung, evtl. mit Bewegung der Nasenflügel beim Ein- und Ausatmen (sog. Nasenflügeln),
- anfangs trockener Husten ohne Auswurf, später Husten mit eitrigem (gelbem oder grünlichem), evtl. auch blutigem (rostbraunem) Auswurf,
- schneller Puls (Tachykardie),
- Schmerzen beim Ein- und Ausatmen,
- bläuliche Hautverfärbung (Zyanose) aufgrund der Atemstörung und des dadurch bedingten Sauerstoffmangels im Körper,
- Mundgeruch.

Prophylaxe

Impfung

Zur Prophylaxe der im Alter gefährlich verlaufenden Infektionen mit Influenzaviren und Pneumokokken ist besonders für ältere und chronisch kranke Menschen zu Hause, aber ganz besonders im Alten- und Pflegeheim eine **Impfung** zu empfehlen, die auch für das Pflegepersonal wünschenswert ist.

Ärztliche Behandlung

Die Behandlung bakterieller Pneumonien erfolgt (nach Abnahme von Bronchialsekret und Blut zur Erregerbestimmung) mit **Antibiotika**. Zusätzlich werden in der Regel Medikamente verordnet, die entweder den quälenden Hustenreiz unterdrücken (**Antitussiva**) oder festes Bronchialsekret verflüssigen (**Sekretolytika**), sodass es besser abgehustet werden kann. Abends sollten Antitussiva eingenommen werden, um die Nachtruhe zu gewährleisten. Eventuell muss auch **Sauerstoff** gegeben und eine **medikamentöse Herztherapie** durchgeführt werden.

Pflegerische Maßnahmen

- Durchführung **fiebersenkender Maßnahmen**, z. B. Gabe von fiebersenkenden Medikamenten nach Arztanweisung, Wadenwickel ebenfalls erst nach Arztanordnung, ausreichende Flüssigkeitszufuhr. Zimmertemperatur möglichst kühl, aber keine Zugluft.
- Bei **hohem Fieber Bettruhe**, sonst kann der ältere Mensch auch kurze Zeit im Lehnstuhl sitzen.
- Der Patient sollte möglichst **früh mobilisiert** werden, um eine bessere Lungenbelüftung zu erzielen.
- **Inhalationsbehandlung**, Anfeuchten der Raumluft, bei Bedarf Sauerstoffgabe.

- **Schleimlösende Tees** anbieten (z. B. Huflattich, Spitzwegerich), auf ausreichende **Flüssigkeitszufuhr** in Abhängigkeit von der Herzleistung achten.
- Brust und Rücken einreiben, Vibrationsbehandlung, nach Möglichkeit atemerleichternde Oberkörperhochlagerung durchführen.
- **Atemgymnastik** wenn möglich, um eine ausreichende Ventilation (Belüftung der Lungen) und Expektoration (Abhusten von Sekreten, Schleim, Eiter) zu gewährleisten.
- Vitamin- und kohlehydratreiche, leichte Kost anbieten.
- Regelmäßige Durchführung gründlicher Mundpflege.

1.3.4 Tuberkulose (Tb)

Definition: In Schüben verlaufende, durch Mycobacterium tuberculosis hervorgerufene Infektionskrankheit. Bei der Lungentuberkulose des älteren Menschen handelt es sich meist um reaktivierte, produktive Herdpneumonien mit Mykobakterien, deren Resistenzlage unproblematisch ist.

Bedeutung für die Geriatrie

Die Neuerkrankungsrate an Tuberkulose weist heute in der Altersgruppe der über 70-Jährigen aufgrund der verschlechterten Abwehrlage die höchste Inzidenz auf.

Symptomatik

Die Tuberkulose verläuft bei älteren Menschen **symptomärmer** oder mit **vieldeutigen Zeichen**, wodurch sie sich viel schwerer als beim jüngeren Patienten erfassen lässt. Gewichtsverlust, körperlicher Verfall und Fieber bei älteren Patienten sind **unspezifische Begleiterscheinungen** zahlreicher Erkrankungen. Daher wird eine Tuberkulose häufig nicht diagnostiziert. Die Neigung zu Fieber ist geringer. Husten, Auswurf und Dyspnoe sind im Alter häufig auftretende Symptome und können gleichermaßen auf Herzinsuffizienz oder chronische Bronchitis hinweisen. Vegetative Reaktionen wie Nachtschweiß, Blässe und Appetitstörungen sind bei älteren Menschen weit weniger stark ausgeprägt und werden deshalb fast immer unterbewertet.

Diagnostik

Bei der diagnostischen Abklärung der Lungentuberkulose steht die **Röntgenuntersuchung** an erster Stelle. Dabei ist zu erwähnen, dass die röntgenologische Differenzierung im Alter gehäuft vorkommender Lungenerkrankungen gegenüber tuberkulösen Veränderungen unter Umständen schwieriger ist als bei Jugendlichen. Nach ausreichender **Sputumgewinnung** und **bakteriologischer Diagnostik** wird bereits bei Verdacht therapiert.

Miliartuberkulose

Bei älteren Patienten kann es auch zum Auftreten einer Miliartuberkulose, auch Miliar-Tb kommen. Dabei erfolgt die hämatogene Streuung von Tuberkelbakterien in die Lungen und in lungenferne Organe, z. B. die Hirnhäute (Meningitistuberkulose), Knochen, Nieren, die Leber oder die Milz. Die Patienten befinden sich in reduziertem Allgemeinzustand, wobei die Laborwerte oft uncharakteristisch sind.

Ärztliche Therapie

Ein positiver Tuberkulintest weist auf eine Infektion hin. Mit der Röntgen-Thorax-Untersuchung kann lediglich eine Verdachtsdiagnose gestellt werden, während der Nachweis von Tuberkelerregern im Sputum die Diagnose sichert. Die **Chemotherapie** wird in der Regel mit einer Zweifachkombination durchgeführt, wenn keine extrem hohen Keimzahlen (z. B. bei Vorliegen von Kavernen) vermutet werden müssen. Rifampicin und INH (Isonicotinsäurehydrazid) werden über einen Monat täglich, danach für 8 Monate zweimal pro Woche gegeben.

Pflegerische Maßnahmen

Sie werden in ähnlicher Weise wie bei der chronischen Bronchitis bzw. Pneumonie entsprechend der Ausprägung der Infektion unter Beachtung der Infektionsvorschriften durchgeführt. Besondere Bedeutung kommt der Prophylaxe bei Pflegeheimbewohnern zu. Eine positive Tuberkulinreaktion sollte Patienten mit erhöhtem Risiko identifizieren. Es empfiehlt sich, den Tuberkulinstatus bei Aufnahme in das Pflegeheim zu erheben.

Spezieller Pflegehinweis: Wiederholte Tuberkulintests aller nicht tuberkulinpositiven Heimbewohner und der Pflegenden werden obligatorisch, wenn ein Tuberkulosefall aufgetreten ist. Bei positiver Testreaktion ist eine Röntgenuntersuchung erforderlich. Je nach epidemiologischer Situation kann eine Therapie notwendig sein.

1.3.5 Lungenembolie

Definition: Verschluss des pulmonalen Arterienastes, z. B. durch Gewebezellen, Luft, Fetttröpfchen oder Fremdkörper, vor allem jedoch als Thromboembolie (Einschwemmen eines Blutgerinnsels) aus Schenkel- und Beckenvenen, seltener aus dem rechten Herzen.

Bedeutung für die Geriatrie

Tiefe Beinvenenthrombosen und Lungenembolien finden sich häufig bei älteren Patienten **nach Immobilisation und operativen Eingriffen**. Vor allem Patienten mit operativem Gelenkersatz entwickeln ohne Prophylaxe in bis zu 35 % der Fälle Venenthrombosen und Lungenembolien mit tödlichem Ausgang (bis zu 4 %). Auch **Patienten mit Apoplex** entwickeln bis zu 50 % Venenthrombosen und sind entsprechend durch Lungenembolien belastet.

Symptomatik

In 90 % aller Fälle ist die Thrombose Begleit- oder Folgekomplikation anderer Krankheitszustände, bei denen die von **Virchow** beschriebene **Trias** (Verlangsamung der Zirkulation, Veränderung der Gefäßwand und beschleunigte Gerinnung) vorliegt oder sich entwickelt. Aufgrund dieser Umstände treten Lungenembolien vorwiegend bei immobilen und schwer kranken Älteren auf.

Kleinere Embolien zeigen sich durch Pleuraschmerz, Hämoptoe und entzündliche Reaktionen, wogegen **große Embolien** recht schnell zu Zyanose, extremer Atemnot und schließlich zum Schock führen. Eine plötzlich auftretende Hyperventilation mit gleichmäßig tiefen Atemzügen ist bei älteren, bettlägerigen Kranken immer verdächtig auf eine Lungenembolie. Ebenso verbirgt sich hinter einer „Pneumonie" schwer kranker Patienten häufig ein Lungeninfarkt.

Kleine Embolien

Als **Leitsymptome** rezidivierender kleinerer Lungenembolien, die schließlich zu einer schweren Rechtsherzinsuffizienz führen können, sind die oft maschinenhaft anmutende **Hyperventilation**, die Neigung zu **Kollapsen** bei leichter körperlicher Anstrengung sowie eine **Ruhetachykardie** anzusehen.

Lungeninfarkt

Als **diagnostischer Hinweis** können Stauungszeichen des rechten Herzens und eine Tachykardie gelten. Für einen **Lungeninfarkt**, der sich in etwa 50 % der Fälle entwickelt, sprechen Pleurareiben, Erguss, ein oft keilförmiges Infiltrat in der Röntgen-Thorax-Untersuchung sowie Hochstand und Minderbeweglichkeit eines oder beider Zwerchfelle. Im EKG sind die typischen Zeichen der akuten Rechtsherzbelastung erkennbar.
Röntgenologisch sind Lungeninfarktzeichen allerdings erst nach 12 bis 24 Stunden zu erwarten. Im Lungenszintigramm erkennt man die typischen Perfusionsausfälle im Infarktbereich. Laborchemisch zeigt sich eine Erhöhung der LDH (Lactatdehydrogenase) im Serum.

Ärztliche Maßnahmen

Das akute, vital bedrohliche Geschehen einer massiven Lungenembolie bedarf der stationären, **intensivmedizinischen Therapie**. Bei kleinerer und mittelgradiger Embolie erfolgt eine **Vollheparinisierung**. Bei massiver und fulminanter Ausprägung wird eine **Lyse** durchgeführt, um rasch eine rechtsventrikuläre Nachlastsenkung zu erreichen.
Nach der anfänglichen intravenösen Antikoagulation mit Heparin wird man möglichst rasch auf eine orale **Antikoagulanzienbehandlung** mit Marcumar® übergehen. Persistierende pulmonale Drucksteigerungen sprechen zum Teil gut auf eine **Sauerstofflangzeittherapie** an. Diese wird als überwiegend nächtliche Inhalationstherapie durchgeführt. Bleibt nach einer Lungenembolie eine Herzinsuffizienz im Stadium III bis IV zurück, die eindeutig auf erhöhte Pulmonaldrücke und Rechtsherzbelastung zurückgeführt werden kann, sollte eine **operative Thrombektomie** erwogen werden. Die Operationsmortalität liegt allerdings bei 10 bis 20 %. Zur Therapie des Cor pulmonale ☞ Seite 22.

Pflegerische Maßnahmen

Die Gesamtheit der pflegerischen Maßnahmen bei Bettlägerigen, v. a. **Mobilisation, Aktivierung und Thromboseprophylaxe** ist die beste Voraussetzung, eine Lungenembolie zu vermeiden. Die Betreuung einer **akuten Lungenembolie** muss als **Notfallmaßnahme** angesehen werden (☞ Kap. 2.8.1, S. 198 f.). Einen wichtigen Bestandteil der pflegerischen Behandlung stellt die **Rezidivprophylaxe** dar. Diese umfasst sachgemäßes Wickeln der Beine nach Pütter bzw. das Anziehen angepasster Kompressionstrümpfe sowie die Überwachung der Medikation bzw. die Durchführung einer (subkutanen) Antikoagulation für mindestens 6 Monate, sofern keine Kontraindikationen bestehen.

1.3.6 Schlafbezogene Atemstörungen (SBAS)

Definition: Ein **Schlafapnoesyndrom** ist definiert durch das gleichzeitige Auftreten von häufigen nächtlichen Atemereignissen mit Schlafstörungen und neuropsychologischen Problemen am darauf folgenden Tag.

Bedeutung für die Geriatrie

Schlafbezogene Atemstörungen (SBAS) treten mit zunehmendem Alter häufiger auf. Da die subjektive Wahrnehmung für Tagesmüdigkeit mit dem Alter wahrscheinlich abnimmt und die Erfassung der Tagesschläfrigkeit als wichtiges Korrelat zur Apnoe (Aussetzen der Atmung) meist mit Fragebögen erfolgt, wird das Schlafapnoesyndrom im Alter vermutlich systematisch unterschätzt. Bei mehr als 50 % der Patienten in geriatrischen Kliniken und über 60 % der Patienten mit Schlaganfall finden sich Hinweise auf nächtliches krankhaftes Aussetzen der Atmung. Männer sind stärker betroffen als Frauen. **Zentrale Apnoesyndrome** sind im Alter wesentlich häufiger als bei jüngeren Patienten. Zahlenmäßig überwiegt jedoch auch im Alter das **obstruktive Schlafapnoesyndrom** mit 70 bis 80 % bei weitem. Eine bestehende Schlafapnoe birgt ein etwa 2,7fach höheres Mortalitätsrisiko im Zusammenhang mit kardiovaskulären Erkrankungen (Schlaganfall, Herzinfarkt, Herzinsuffizienz, pulmonale Embolie).

Symptomatik

Als Folge einer übermäßigen Widerstandserhöhung (Schnarchen) oder eines Verschlusses der oberen Atemwege (Apnoe) bei Eintritt des Schlafes entstehen **zyklische Hypopnoen** oder **Atempausen**. Die hierdurch ausgelöste Unterbrechung des Schlafes kann zu einer erheblichen **Tagesmüdigkeit** führen. Die Wahrscheinlichkeit neuropsychologischer Störungen am Tag wächst mit dem Schweregrad der Schlafapnoe, kann jedoch interindividuell sehr stark variieren. Im Gegensatz zu jüngeren Patienten klagt ein großer Teil (30 bis 40 %) der geriatrischen Patienten mit starken nächtlichen Atemstörungen nicht über Tagesmüdigkeit. Offensichtlich kommt es zu einer Symptomverschiebung. Zahlreiche reversible neuropsychologische Symptome, Verwirrtheitszustände, Halluzinationen und Depressionen sind im Zusammenhang mit schweren oder vorübergehend verstärkten schlafbezogenen Atemstörungen beobachtet worden:

Folgen schlafbezogener Atemstörungen

- Hypersomnie (gesteigertes Schlafbedürfnis am Tag)
- Depression
- Halluzinationen
- Verwirrtheit
- Ein- und Durchschlafstörungen
- kognitive Defizite
- neuropsychologische Defizite.

Diagnostik

Ihr rasches Verschwinden unter adäquater Therapie beweist den Zusammenhang und sichert die Diagnose. In der Diagnostik werden zunächst Screeninggeräte eingesetzt wie z. B. die **Langzeitpulsoxymetrie**, die mit einer hohen Akzeptanz (95 %) selbst bei dementen Patienten durchgeführt werden kann. Dabei wird allerdings nicht die Art der Atemstörung, sondern nur die evtl. von ihr produzierte Sauerstoffentsättigung gemessen. Die endgültige Diagnose muss im Rahmen eines **Schlaflabors** gestellt werden.

Ärztliche Maßnahmen

Therapieziel bei der schlafbezogenen Atemstörung ist die Beseitigung der Atemstörung mit der Folge einer Besserung der klinischen Symptomatik und Steigerung der Lebensqualität. Dabei lassen sich die Therapieverfahren nach unterschiedlichen Ansätzen einteilen (☞ Übersicht 20).

Übersicht 20: Verschiedene Verfahren in der Therapie der SBAS

- Allgemeinmaßnahmen:
  - Schlafhygiene
  - Gewichtsreduzierung
  - Meiden von Sedativa
  - Alkoholkarenz
  - Vermeiden der Rückenlage.
- Pharmakotherapie:
  - Theophyllin, Hormone, Azolamid, Antidepressiva, Nikotin, Antihypertensiva.
- Orthesen:
  - Unterkieferprotrusionsschiene.
- Chirurgische Verfahren:
  - Uvuloplastik (operative Kürzung bzw. Entfernung des Gaumenzäpfchens),
  - vorverlagernde Gesichtsoperationen,
  - Tracheostoma.
- Beatmung:
  - nasale nächtliche Überdruckbeatmung.
- Nächtliche Sauerstoffinsufflation.

Voraussetzung für diese Form der Therapie ist allerdings die vorherige **Behandlung pulmonaler oder kardialer Grundleiden**, die mit SBAS einhergehen können. Hierzu gehört vor allem die optimale Therapie einer chronisch-obstruktiven Atemwegserkrankung (COPD) und einer Stauungsherzinsuffizienz.

Pflegerische Maßnahmen

In der pflegerischen Betreuung stehen die **schlafhygienischen Allgemeinmaßnahmen** zur Erhaltung eines **regelmäßigen Schlaf-Wach-Rhythmus** im Vordergrund. Dazu gehören u. a. die in Band 1 des Buches angeführten pflegerischen Maßnahmen. Wichtig für die therapeutische Versorgung ist die **Krankenbeobachtung**, insbesondere beim Einsatz therapeutischer Maßnahmen, z. B. der nächtlichen **Sauerstoffgabe** über eine Sauerstoffbrille o. Ä.

1.3.7 Bronchialkarzinom

Definition: Bronchialkarzinome sind bösartige (maligne) Tumoren der Trachea, der Bronchien oder der Lunge.

Bedeutung für die Geriatrie

Hauptrisikofaktor ist das **Rauchen**. 85 % aller Bronchialkarzinome werden dadurch hervorgerufen. Männer sind häufiger betroffen als Frauen. Der Häufigkeitsgipfel der Erkrankung liegt zwischen dem 60. und 85. Lebensjahr.

Symptomatik

Das Bronchialkarzinom ist wie viele Lungenkrankheiten in der rechten Lunge etwas häufiger anzutreffen als in der linken. 50 % der Tumoren sind in den Oberlappen, 25 % in den Unterlappen lokalisiert. In der überwiegenden Zahl der Fälle entwickelt sich das Bronchialkarzinom zentral, in rund einem Viertel der beobachteten Karzinome peripher (☞ Abb. 21).

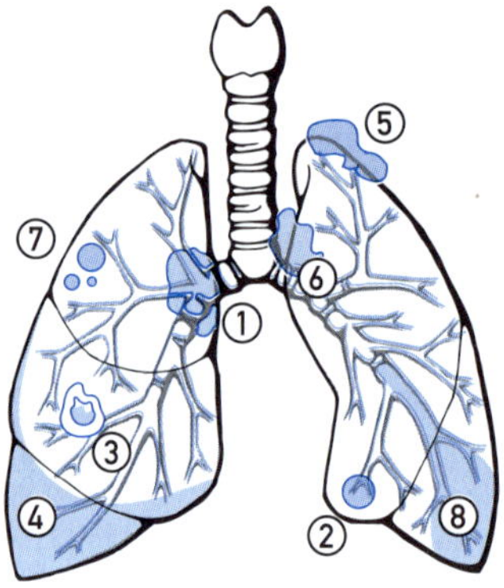

① Zentrales Bronchialkarzinom
② Peripheres Bronchialkarzinom
③ Tumorkaverne
④ Pleuritis carcinomatosa mit Pleuraerguss
⑤ Pancoast-Tumor
⑥ Hilusmetastasen
⑦ Lungenmetastasen
⑧ Segmentatelektase

Abb. 21: Lokalisationsmöglichkeiten des Bronchialkarzinoms und der Lungenmetastasen

Metastasierung und Histologie

Die **lymphogene Metastasierung** erfolgt vorwiegend in die bronchialen und mediastinalen, seltener in die retroperitonealen, zervikalen, supraklavikulären oder axillären Lymphknoten. **Hämatogen entstandene Metastasen** finden sich besonders in der Leber, in den Knochen, im Knochenmark (Wirbelsäule, Rippen), im Gehirn sowie in Niere und Nebenniere.

Histologisch lassen sich unterscheiden: Plattenepithelkarzinom, kleinzelliges Karzinom, Adenokarzinom, Alveolarzellkarzinom. Die Unterscheidung ist wichtig, da die Tumore eine unterschiedliche Ansprechbarkeit auf Therapiekonzepte haben.

Frühsymptome

Die Frühsymptome sind **wenig charakteristisch** und bergen daher in hohem Maße die Gefahr der Bagatellisierung. Insbesondere periphere Bronchialkarzinome können über lange Zeit völlig symptomlos bleiben.

Das **wichtigste Symptom** ist der **Husten.** Gerade beim älteren Menschen sollte daher jeder Husten, der länger als drei Wochen besteht, so lange als krebsverdächtig angesehen werden, bis das Gegenteil erwiesen ist.

Die wichtigsten Symptome sind:

- Husten
- Auswurf
- rezidivierende Fieberschübe
- Abgeschlagenheit, Appetitlosigkeit und Gewichtsverlust
- Brustschmerzen
- Atemnot
- evtl. Bluthusten (Hämoptoe)
- Schmerzen beim Atmen durch Beteiligung des Brustfells (Pleura).

Komplikationen

Problematisch sind die Komplikationen, wenn der **Tumor in die Umgebung einwächst** oder **Tochtergeschwülste (Metastasen)** auftreten. Es kann zur Schädigung des Nervus laryngus recurrens mit Heiserkeit, zu einer Schädigung des Nervus phrenicus mit Zwerchfellhochstand, zu einer Kompression der oberen Hohlvene mit Schwellung von Armen und Hals sowie zu einer Kompression der Speiseröhre kommen. Weiterhin können hartnäckige Lungenentzündungen auftreten. Metastasen finden sich in den Knochen mit Schmerzen und erhöhter Knochenbruchneigung, im Gehirn mit entsprechenden Auswirkungen (Erbrechen, Kopfschmerzen, Wesensveränderungen).

Ärztliche Maßnahmen

Je nach Tumortyp und Stadium der Erkrankung kommen **Operation, Bestrahlung** oder **Chemotherapie** zum Einsatz. Bei Tumor- oder Metastasenschmerzen werden großzügig **Schmerzmittel** eingesetzt.

Pflegerische Maßnahmen

Besondere Bedeutung kommt der pflegerischen Betreuung im Hinblick auf die **Begleitung der ärztlichen Therapie** zu (z. B. Hautpflege bei Bestrahlung oder geeignete diätetische Maßnahmen bei Chemotherapie).

> **Spezieller Pflegehinweis:** Wichtig ist, unabhängig vom Stadium der Erkrankung, den Kranken in seinen Bewältigungsstrategien **im Umgang mit der Krankheit zu unterstützen** und ihn bei dieser bösartig fortschreitenden Erkrankung zu begleiten.

Im **Endstadium** ist es erforderlich, den Pflegebedürftigen bei der **Auseinandersetzung mit Tod und Sterben** zu unterstützen und gleichzeitig mit entsprechenden pflegerischen Maßnahmen zu helfen (☞ Kapitel 3.3, S. 214 ff.).

1.4 Erkrankungen des Stütz- und Bewegungsapparates

Physiologische Veränderungen

Die Grenze zwischen noch physiologischen und schon pathologischen Verhältnissen ist fließend. Im gesamten Bindegewebe kommt es durch altersbedingte Verlangsamung der Zellteilung zur **Zellverarmung.** Durch sie und durch die Mangeldurchblutung bedingte Verschlechterung des Nährstoffangebotes entsteht eine Minderung der Syntheseleistung an Bindegewebsbausteinen (Kollagen, Glukosaminoglykanen usw.). Dazu kommt eine **Wasserverarmung des Gewebes** um 10 bis 15 %. Insgesamt resultiert daraus ein Verlust der Dehnbarkeit, Elastizität, Reißfestigkeit und Gleitfähigkeit von Bändern, Sehnen und Muskeln.

Veränderungen an Gelenken

Ähnliche Prozesse führen intraartikulär am hyalinen **Gelenkknorpel** zu **Höhenabnahme, Wasser- und Elastizitätsverlust.** Ein besonderes Problem im Bereich des Gelenkknorpels besteht darin, dass sich die Chondrozyten nicht mehr teilen können. Die ursprünglich normal aufgebaute Knorpelstruktur hat aber einen solchen Stabilitätsvorsprung, dass der altersbedingt veränderte Gelenkknorpel einer dem Alter entsprechenden Beanspruchung durchaus standhält.

Veränderungen im Bereich der Bandscheiben

Empfindlichster Bestandteil der Wirbelsäule ist die Bandscheibe, weil ihr Stoffwechsel ausschließlich durch Diffusion und Osmose erfolgt. Beginnend mit dem Stehenlernen in den ersten Lebensjahren tritt mit zunehmendem Alter ein Qualitätsverlust der Bandscheiben ein. Sie trocknen aus, werden unelastisch, mürbe und rissig. Als Folge enstehen im fortgeschrittenen Alter **degenerative Wirbelsäulenveränderungen.**
Es kommt zu einer degenerativ bedingten Abnahme der Bandscheibenhöhe, die auch zu einer Reduzierung der Körpergröße führt. Darüber hinaus wird der Mensch kleiner, wenn die physiologische Osteoporose zu Keilwirbeln und zur Verstärkung der sagittalen Wirbelsäulenschwingungen (**Altersrundrücken**) führt (☞ Seite 104 ff.).

Muskelveränderungen

Die Muskelmasse verringert sich vom 20. bis zum 70. Lebensjahr um ca. 40 %. Neben einer Abnahme des Wassergehaltes und einer Fettinfiltration in den Muskelfasern erfolgt ein qualitativer Umbau der Faserstruktur insoweit, dass nach dem 25. Lebensjahr die schnellen Fasern ab- und die langsamen Fasern zunehmen. Somit **verringern sich** altersbedingt **muskuläre Kraft, Elastizität** und **Kontraktionsgeschwindigkeit.**

Übersicht 21: Veränderungen der Skelettmuskulatur

- Verlust der Muskelkraft
- Reduzierung der Muskelmasse
- relative Zunahme der langsam zuckenden Muskelfasern
- Vergrößerung der motorischen Einheiten
- Abnahme des synaptischen Kontaktes
- Abnahme der Kontraktilität
- Verschlechterung des energieliefernden Metabolismus
- Zunahme des unlöslichen Kollagens
- Verlust der Gewebeelastizität.

Veränderungen des neuromuskulären Systems

Im neuromuskulären System kommt es gemeinsam mit einer Abnahme der Vorderhornzellen im Rückenmark zu einer Abnahme der Steuerungseinheiten und der Nervenleitgeschwindigkeit sowie zu einem Nachlassen der Haltungskontrolle auf ZNS-Ebene. Die verbleibenden Vorderhornzellen innervieren vorwiegend Muskelgruppen mit langsamen Fasern. Daraus resultiert eine **Minderung** von **Koordination, Konzentration und Reaktion**.

Knochenveränderungen

Am Knochen beginnt nach dem 40. Lebensjahr eine Abnahme des Mineralgehaltes. Es besteht eine deutliche Verteilung zugunsten des weiblichen Geschlechts, etwa 85 % aller **Osteoporosen** betreffen Frauen. Man schätzt, dass die Knochensubstanzmenge von Frauen im Alter von 65 bis 70 Jahren nur noch 50 % derjenigen im Alter von 30 Jahren beträgt. **Spontane Deformationen** und **Frakturen** bei relativ leichten Traumen werden dadurch im Alter begünstigt.

Merke: Gemeinsames Ergebnis der geschilderten Vorgänge ist die Abnahme der Belastungs-, Anpassungs- und Erholungsfähigkeit des Muskel-Skelett-Systems im Alter. Externe Krafteinwirkungen können dadurch zunehmend ungebremst auf Bindegewebe- und Skelettelemente einwirken und z. B. durch permanente Mikrotraumatisierungen eine Überleitung von physiologischen zu pathologischen Veränderungen (Tendopathien, Spontanrupturen, Myogelosen, Kontrakturen, Arthrosen) begünstigen.

1.4.1 Arthrose

Definition: Die degenerativen, nicht entzündlichen Erkrankungen des Stütz- und Bewegungssystems werden unter dem Begriff „Arthrose“ zusammengefasst.

Im Zentrum des Krankheitsprozesses steht der Gelenkknorpel. Es handelt sich um einen chronisch-degenerativen Prozess, der den hyalinen Knorpel, die Synovialis und sekundär das periartikuläre Gewebe und den Knochen betrifft. Er ist als Krankheit zu betrachten, wenn der Röntgenbefund mit entsprechender klinischer Symptomatik verbunden ist. Arthrosen stellen die häufigste chronische Erkrankung im Alter dar. Sie können alle Gelenke befallen, am häufigsten sind jedoch Hüfte (**Coxarthrose**) und Kniegelenk (**Gonarthrose**) betroffen, da sie den höchsten Belastungen ausgesetzt sind.

Krankheitsformen

Die **primäre Arthrose**, deren Ursache nicht bekannt ist (vermutlich kommen Alter, Geschlecht, Hormone, Ernährung und Erbanlagen in Betracht), wird von der **sekundären Arthrose** unterschieden. Diese entsteht meist durch ungleichmäßige Belastung des betroffenen Gelenkes, z. B. aufgrund von Achsenfehlstellungen (O-Beine, X-Beine), Unfällen mit Gelenkbeteiligung, Überlastung (durch Übergewicht o. a.), Gelenkentzündungen sowie Gelenkerkrankungen, aber auch biochemisch durch

Medikamente (u. a. nicht steroidale und steroidale Antiphlogistika, Antikoagulanzien).
Durchblutungsstörungen fördern den Abbauprozess innerhalb des Gelenkes.

Bedeutung für die Geriatrie

Ungefähr 80 % aller Menschen über 60 Jahre leiden an einer Arthrose mit unterschiedlich starken Beschwerden. Die häufigste Form ist die Gonarthrose mit über 50 % bei über 50-Jährigen. Frauen sind dabei im Verhältnis 4:1 betroffen. Die zweithäufigste Arthroseform ist die Coxarthrose, wobei Frauen in gleichem Maße betroffen sind wie Männer.

Degenerative Wirbelsäulenerkrankungen

Jenseits des 60. Lebensjahres zeigen sich bei Röntgenuntersuchungen praktisch immer degenerative Veränderungen der Wirbelsäule. Je nach Belastung sind einzelne Abschnitte der Wirbelsäule besonders betroffen (**Lumbalsyndrom, Ischialgiesyndrom, HWS-Syndrom**).
Degenerative Wirbelsäulenerkrankungen haben im Alter eine hohe Prävalenz. Über 80 % der Senioren haben hin und wieder Rücken- und Kreuzschmerzen, beständige Beschwerden haben ca. 50 %, mit zunehmendem Alter bis über 70 %.

Symptomatik

Ein besonderes Charakterstikum der Arthrose ist die oft bestehende Divergenz zwischen den Beschwerden und den Symptomen einerseits sowie dem objektiven pathologischen Befund andererseits. Häufig steht subjektiv und klinisch ein Gelenk im Vordergrund.
Leitsymptome sind **Schmerzen** und **artikuläre Funktionseinschränkungen** (☞ Tab. 10). Oft ist über Jahre oder Jahrzehnte eine nahezu symptomlose Initialphase zu beobachten. Später treten zunächst unbestimmte Schmerzen im Gelenk und der dazugehörigen Muskulatur auf, die anfangs in Ruhe abklingen. **Belastungsschmerzen** führen zum **Schmerzhinken.** Die reflektorisch verspannte Muskulatur bedingt so genannte **Einlaufschmerzen** und führt schließlich zu **Kontrakturen** (Kontrakurhinken). Mitunter sind **Reibephänomene** im Gelenk tastbar oder hörbar. Als Ursache des Schmerzes finden sich sehr oft entzündliche Reizungen oder Spannungen der Gelenkskapsel durch einen **Reizerguss** (aktivierte Arthrose). Abgesprengte, kleinere oder größere Knorpelfragmente, aber auch Bindegewebe-Synovialzoten können zu akut auftretenden und äußerst schmerzhaften **Einklemmungserscheinungen** führen.
Die progredient fortschreitenden Destruktionen führen im Endstadium nicht selten zu **hoch schmerzhaften Gelenken** mit verbliebener **Wackelbeweglichkeit** und ossär bedingte **Gelenkfehlstellung**.

Tab. 10: Leitsymptome bei Arthrose

Frühstadium	Fortgeschrittenes Stadium
Belastungsschmerz Ermüdungsschmerz, oft mit Steifigkeitsgefühl (Kapsel-/Muskelverspannung) Kraftminderung	Ruheschmerz Nachtschmerz Dauerschmerz Kontrakturen Muskelatrophie Gelenkfehlstellung und -deformierung

Gonarthrose

Die Gonarthrose tritt meist beidseitig auf und findet sich bei Frauen häufiger.

Beobachtbar sind: Schmerzen im ganzen Kniebereich bei abrupten Bewegungen, Steifigkeitsgefühl (in der Frühphase); Anlaufschmerz nach Ruhe, Belastungsschmerz beim Treppenhinuntergehen, Schmerzen bei Kauern und Niederknien (intermediär); Gangunsicherheit, Schonhinken, Gelenkgeräusche (Spätphase).

Folgen

Durch ungleichmäßige Abnutzung kommt es zu **statischer Abweichung** und zunehmenden **Kniedeformitäten** (Genu valgum und Genu varum) mit Achsenabweichungen und oft extremer Gelenkvergrößerung.

Coxarthrose

Hier finden sich: selten eine Bewegungsbehinderung, intermittierender Schmerz, evtl. ausgelöst durch Belastung oder abrupte Bewegung (Frühphase); deutlicher Anlauf- und Ermüdungsschmerz (intermediär); Ruhe-, Nacht- und Dauerschmerz (Schmerzlokalisation: über oder hinter dem Trochanter major, Schmerzausstrahlung: Leistenbeuge, Gesäß, Oberschenkel bis Knie, vorne lateral oder dorsal); Gehbehinderung (Spätphase). Unter Umständen findet sich aber auch nur ein Knieschmerz als alleiniges Symptom.

Folgen

Der Schmerz führt durch Schonhaltung zur Ruhigstellung mit **Kontrakturen** und **Fehlstellung des Gelenkes**. Daraus ergeben sich auch Auswirkungen auf die benachbarten Gelenke. So führt eine Beugekontraktur des Kniegelenkes durch die Fehlbelastung zu einer Beeinträchtigung im Hüftgelenk. Langfristig werden die Betroffenen **immobil**.

Degenerative Wirbelsäulenveränderungen (Spondylarthrose)

Darunter versteht man einen chronisch degenerativen Prozess der Wirbelsäule mit teils regressiven, teils produktiven Veränderungen des Bewegungssegments (Bandscheibe, Wirbelkörper, Intervertebralgelenke, Ligamente). Degenerative Veränderungen: Chondrose, Osteochondrose, Spondylose und Spondylarthrose.

Einteilung

Die Einteilung der degenerativen Wirbelsäulenerkrankung erfolgt jeweils **nach Befundlokalisation**: zervikal, thorakal, lumbal, sakral; am häufigsten betroffen ist die untere und obere Halswirbelsäule, die untere Lendenwirbelsäule und der lumbosakrale Übergang. Wird eine Einteilung **nach dem krankhaften Befund** durchgeführt, unterscheidet man vertebrale, spondylogene, radikuläre Veränderung und die Kompression.

Vertebralsyndrom

Dumpfer Schmerz mit Provokation durch Lagewechsel/Belastung, wobei eine **Funktionsstörung** mit Blockierung und Muskelverspannung auftritt. Im Bereich des betroffenen Wirbelsäulensegmentes kommt es zu einer **Haltungsveränderung** (Skoliose, Streckhaltung, Kyphose, Lordose). Dazu treten eine Funktionsstörung (Blockierung: Hypomotilität, Lockerung: Hypermotilität) sowie reaktive Weichteilveränderungen und Irritationszonen im Bereich des gestörten Wirbelsäulenabschnittes auf.

Spondylogenes, pseudoradikuläres Syndrom

Hierbei besteht ein **Schmerz mit pseudoradikulärer** (nicht dem Nervenverlauf folgender) **Ausstrahlung**. Eine Schmerzprovokation durch Lagewechsel/Belastung liegt vor. Meist besteht eine **Muskelverspannung**, dazu häufig nicht klar definierbare **Parästhesien**.

Kompressionssyndrom (radikulär)

Es besteht eine **radikuläre Schmerzausstrahlung** mit Schmerzprovokation durch Husten, Niesen, Pressen und Flexion/Hyperextension. Man spricht von spinaler radikulärer Symptomatik, wenn **motorische** und **sensible Ausfälle** und ein **positives Lasegue-Zeichen** vorliegen.
Beim **Kauda-Equina-Kompressionssyndrom** besteht eine Fußheber-/Fußsenkerlähmung, eine Reithosenanästhesie, die Achillessehnenreflexe fehlen bds. Darüber hinaus liegt eine Blasenlähmung (Harnverhalt, Harn-/Stuhlinkontinenz) vor.

Syndrom des engen Spinalkanals (radikulär)

Dabei bestehen **ischialgiforme Rückenschmerzen**. Bei längerem Stehen oder Gehen kommt es bei 90 % der Patienten zu einer **Claudicatio intermittens**, bei ca. 55 % tritt eine **Parästhesie der Beine** auf. Bei der Untersuchung ist eine Schmerzprovokation durch Reklination, eine Schmerzlinderung durch Inklination möglich.

Ärztliche Therapie

Nachdem durch eine eingehende Untersuchung des betroffenen Gelenkes bzw. Wirbelsäulensegmentes die vermutete Ursache festgestellt wird, wird die Diagnose meist durch die Radiologie bestätigt (Röntgen, CT, MRT).

Konservative Therapiemethoden

Die Therapie besteht aus der sog. **Gelenkhygiene** (Gelenkentlastung durch Gehstock und Gewichtsreduktion sowie Bewegungsschulung unter Entlastung nach individuellem Befund). Eine weitere wichtige Rolle spielen die **Physiotherapie** und die **Pharmakotherapie** (☞ Tab. 11). Ruhigstellung und Schonung befallener Gelenke ist eigentlich nur bei schweren Reizzuständen des betroffenen Gelenkes zu vertreten.

Operative Behandlungsmethoden

Besondere Bedeutung kommt auch den operativen Möglichkeiten zu. Sowohl bei der Gonarthrose, der Coxarthrose als auch den Arthrosen der peripheren Gelenke bietet sich selbst bei hochbetagten Patienten mit gutem Allgemeinzustand bei Versagen der konservativen Behandlung die operative Therapie an. Diese kann prophylaktisch, z. B. durch **Umstellungsosteotomie** im frühen Erkrankungsstadium indiziert sein, kann in seltenen Fällen eine **Versteifung des Gelenkes** (Arthrodese) beinhalten, wird meist aber den **endoprothetischen Gelenkersatz** betreffen. Auch für degenerative Wirbelsäulenveränderungen bietet sich eine Reihe operativer Möglichkeiten an, die bei Versagen der konservativen Therapie zum Einsatz kommen.

Pflegerische Maßnahmen

Die pflegerische Betreuung hat **drei Schwerpunkte**: Entlastung der Gelenke durch Unterstützung bei den täglichen Verrichtungen, Mobilisation und Kontrakturprophylaxe sowie gezielter Einsatz von Hilfsmitteln.

Physiotherapie	Pharmakotherapie
Faustregel: Je akuter der Prozess, umso geringer die Reizintensität und umgekehrt.	Faustregel: So viel wie nötig, so wenig wie möglich.
Aktivierte Arthrose Vorübergehende Lagerung/ Ruhigstellung Kryotherapie niederfrequente Elektroanalyse	**Aktivierte Arthrose** Lokale Anwendung nicht steroidaler Antiphlogistika galvanische Durchflutung/ Iontophorese niedrig dosierte intraartikuläre Steroid-/Lokalanästhetika-Injektionen (unter strenger Einhaltung steriler Kautelen).
Manifeste Arthrose ohne Aktivierungsschub Wärmezufuhr • Peloide, medizinische Bäder, Einreibungen, • Kurzwelle (Spulenfeld geringe, Kondensatorenfeld höhere Eindringtiefe), • Ultraschall (begrenzte Eindringtiefe), • galvanische Durchflutung /Iontophorese. Bewegung unter Entlastung (trocken oder in warmem Wasser): • aktiv – Dehnung verkürzter und Kräftigung abgeschwächter Muskelgruppen, • passive Begleittherapie aktiver Übungen. Schwellstrom zur Kräftigung ausgewählter Muskelgruppen. Diadynamische Ströme (Hyperämie, Analgesie). Massagen (klassisch, Unterwassermassagen) zur Lockerung verspannter Muskelgruppen. TENS (positiver Effekt bei 40-80 %). Manuelle therapeutische Mobilisierungstechniken.	**Manifeste Arthrose ohne Aktivierungsschub** Analgetika – zur Unterbrechung der Kette Schmerz /Muskelverspannung/ Schmerz ..., kurzfristig Myotonoloytika (z. B. Diazepam) bei Bedarf, bei reaktiver Depression kurzfristig Antidepressiva, chondroprotektive Therapie.

Tab. 11: Physiotherapie und Pharmakotherapie bei Arthrose

- Reduktionsdiät bei Übergewicht.
- Tragen schwerer Einkaufstaschen oderer anderer Lasten vermeiden, Einkaufswägelchen benutzen.
- Intaktes, den Fuß unterstützendes Schuhwerk mit weicher Sohle (Gummisohle, Kreppabsätze, Luftpolsterschuhe) entlastet die Gelenke.
- Hohe Sitzmöbel mit Armlehnen ermöglichen das Abstützen beim Aufstehen.

Übersicht 22: Maßnahmen zur Entlastung der Gelenke

Eine wichtige Aufgabe für die Pflegenden besteht darin, den älteren, arthrotischen Menschen zu **mobilisieren** und zu **aktivieren**, damit die Beweglichkeit der Gelenke aufrechterhalten oder wiederhergestellt wird und die Schmerzen gelindert werden. Übermäßige Belastung durch intensiven Sport sollte unterlassen werden. Wichtig ist, die Gelenke zu bewegen, ohne sie zu belasten. Ideal ist Schwimmen in warmem Wasser (Thermalbad) und Wassergymnastik. Auch Radfahren belastet die Gelenke wenig.

> **Merke:** Bei bettlägerigen Patienten ist darauf zu achten, dass Zugluft vermieden wird und eine angenehme Umgebungstemperatur bzw. ein Ausgleich durch Kleidung bei Bewegungsübungen hergestellt wird.

Schmerzen

Bei Auftreten von Schmerzen kann man dem Patienten durch Auflegen einer **Wärmeflasche** oder eines **Wärmekissens** Erleichterung verschaffen. Diese Maßnahme ist allerdings nur bei inaktiven Arthrosen geeignet. Ist das Gelenk **akut entzündet** (aktivierte Arthrose), ist Wärme in der Regel kontraindiziert, man wendet **Kälte** in Form von Eispackungen an.
Da der Gelenkschmerz bei einer Cox- bzw. Gonarthrose unter Belastung für die Patienten meist kaum zu ertragen ist, verkürzen sie zunächst ihre bisherige Gehstrecke. Dies führt innerhalb kürzester Zeit dazu, dass die Patienten nur noch die nötigsten Wege zu Fuß bewältigen und ansonsten die Unterstützung anderer in Anspruch nehmen.

> **Spezieller Pflegehinweis:** Kommt es beim Kniegelenk zu einem Streckdefizit von 10° und darüber, gleichgültig wie sich das Beschwerdebild im Moment darstellt, ist ein absoluter Handlungsbedarf für die Mobilisierung gegeben. Jede früh einsetzende Bewegungstherapie kann entscheidend mithelfen, das meist nur noch operativ zu versorgende fortgeschrittene Stadium hinauszuzögern.

Mobilisation

Manchmal können die Patienten aufgrund **starker Schmerzen** im Kniegelenk bzw. in der Hüfte nicht einmal stehen. Hier empfiehlt es sich, die **Erstmobilisation mit zwei Hilfspersonen** durchzuführen.
Zur **Vorbereitung** des Aufstehens soll der Patient in Rückenlage mehrmals hintereinander die Beine abwechselnd beugen und strecken. Danach soll der Patient im Sitzen, z. B. auf dem Stuhl oder der Bettkante, die Unterschenkel anheben und die Füße dabei so schnell als möglich auf und ab bewegen. Dies bewirkt eine verbesserte Gesamtdurchblutung und eine Anregung der Gelenkkapselinnenhaut, Gelenkflüssigkeit zu produzieren. Nach dieser Vorbereitung fällt es vielen Patienten leichter, aufzustehen und der Belastung des Stehens standzuhalten.

Es erweist sich als günstig, den Patienten mit **Hüftgelenkarthrose** beim Aufstehen zuerst halbseitig auf das Bett zu setzen. Er soll dabei mit einem Oberschenkel noch auf der Bettkante sitzen, den anderen aber frei schwingen lassen. So kommt es bereits durch den Zug der Gliedmaßen zu einer Mobilisierung und Entlastung des Hüftgelenks. Dieselbe Übung kann man mit dem Patienten auch auf einer Behandlungsliege durchführen.

Frühgymnastik

Alle anderen Gelenke müssen selbstverständlich auf ähnliche Art und Weise mobilisiert werden. Dazu sollte der Patient mehrmals täglich angehalten werden, das Gelenk bis zur Schmerzgrenze zu bewegen. Dies kann im Rahmen des morgendlichen Bettenmachens und Waschens als „Frühgymnastik“ durchgeführt werden. Meistens motiviert das auch die Zimmernachbarn, die Übungen auszuführen. So kann man während der morgendlichen Verrichtungen alle Patienten eines Pflegezimmers mobilisieren.
Beispiele für die Mobilisierung der Schultergelenke, die sowohl im Bett liegend als auch im Stuhl sitzend durchgeführt werden können, zeigen die Abbildungen 22 bis 25.

Abb. 22: Im Wechsel einen Arm nach oben und den anderen nach unten führen

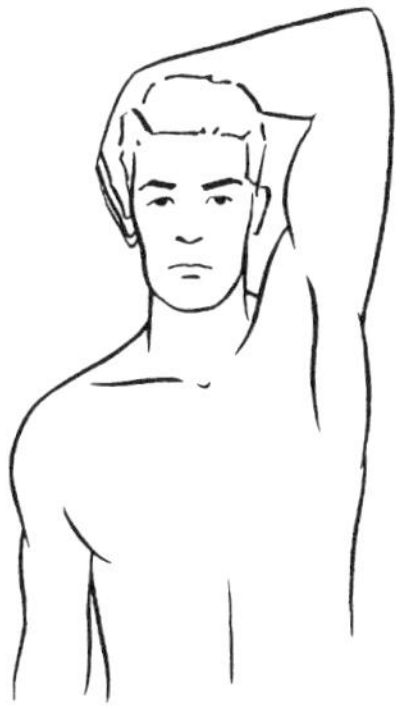

Abb. 23: Mit dem linken Arm über den Kopf zum rechten Ohr greifen und umgekehrt

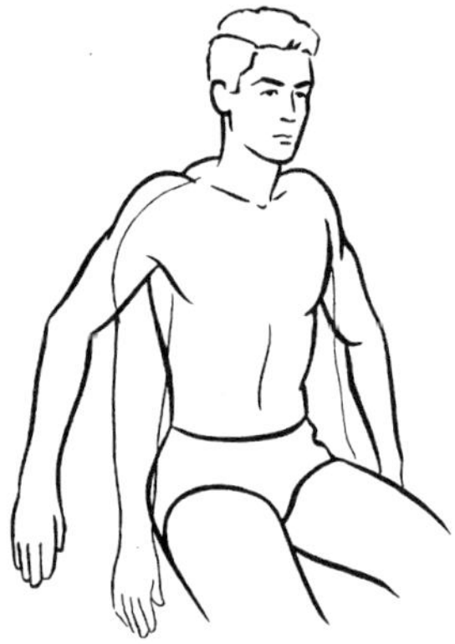

Abb. 24: Im Sitzen die Schultern mehrmals nach vorne und hinten rollen und dabei möglichst große Kreise beschreiben

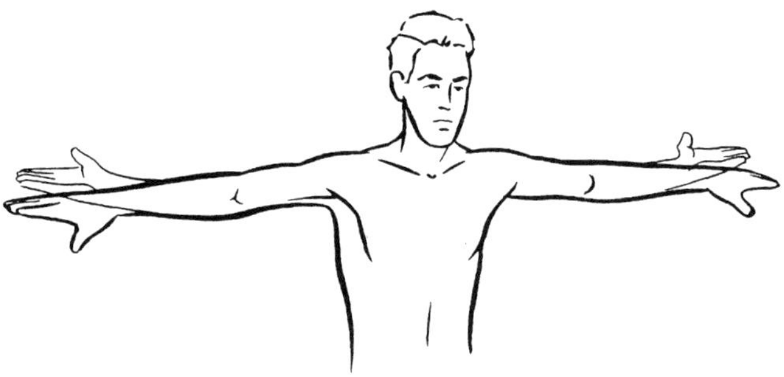

Abb. 25: Arme waagerecht nach hinten führen und Handflächen im Wechsel hin- und herschieben

Fingermobilisierung

Zur Mobilisation der Fingergelenke sollte der Patient die Hand zur Faust ballen und wieder strecken. In gestreckter Position kann er die Finger spreizen und wieder schließen. Abschließend sollte der Patient den Daumen zur Handinnenfläche führen und wieder abspreizen. Der Daumen kann auch abwechselnd zur Spitze anderer Finger geführt werden.

Abb. 26: Aneinanderdrücken der Handflächen, die Finger berühren das Kinn, die Hände werden nach unten bewegt

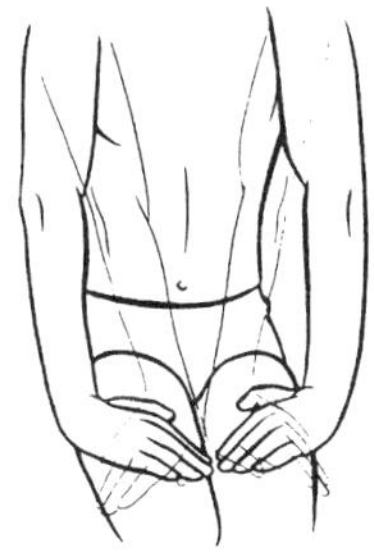

Abb. 27: Hände auf den Oberschenkel legen, die Finger zeigen im Wechsel nach innen und nach außen

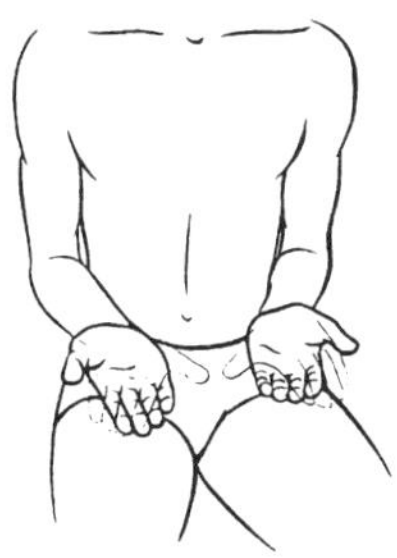

Abb. 28: Die gebeugten Ellbogen liegen seitlich am Körper, die Handflächen werden im Wechsel nach oben und unten gedreht

Abb. 29: Hände mit den Fingerspitzen auf die Schultern legen, Unterarme nach vorne strecken und wieder beugen

Stufenbettlagerung

Bei akuten Schmerzsymptomen und nach Operationen im Bereich der Lendenwirbelsäule sollte die Stufenbettlagerung durchgeführt werden, um die **Kompression** auf die **Wurzeln des Ischiasnerves** zu **verringern** (☞ Abb. 30, S. 96). Allerdings sollte man den Patienten die Stufenbettlagerung nur so lange einhalten lassen, wie er sie toleriert, i.d.R. über einen Zeitraum von höchstens drei bis vier Stunden. Die Stufenbettlagerung sollte dabei nicht konstant eingehalten werden, da es durch die starke Beugung des Hüftgelenks und der damit verbundenen venösen Abflussbehinderung zu einer Thrombose kommen kann. Eine ebenfalls entlastende Position ist die Seitenlage, wobei darauf geachtet werden muss, dass sich die Wirbelsäule nicht in Rotationsstellung befindet.

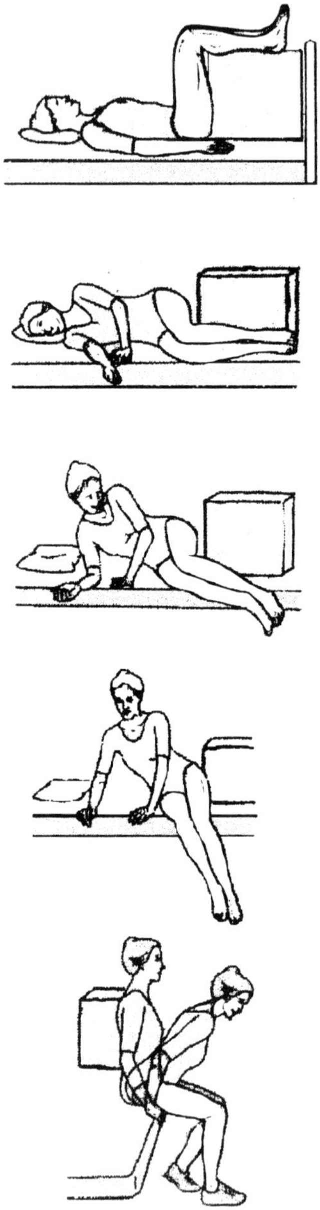

Abb. 30: Stufenbettlagerung und Aufstehen „en bloc"

Schlafposition

Um einer nächtlichen Schmerzverstärkung durch falsche Lagerung entgegenzuwirken, sollte die Pflegeperson auf die Schlafposition des Patienten achten und sie ggf. korrigieren. Neben der Stufenbettlagerung, die ältere Patienten meist nicht über längere Zeit tolerieren, ist die Lagerung auf der Seite am günstigsten. Bei der **Seitenlagerung** wird der Rücken durch Kissen abgestützt, um ein Zurückrollen zu verhindern.

Die **Matratze** darf weder zu hart noch zu weich sein. Auf der einen Seite sollte sie stark beanspruchte Wirbelsäulenabschnitte unterstützen, andererseits dekubitusgefährdeten Knochenvorsprüngen, z. B. im Bereich von Schultern und Gesäß, nachgeben. Die oft reflektorisch verspannte Rückenmuskulatur kann vor dem Zubettgehen durch ein warmes Vollbad oder andere **Wärmemaßnahmen** gelockert werden. Auch ein Wärmekissen kann kurzfristig Entspannung bringen. Dabei sollte das evtl. beeinträchtigte Temperaturempfinden des Patienten berücksichtigt werden. Der Einsatz von Wärmekissen ist nur bei regelmäßiger Temperaturkontrolle empfehlenswert.

Muskeltraining im Liegen

Zur Gewährleistung der Wirbelsäulenstabilität muss eine ausreichend starke, **stützende Muskulatur** aufgebaut werden, die übermäßige Rotationsbewegungen der Wirbelsäule weitgehend einschränkt. Dazu muss die Bauch- und die Rückenmuskulatur gleichermaßen trainiert werden. Dann ist die Belastung der Wirbelsäule am geringsten.
Die Abbildungen 31 bis 34 zeigen gymnastische Übungen, die der Patient selbstständig im Liegen durchführen kann. Die Übungen werden in Rückenlage durch Anspannen verschiedener Muskelgruppen ausgeführt.

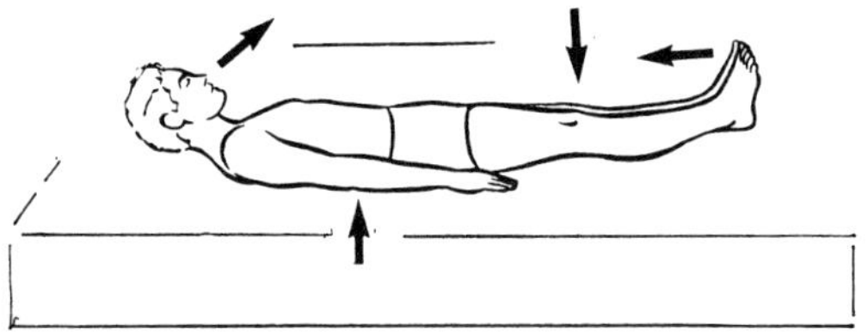

Abb. 31: Kräftigung der Bauch- und Rückenmuskulatur

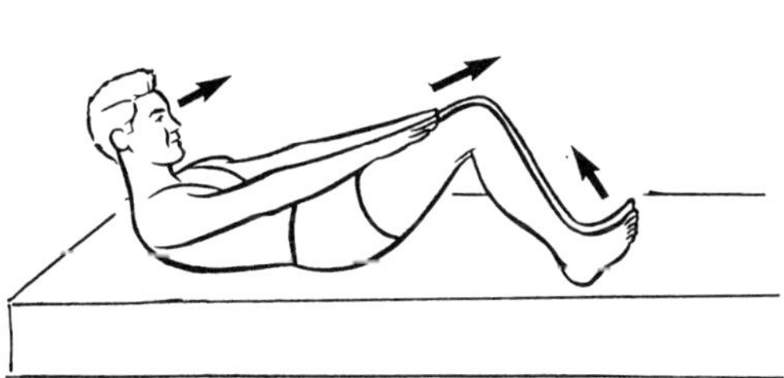

Abb.32: Stärkung der Bauchmuskulatur

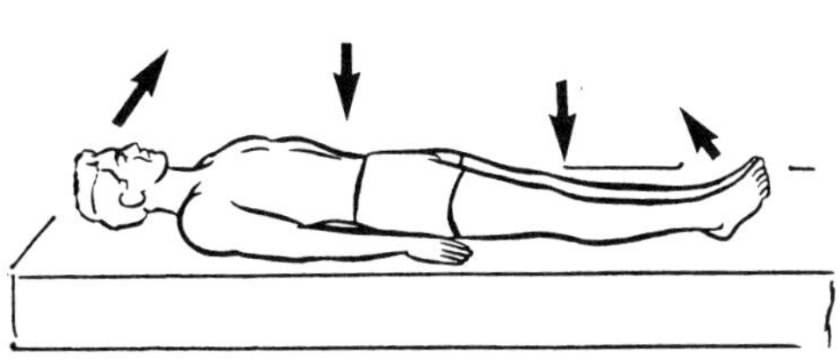

Abb. 33: Kräftigung der Rückenmuskulatur

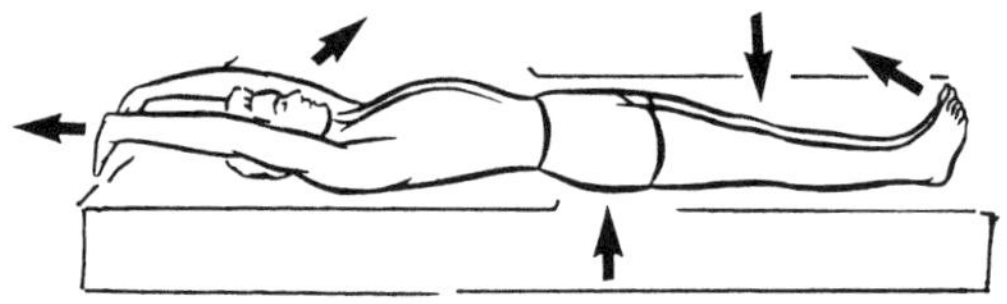

Abb. 34: Rückenmuskeltraining mit nach hinten gestreckten Armen

Gehen oder Liegen

Jede **Mobilisation** sollte unter **Entlastung der Wirbelsäule** erfolgen. Legt man die Belastung der Lendenwirbelsäule im Stehen mit 100 % fest, ist nur die Belastung im Liegen niedriger; alle anderen Mobilisationsformen führen zu einer vermehrten Belastung. Daher sollte der Patient zum Liegen und aufrechten Gehen angehalten werden. Alle anderen Bewegungen, insbesondere das Bücken, belasten die Wirbelsäule. Kennt er die unterschiedlichen Auswirkungen seiner Bewegungen, wird der Patient eher darauf achten, seine Haltung entsprechend zu korrigieren.

Sitzen

Die am wenigsten belastende Sitzhaltung ist das aufrechte Sitzen ohne Rotation im Rumpfbereich.

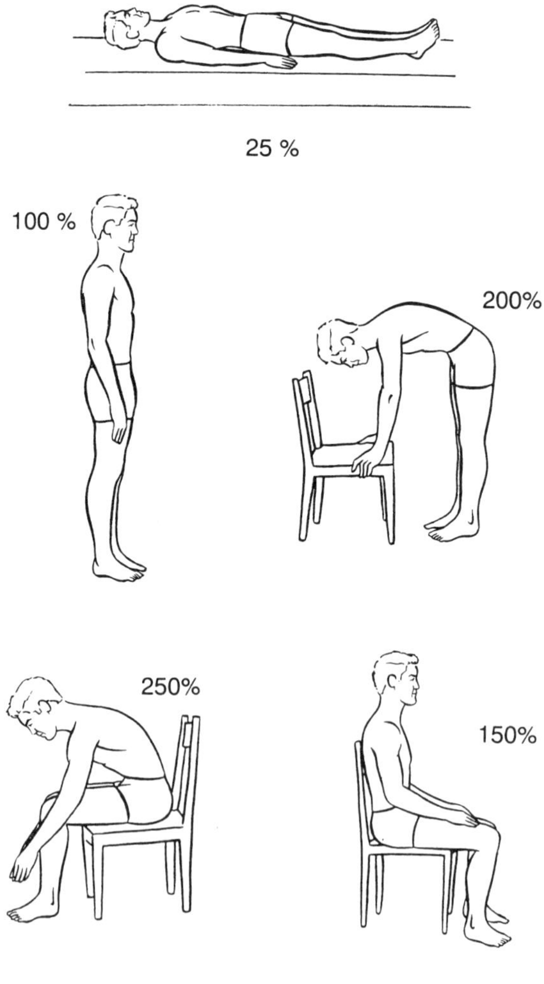

Abb. 35: Wirbelsäulenbelastung

Die Wirbelsäulenbelastung erhöht sich, wenn der Patient vornübergebeugt oder mit hängenden Schultern sitzt.

Hinlegen und Aufstehen

Lagewechsel sollten ohne Rotation der Wirbelsäule, d. h. „en bloc“ durchgeführt werden. Daher ist das Aufrichten im Bett das erste, das der Patient erlernen muss.

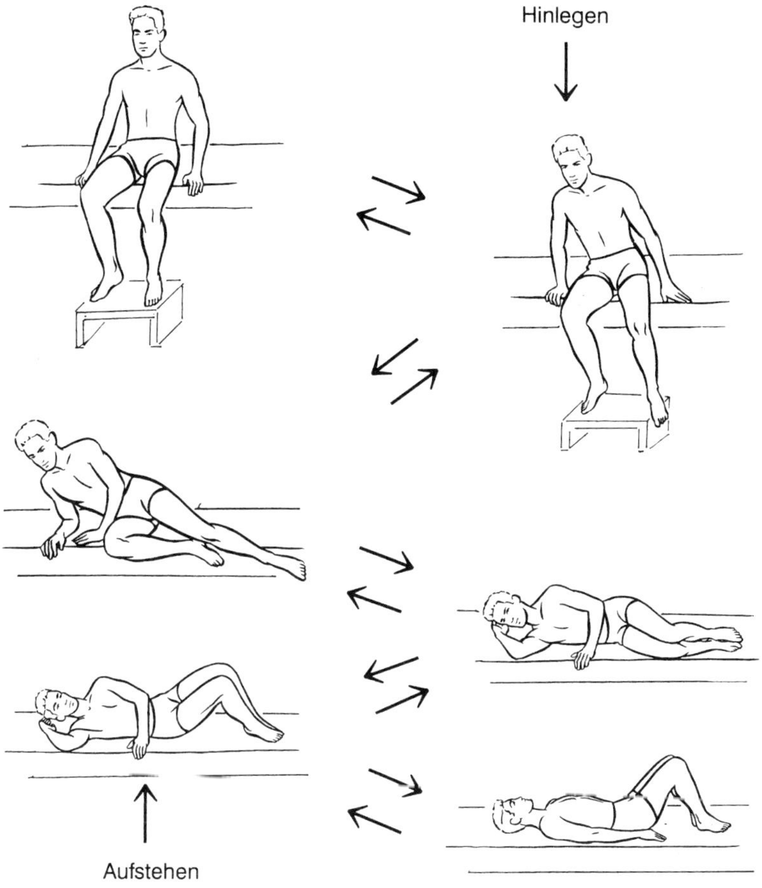

Abb. 36: Aufsetzen im Bett

Körperpflege und Ankleiden

Das **Einüben** richtiger **Haltungsmuster und Bewegungsabläufe** bei täglichen Verrichtungen trägt zur Sicherung eines guten Operationsergebnisses und zur Vermeidung von Rezidiven bei Wirbelsäulenoperationen bei. Bei schmerzfreien Patienten wird die konservative Therapie durch entsprechende Bewegungsübungen unterstützt und Schmerzzuständen vorgebeugt.
Ist der Patient noch nicht in der Lage zu stehen bzw. längere Zeit aufrecht zu sitzen, sollte er die Körperpflege und das Ankleiden in der Rückenlage üben. Bei allen Bewegungen sollte die Beugung und Rotation der Wirbelsäule unbedingt vermieden werden.

Kann der Patient schmerzfrei aufstehen, sollte er die Körperpflege in aufrechter Haltung durchführen. Die **aufrechte Haltung** wird durch das Anlehnen an eine Wand trainiert. Der Patient wird aufgefordert, mit Gesäß und Wirbelsäule Kontakt zur Wandfläche herzustellen, um damit die Wirbelsäulenstreckung beizubehalten.
Um eine Wirbelsäulenflexion zu vermeiden, ist eine stärkere Hüftbeugung und Außenrotation der Oberschenkel erforderlich. Wenn eine solche Hüftbeweglichkeit nicht mehr oder noch nicht möglich ist, kann man auf **Anziehhilfen** zurückgreifen z. B. Strumpfanzieher. Nach einer Wirbelsäulenoperation darf unter keinen Umständen ein erneuter Nukleusprolaps bzw. die Lockerung eines operativ versteiften Wirbelsäulensegments riskiert werden. Das Ankleiden darf nicht in vollständiger Beugehaltung erfolgen.
Beim **Bücken** soll der Patient die Wirbelsäule nicht beugen, sondern mit **geradem Rücken** in die Hocke gehen. Ist der Patient nicht bzw. noch nicht in der Lage, so tief in die Hocke zu gehen, muss er auf Hilfsmittel zurückgreifen.

Fortbewegung

Damit die Wirbelsäule nicht einseitig belastet wird, soll der Patient **Lasten** gleichmäßig auf beide Seiten **verteilt tragen**. Auch die längerfristige Verwendung eines Gehstocks führt zu einer Veränderung der Statik und damit zum Auftreten von Rückenschmerzen. Der Gehstock sollte gegen einen **fahrbaren Gehbock** oder einen **Rolator** ersetzt werden. Durch das Abstützen mit beiden Händen erzielt man eine gleichmäßige Belastung der Wirbelsäule.

Empfehlungen für alltägliche Verrichtungen: Das Heben und Tragen schwerer Lasten sollte nach Möglichkeit vermieden werden. Zum Aufheben von Gegenständen bieten sich Hilfsmittel wie z. B. Greifzangen an. Alle täglichen Verrichtungen sollten in aufrechter Haltung durchgeführt werden. In den Abbildungen 37 bis 39 sind typische Haushaltstätigkeiten und die geeignete Arbeitshaltung dargestellt. Sie lassen sich auf andere Tätigkeiten im Alltag geriatrischer Patienten übertragen.

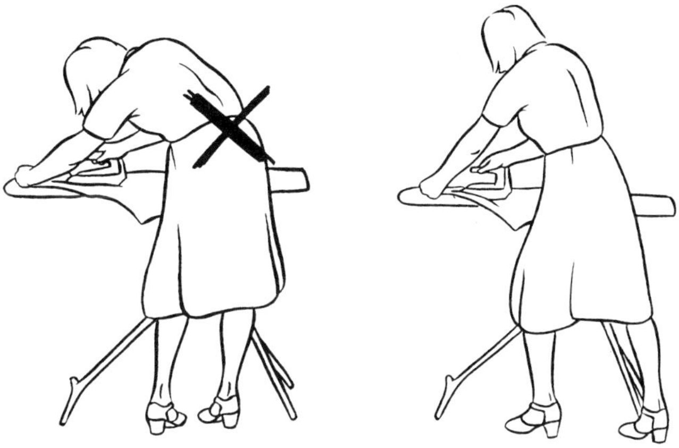

Abb. 37: Bügeln unter Vermeidung unphysiologischer Körperdrehungen. Schrittstellung mit Orientierung an der Arbeitsrichtung

Abb. 38: Staubsaugen in Schrittstellung

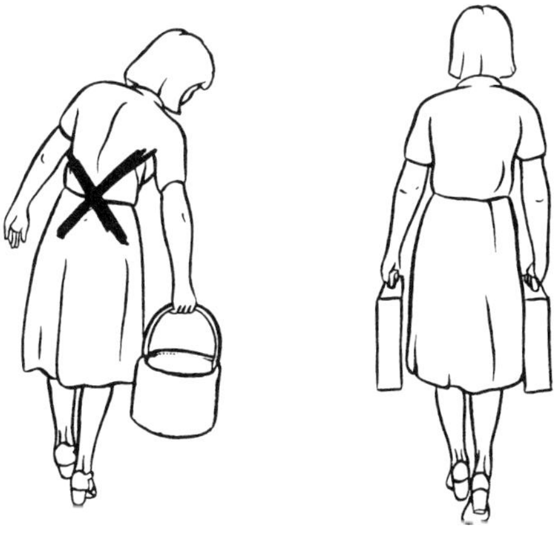

Abb. 39: Beidseitiges Tragen von Lasten

Hilfsmittel

Das schmerzhafte Gelenk ist grundsätzlich zu entlasten. Die **frühzeitige Anwendung einer Gehilfe** entlastet nicht nur die geschädigten Gelenke, sie stellt auch einen psychologischen Schutz für den Patienten dar.

Gehen mit Gehstützen

Beim **„2-Punkt-Gang“** wird die Gehstütze auf der erkrankten Seite zeitgleich mit der geschädigten Extremität aufgesetzt und somit das Körpergewicht auf zwei Punkte verteilt.
Bei einer akuten Gelenkentzündung wird mithilfe von zwei Unterarm-Gehstützen der **„3-Punkt-Gang“** bevorzugt, um das geschädigte Bein zu entlasten. Die Gehstützen werden gleichzeitig aufgesetzt; bei dem darauf folgenden Doppelschritt verlagert sich das Gewicht des Körpers auf beide Gehhilfen.
Als weiteres geeignetes Hilfsmittel zur Mobilisation ist die **4-Punkt-Gehstütze** zu erwähnen. Sie bietet mehr Unterstützungsfläche durch vier Füße.

Gehbock/Gehwagen

Das Gehen mit dem **Gehbock** bietet noch mehr Sicherheit. Er muss jedoch bei jedem Schritt angehoben und nach vorne bewegt werden. Der Patient muss also in der Lage sein, das Gewicht kurzzeitig selbst zu tragen.
Die Handhabung des **fahrbaren Gehbocks** ist dagegen einfacher. Er hat vier Rollen; der Patient kann ihn beim Gehen schieben. Der fahrbare Gehbock begünstigt das ungehinderte Gehen, bietet jedoch nicht so viel Halt wie der Gehbock mit Stützen. Auch Stufen können nicht ungehindert überwunden werden.

Rolator

Darüber hinaus findet der **Rolator** Anwendung (☞ Abb. 40a), eine Kombination aus herkömmlichem und fahrbarem Gehbock. Er ist vorne mit Rollen und hinten mit Stützen ausgestattet. Zahlreiche Firmen bieten Modelle mit unterschiedlicher Ausstattung an.

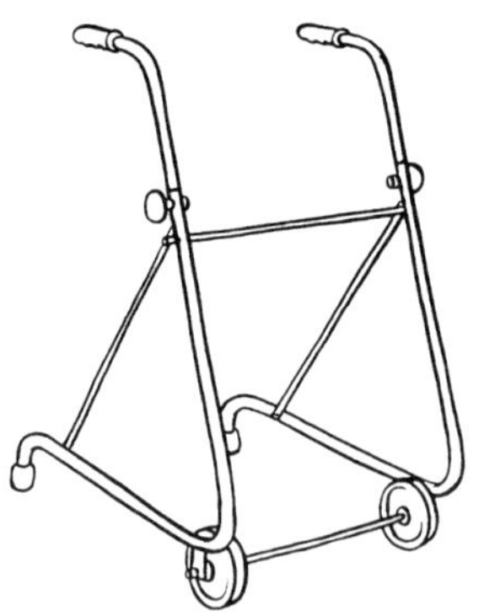

Abb. 40a: Der Rolator, ein Kompromiss zwischen herkömmlichem und fahrbarem Gehwagen

Die größte Unterstützung bietet der **Gehwagen**. Er kann allerdings selten vom Patienten allein benutzt werden, da er sehr unhandlich ist. Er ist jedoch zur Durchführung des Gehtrainings geeignet.

Abb. 40b: Gehwagen zur Durchführung des Gehtrainings

1.4.2 Osteoporose

Definition: Bei der Osteoporose (Knochenschwund) handelt es sich um eine Skeletterkrankung, die mit Verlust von Knochenmasse und -struktur einhergeht. Sie führt zu Schmerzzuständen und gesteigertem Frakturrisiko.

Krankheitsformen

Primäre Osteoporose nennt man die Krankheitsform, bei der keine kausale Erkrankung vorhanden ist. Vermutlich spielt der Mangel am Geschlechtshormon Östrogen nach der Menopause eine wichtige Rolle. Der natürliche Alterungsprozess, Bewegungsmangel, der Missbrauch von Genussmittlen (Alkohol, Kaffee, Nikotin) und vor allem eine kalziumarme Ernährung in den frühen Lebensjahren begünstigen das Entstehen einer Osteoporose.

Einer **sekundären Osteoporose** liegt eine erkennbare Ursache zugrunde, z. B.:

- eine endokrine Erkrankung, z. B. Hyperparathyreoidismus, Diabetes mellitus u. a.,
- eine Ernährungsstörung, z. B. Pankreasinsuffizienz, Malabsorptionssyndrom oder Z. n. Magenresektion mit verminderter Resorption von Kalzium und Vitamin D,
- Langzeittherapie mit hoch dosierten Kortisonpräparaten.

Darüber hinaus kann es durch folgende Faktoren zu einer sekundären Osteoporose kommen:

- Immobilisation, wobei der Knochenabbau über den Knochenaufbau dominiert,
- traumatische Schädigung als sog. lokale Osteoporose.

Bedeutung für die Geriatrie

Die Osteoporose ist die wichtigste und hinsichtlich ihrer Komplikationen **bedeutendste Erkrankung des Skelettsystems** im Alter.

In der Geriatrie spielt fast ausschließlich die **primäre Osteoporose** eine Rolle. Nur etwa 5 % aller Osteoporosen sind sekundär verursacht, meist durch Immobilisation und iatrogen.

Symptomatik

Im Gegensatz zur Altersatrophie des Knochenskeletts, die zeitgleich das gesamte Skelett betrifft, beginnt die Osteoporose im Bereich des Stammskeletts, befällt also zunächst Wirbelsäule und Becken und schreitet dann Richtung Peripherie fort (☞ Abb. 41).

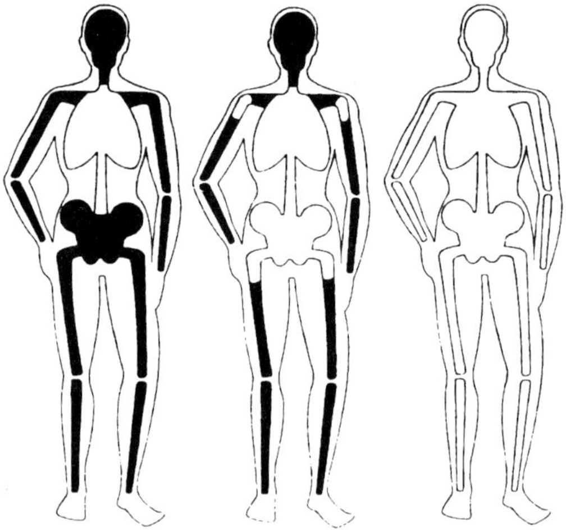

Abb. 41: Ablauf der Osteoporose, zuerst mit Befall der Wirbelsäule, dann Wirbelsäule und Becken, zuletzt Gesamtskelett

Symptomatik

Die Osteoporose verursacht zunächst keine charakteristischen Beschwerden. Im Vordergrund stehen tief liegende, rheumatoide **Rückenschmerzen**, hervorgerufen durch die Schädigung der Wirbelsäule und des Beckens. Sie gehen nicht von Knochen aus, sondern sind Ausdruck muskulärer Verspannungen infolge der veränderten statistischen Belastung der Wirbelsäule. Sie sind zunächst vor allem beim Aufstehen und Treppensteigen, im fortgeschrittenen Stadium bei allen Körperbewegungen vorhanden. Starke Schmerzen treten insbesondere bei abrupten, raschen oder ruckartigen Bewegungen (z. B. Stolpern) auf.

Weiterer Krankheitsverlauf

Im weiteren Verlauf der Erkrankung kann es dann zu **Infraktionen** und **Kompressionsfrakturen der Wirbelsäule** kommen, die mit typischen **Haltungsveränderungen** einhergehen. Neben der Abnahme der Körperlänge entwickeln sich eine Brustkyphose (Rundrücken), eine Hyperlordose der Lendenwirbelsäule und eine gürtelförmige Hautfaltenbildung am Rumpf (☞ Abb. 42).

Die fortgeschrittene Osteoporose geht zudem mit Klopfschmerzhaftigkeit der Wirbelsäule, Gangunsicherheit und eingeschränkter Beweglichkeit einher. Als **Komplikationen** können **Frakturen ohne adäquates Trauma**, insbesondere im Bereich der Handgelenke, des oberen Humerus, der Hüfte und der Wirbelsäule beobachtet werden.

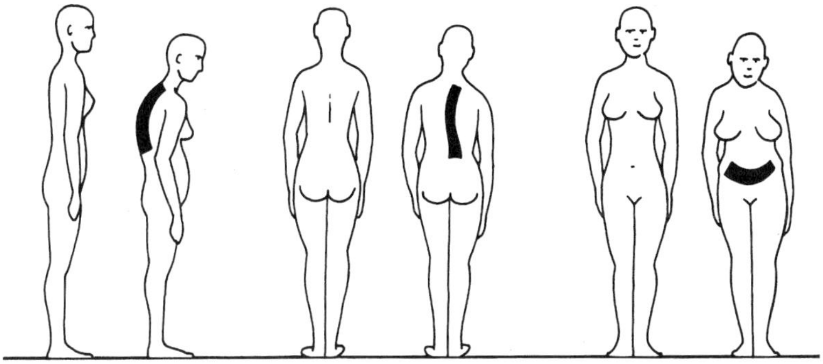

Abb. 42: Haltungsveränderungen bei Osteoporose

Ärztliche Behandlung

Bei der Therapie der Osteoporose finden unterschiedliche Behandlungskonzepte Anwendung. Ungeteilte Zustimmung findet heute die **Vitamin-D- und Kalziumsubstitution.** Empfohlen wird zudem die Zufuhr von Fluor und Biphosphonaten; bei Frauen ist unter bestimmten Umständen auch eine Östrogentherapie angezeigt. Ein wesentlicher Bestandteil der Behandlung ist die **Physiotherapie**, evtl. auch eine vorsichtige Massagebehandlung. In Kombination mit schmerzlindernden Medikamenten gelingt es, schmerzhafte Muskelverspannungen zu lösen, um die auf Dauer vorteilhafte **Bewegungstherapie** gezielt einsetzen zu können.

Pflegerische Maßnahmen

Bei der Versorgung des Osteoporose-Patienten sind folgende Faktoren von besonderer Bedeutung:

- Erhalten bzw. Wiederherstellen der Mobilität,
- Vermeiden einer Fehlbeanspruchung, Verhindern von Stürzen,
- Gewährleisten einer ausreichenden Kalzium- und Vitamin-D-Versorgung.

Eine ausreichende **Vitamin-D-Versorgung** wird durch Aufenthalte an der Sonne begünstigt. Vorstufen des Vitamin D werden in der Haut unter Einfluss von UV-Licht gebildet. Darüber hinaus sollten Vitamin-D-haltige Lebensmittel wie Fisch angeboten werden. Kalziumreiche Lebensmittel wie Milch und Milchprodukte sind zu bevorzugen. Phosphathaltige Lebensmittel wie Fleisch und Coca-Cola sowie Lebensmittelkonservierungsstoffe sollten vermieden werden, da phosphathaltige Lebensmittel die Kalziumaufnahme im Darm verhindern.
Je nach körperlichem Zustand sollte der ältere Patient zu **körperlicher Aktivität** durch Gymnastik, Schwimmen oder isometrischem Muskeltraining zur Kräftigung der Hals-, Brust-, Rücken-, Oberschenkel- und Beckenmuskulatur angehalten werden. Dazu ist anfangs die Anleitung durch eine Physiotherapeutin notwendig. Die Pflegenden können eine leichte Massage der verspannten Muskulatur durchführen, z. B. im Rahmen der Hautpflege. Wichtig ist warme Kleidung, dass die Muskulatur nicht auskühlt.

Liege- und Sitzflächen

Um Sturz und eine Fehlbeanspruchung des Skeletts zu vermeiden, ist ein **Bett mit harter Unterlage** und eine Matratze, die sich der Körperform anpasst, notwendig. **Stühle** sollten eine **hohe Sitzfläche** mit **seitlichen**

Armlehnen haben, um sich beim Aufstehen mit den Armen abstützen zu können. Die Höhe des Arbeitstisches sollte so gewählt werden, dass der Rücken möglichst gerade ist.

Aufstehen

Beim **Aufstehen aus dem Bett** sollte sich der Patient zuerst im Liegen zur Seite rollen, die Knie anwinkeln, Knie und Unterschenkel über die Bettkante heben, mit den Armen abstützen und langsam aufrichten.

Alltagssituationen

Für den **Transport von Lasten** sollte immer ein Wagen benutzt werden. Der Patient sollte möglichst keine schweren Lasten selbst anheben und tragen. Wichtig ist, für **sichere Wege** zu sorgen (Stufen kennzeichnen, Stolperfallen und Rutschgefahr beseitigen). Immer wieder sollte der Osteoporosekranke angehalten werden, **Stufen und Treppen** vorsichtig zu begehen, um Unfälle zu vermeiden. Im Winter ist **rutschfestes Schuhwerk** wichtig.

1.4.3 Gicht

Definition: Gicht (Arthritis urica) ist eine Störung des Purinstoffwechsels, die durch Hyperurikämie (Erhöhung des Harnsäurespiegels im Blut) und Uratablagerung zur Gelenk- und Organschädigung führt. Betroffen sind u. a. die Nieren (Gichtnephropathie).

Die Erhöhung des Serumharnsäurespiegels entsteht durch die verminderte Harnsäureausscheidung über die Niere oder eine ernährungs- oder stoffwechselbedingte vermehrte Harnsäurebildung. Bei erhöhter Konzentration der Harnsäure werden Harnsäurekristalle vor allem in Gelenken und Nieren abgelagert.

Bedeutung für die Geriatrie

Die Erkrankung beginnt meist um das 40. Lebensjahr, wobei Männer 9-mal häufiger erkranken als Frauen. Bei Frauen tritt die Krankheit erst in der Menopause auf.

Symptomatik

Man unterscheidet den **akuten Gichtanfall** von der **chronischen Gicht.**

Akuter Gichtanfall

Der akute Gichtanfall kann bei erhöhten Serumharnsäurewerten durch exogene Faktoren wie z. B. körperliche und psychische Traumen, schwere Infektionen, Alkoholexzesse, übermäßigen Eiweiß- und Fettgenuss, Konsum purinreicher Nahrungsmittel (Fleisch, Fisch, Erbsen, Gurken u. a.) sowie durch Medikamente (Diuretika, Salizylate, Zytostatika, Penizilline) ausgelöst werden. Es kommt zu einer ausgeprägten **Monarthritis** (Entzündung eines Gelenkes). Plötzlich, häufig in der zweiten Nachthälfte, tritt ein **intensiver Schmerz**, meist im Grundgelenk der Großzehe auf. In abnehmender Häufigkeit kann sich der Gichtanfall auch zuerst an Sprung-, Daumengrund-, Finger-, Knie- und Handwurzelgelenken manifestieren. Das periartikuläre Gewebe ist heiß, ödematös geschwollen und äußerst druckempfindlich. Die Haut über dem schmerzhaften Gelenk ist dunkelrot und glänzend.

Allgemeinbefinden

Das Allgemeinbefinden ist während des akuten Stadiums **stark beeinträchtigt**. Viele Patienten klagen bereits Stunden bis Tage vor dem Gichtanfall über Kopfschmerzen, Völlegefühl mit Übelkeit und Erbrechen, Fieber und Tachykardie. Bei einer Erstmanifestation der Arthritis urica im Alter kommt es häufig zu einem polyartikulären Befall mit atypischer Lokalisation. Das Großzehengrundgelenk ist seltener betroffen als z. B. Knie-, Ellbogen-, Hand- und Metakarpophalangialgelenke. Häufig sind die Allgemeinsymptome nicht so gravierend. Fieber besteht kaum.

Weiterer Verlauf

Ein akuter Gichtanfall klingt spontan, meist nach 3 bis 5 Stunden, bei Rezidiven spätestens nach ein bis zwei Wochen ab. Bis zum nächsten Anfall am gleichen Gelenk oder an weiteren Gelenken besteht ein **symptomfreies Intervall**. Im weiteren Krankheitsverlauf werden die anfallsfreien Intervalle immer kürzer. Die Erkrankung geht in ein **chronisches Stadium** über, das durch ständige Beeinträchtigung der Bewegungsfunktion und Ausbildung von **Gichtknoten** (Tophi) gekennzeichnet ist.

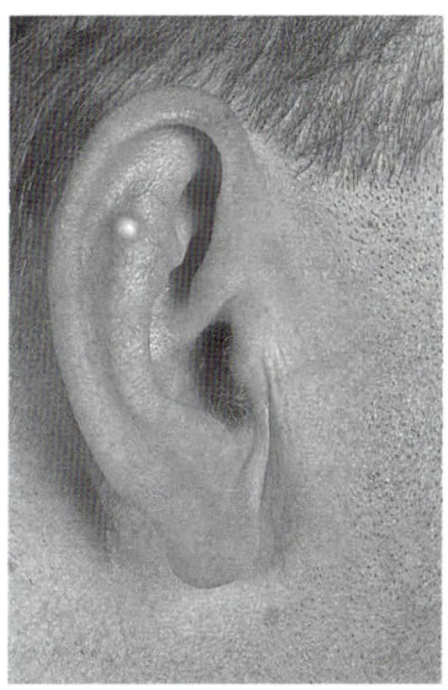

Abb. 43: Gichttophi in der Ohrmuschel bei Hyperurikämie

Chronische Gicht

Im Alter kann sich eine primär-chronische Gicht ohne akutes Stadium entwickeln. Sie beginnt schleichend, tritt an mehreren Gelenken auf und ist mit arthrotischen Veränderungen vergesellschaftet. Diese Gichtform hat eine **langsame Progredienz** und zeigt **keine Remissionen.** Gelegentlich weisen Kristallablagerungen an großen Gelenken und Sehnen erst bei der Sektion nach dem Tode auf eine Arthritis urica hin. Die Betroffenen hatten zu Lebzeiten nur arthrotische Beschwerden geäußert.
Meist bestehen aber in der Vorgeschichte anhaltende Gelenkschmerzen mit akuten Gichtanfällen. Charakteristisch sind **Gelenkveränderungen** durch Zerstörung des Knorpels und Auftreten von **Gichtknoten** durch Ablagerung von Harnsäurekristallen in der Nähe von Gelenkkapseln (Hände, Füße, Ellbogen), sowie Gichtknoten am Rand des Ohrknorpels (**Ohrtophi**). Darüber hinaus können Muskeln, Sehnenscheiden, Schleimbeutel, die Epiglottis, die Nieren und intestinale Organe befallen sein.

Ärztliche Maßnahmen

Im akuten Gichtanfall werden Kolchizine (Extrakt der Herbstzeitlosen) zur Entzundungshemmung und Schmerzmittel verabreicht. Beim akuten Gichtanfall im Alter wirkt Kolchizin nicht so prompt wie bei jüngeren Patienten. Als Nebenwirkung können Übelkeit, Erbrechen und Durchfälle auftreten, die mit Loperamid, Tinctura Opii o. a. behandelt werden. Darüber hinaus wird mit nicht steroidalen Anthiphlogistika (Phenylbutazon, Indometacin, Naproxen, Piroxicam) behandelt. Nebenwirkungen treten im Bereich der Nieren, des ZNS, der Magenschleimhaut und bzgl. der Blutbildung auf. Zur Dauerbehandlung eignen sich Urikostatika wie Allopurinol (Hemmung der Harnsäurebildung) oder Urikosurika (Förderung der Harnausscheidung über die Nieren).

Pflegerische Maßnahmen beim akuten Gichtanfall

Das betroffene Gelenk wird ruhiggestellt und mit feuchten, kühlenden Umschlägen zur **Schmerzlinderung** versorgt. Evtl. ist die Einhaltung von Bettruhe erforderlich. Ein Bettbogen hält den schmerzhaften Druck der Bettdecke ab. Auf die Einnahme der verordneten Medikamente ist zu achten.

Pflege bei chronischer Gicht

Die Einhaltung einer **purinarmen Diät** sowie Ernährungsberatung und Ernährungsüberwachung sind besonders wichtig. Der Patient sollte purinfreie Nahrungsmittel wie Teigwaren, Haferflocken, Reis, Kartoffeln, Eier, Milchprodukte, Gemüse, Salate oder Obst zuführen. Purinhaltige Nahrungsmittel wie Fleisch, Fisch und Geflügel, Innereien oder Hülsenfrüchte sollten gemieden werden. Eine ausreichende **Flüssigkeitszufuhr** sollte durch Vitaminsäfte, harntreibende Tees wie Birkenblättertee, Bärentraubenblättertee sowie Mineralwasser sichergestellt werden. Alkohol muss gemieden werden.

Hinweis: Wichtig ist darüber hinaus, durch **gymnastische Übungen** ggf. das Gewicht zu reduzieren und die Beweglichkeit zu erhalten. Bewegungsübungen der Finger- und Fußgelenke, aber auch der Einsatz von Hilfsmitteln tragen zur **Erhaltung der Selbstständigkeit** des Patienten bei.

1.4.4 Rheumatoide Arthritis (chronische Polyarthritis, cP)

Definition: Chronisch-entzündliche Allgemeinerkrankung, die v. a. die synovialen Gelenke (Kapselgelenke) betrifft. Darüber hinaus ist das Mesenchymgewebe verschiedener Organsysteme betroffen. Obwohl Antikörper (Rheumafaktoren) zum Krankheitsgeschehen beitragen, verursachen sie die Erkrankung nicht. Der Entzündungsprozess verläuft progredient (fortschreitend) und schubweise (Aufflammen und Abklingen der Entzündungssymptome) und führt schließlich zu Gelenkdeformierungen und Funktionsausfällen, die Invalidität und Pflegebedürftigkeit verursachen können.

Bedeutung für die Geriatrie

Das Hauptmanifestationsalter liegt zwischen dem 2. und 5. Lebensjahrzehnt, wobei Frauen etwa dreimal häufiger betroffen sind als Männer.

Bei ca. 15 % der Patienten liegt die Erstmanifestation jenseits des 60. Lebensjahres. Diese Krankheitsform wird als Alters-cP bezeichnet. Frauen sind in gleichem Maße wie Männer betroffen. Der Krankheitsverlauf der **Alters-cP** unterscheidet sich von dem herkömmlicher Polyarthritiden.

Symptomatik

Die Erkrankung beginnt mit einem **akuten entzündlichen Schub** und dem Befall der kleinen und großen Gelenke, besonders der Schultergelenke und ausgeprägten Allgemeinsymptomen. Zu beobachten ist eine **rasche Progredienz** mit Muskelatrophie, Deformierungen und Gelenkdestruktionen. Es finden sich dabei **ausgeprägte Entzündungszeichen**. Charakteristisch sind schmerzhafte **Steifigkeit der Finger** am Morgen, **Schmerzen im Vorfuß** bei längerem Gehen und **geschwollene, druckempfindliche Gelenke** mit zunehmender Funktionseinbuße.

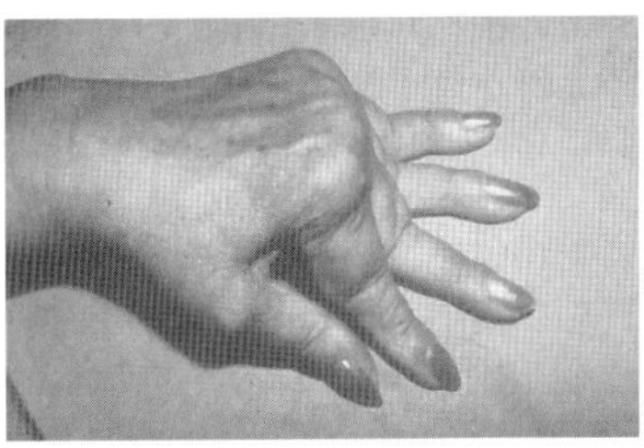

a) Streckdefizit der Langfinger

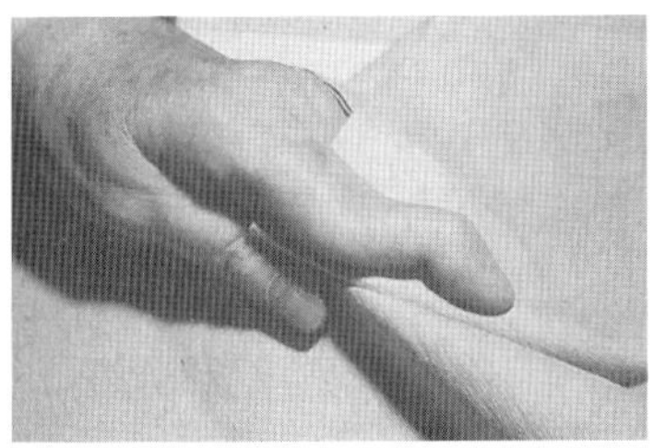

b) Schwanenhals-Deformität

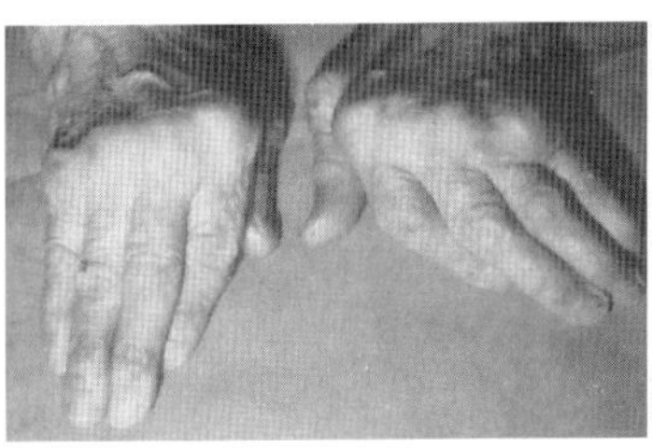

c) ulnare Abweichung der Langfinger

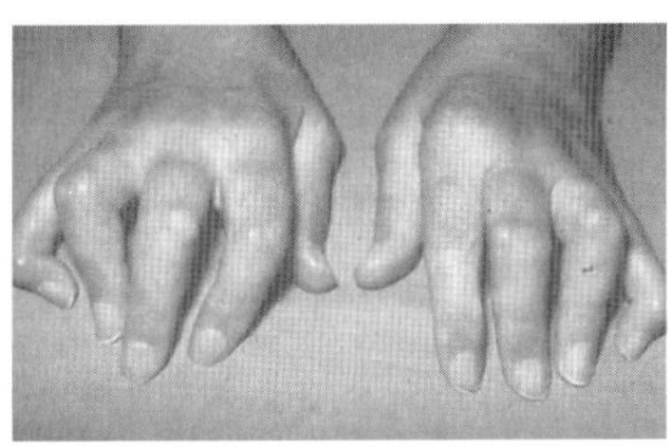

d) fortgeschrittene, fixierte Knopfloch-Deformität

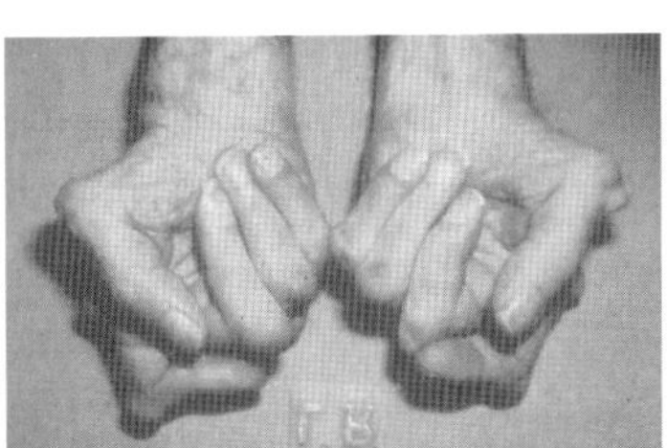

e) Endzustand: fixierter Faustschluss

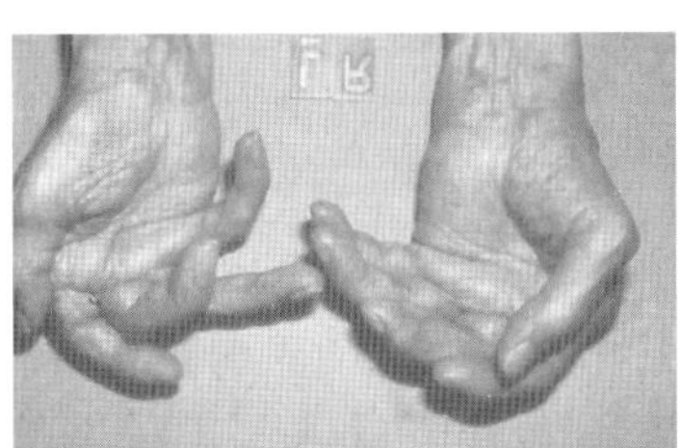

f) Endzustand: ulnare Abweichung und Streckdefizit

Abb. 44a) – f): Deformationen der Finger und der Hand

Ärztliche Maßnahmen

Manche Patienten leiden unter akuten Muskelschmerzen (myalgisches Syndrom), u. a. im Schulterbereich. Differenzialdiagnostisch ist hier an eine Polymyalgia rheumatica zu denken.

Die Diagnosestellung ist durch Beobachtung des Krankheitsverlaufs über einen längeren Zeitraum (mind. 6 Wochen), durch Bestimmung der Serumparameter (hier v. a. Rheumafaktoren) und mittels Röntgendiagnostik möglich. Da die Erkrankung bis heute nicht heilbar ist, hat die ärztliche Therapie v. a. die Linderung der Symptome, die Schmerzstillung, die Entzündungshemmung und den weitgehenden Erhalt der Gelenk- und Muskelfunktion zum Ziel. Es werden **Kortikosteroide** und **antirheumatisch wirkende Medikamente** verabreicht. Auch eine **Chemotherapie** wird im Einzelfall durchgeführt. Besondere Bedeutung kommen physiotherapeutischen Maßnahmen, der Ergotherapie und der psychischen Stabilisierung des Kranken zu. Selbst bei Hochbetagten können operativ noch Gelenkprothesen eingesetzt werden.

Medikamentöse Therapie

Pflegerische Maßnahmen

„Rheumapatienten" sind in je nach Dauer und Schweregrad der Erkrankung sowohl physisch als auch psychisch stark angegriffen. Die bestehenden Gelenkveränderungen und die damit einhergehenden Veränderungen des Aussehens werden von vielen Patienten als belastend empfunden. Es kann zu einem Verlust des Selbstwertgefühls kommen. Zahlreiche ältere Patienten sagen, dass sie sich nutzlos und von niemandem mehr gebraucht fühlen, weil sie mit den rheumatischen Gelenkveränderungen im täglichen Leben nicht mehr zurechtkommen. Man sollte in der Pflege daher besonders einfühlsam vorgehen. Oftmals wissen die Betroffenen aufgrund ihrer langen Krankheitsgeschichte besser, welche Anwendung für sie von Vorteil sein kann und auf welche sie nicht erwartungsgemäß reagieren.

Erhalten der Selbstständigkeit

Durch die progrediente Zunahme der körperlichen Einschränkungen und der sich daraus ergebenden psychischen Belastung für den Patienten wird deutlich, dass das Erhalten der Selbstständigkeit und Unabhängigkeit ein vorrangiges Ziel darstellt. Der Patient muss lernen, trotz seiner Funktionseinschränkungen **weitgehend von fremder Hilfe unabhängig** zu bleiben. Dies trifft in besonderem Maße für die **Aktivitäten des täglichen Lebens** zu, die Körperpflege, Toilettenbenutzung, das An- und Auskleiden, die Nahrungszubereitung und -aufnahme, das Lesen und Schreiben sowie für die Aktivitäten im Haushalt und in der Freizeit.

Lagerung

Die größte Belastung stellt für den Patienten der **Schmerz** dar. Die Regenerationsfähigkeit wird durch Ruhe- und nächtlichen Schmerz, verbunden mit Schlafstörungen, herabgesetzt. So spielt für Rheumapatienten die Lagerung zur Nacht eine wichtige Rolle. Dabei ist darauf zu achten, dass die betroffenen **Gelenke** ausreichend **unterstützt** werden. Die Matratze sollte weder zu weich noch zu hart sein, sondern vielmehr den **Rücken unterstützen**. Veränderungen im Bereich des Kniegelenkes können durch ein kleines Lagerungskissen entlastet werden. Schmerzhafte Schultern können durch Unterlagern der Arme entlastet werden.

> **Spezieller Pflegehinweis:** Langfristiges Liegen in unveränderter Position verursacht Steifigkeit und Schmerzen. Daher sollte man auch nachts **Umlagerungen** durchführen.

Gelenkschutz

Alle **Bewegungen** sollen **gelenkschonend und -schützend** ausgeführt werden. Unter dem Begriff „Gelenkschutz" werden bei Rheumapatienten Maßnahmen verstanden, die die geschädigten Gelenke vor übermäßiger Beanspruchung, Fehl- oder Überbelastung schützen sollen. Der Gelenkschutz dient dazu, **Schmerzen** zu **verhindern**. Er beinhaltet die Vermeidung einförmiger und einseitiger Bewegungen, die Verteilung von Belastung und Gewichten und Erholungsphasen durch Ruhepausen.

Hilfsmittel

Die Patienten sollten auf geeignete **Hilfsmittel**, soweit sie nicht schon durch Krankengymnastik bzw. Ergotherapie zur Verfügung gestellt werden, hingewiesen werden. Sinnvoll sind nicht nur spezielle **Gehhilfen** mit besonderen Griffvorrichtungen, die individuell angepasst werden, sondern auch eine Vielzahl von **Haushaltshilfen**.

Hilfsmittel zur Körperpflege

Zur Körperpflege erweist sich ein **Badeschwamm mit** langem, gebogenem **Stiel** sinnvoll, der dem Patienten auch bei starker Bewegungseinschränkung des Schultergelenks weitgehende Selbstständigkeit ermöglicht. Darüber hinaus kann eine **Haarbürste mit langem Griff** das Frisieren erleichtern. Besonders geeignet sind Bürsten mit abgewinkeltem Verlängerungsgriff.

Anziehhilfen

Hilfreich kann auch ein **Anziehstab** sein, der das selbstständige An- und Ausziehen von Unterhemd oder Pullover auch bei starken Bewegungseinschränkungen der Schultergelenke ermöglicht. Hilfsmittel wie **Strumpfanzieher** oder **Schuhlöffel mit langem Griff** können dem Patienten das Bücken ersparen. Ein richtig geschnürter **Gummischnürsenkel** muss beim An- und Ausziehen der Schuhe nicht mehr gebunden oder gelöst werden. Die Schuhe können wie „Slipper" angezogen werden.

Hilfsmittel zur Nahrungsaufnahme

Besteck mit konisch zulaufenden, verdickten Holzgriffen ermöglicht das Essen bei eingeschränkter Greiffunktion der Hände. Es gibt auch **Spezialbesteck** für Personen mit besonders stark eingeschränkter Hand- und Armbeweglichkeit. Hilfreich kann ein Messer mit Fuchsschwanzgriff sein. Es erleichtert das Schneiden, der Druck auf die Gelenke wird vermindert, die Handstellung verbessert.
Der Patient sollte darauf hingewiesen werden, eine schwere Tasse nicht mit dem Zeigefinger-Daumen-Griff anzuheben. Es ist besser, einen leichten **Kunststoffbecher** zu verwenden und diesen **mit zwei Händen** anzuheben. Auch Haushaltsgegenstände wie Töpfe, Schüsseln und Teller sollten mit beiden Händen getragen und mir den Unterarmen abgestützt werden. Gegenstände sollten körpernah getragen werden, damit die Gelenke entlastet sind.

Weitere Hilfsmittel

Für die Verrichtungen des täglichen Lebens werden eine Reihe von Hilfsmitteln angeboten. So dient z. B. ein **Sitzkissen** aus festem Schaumstoff, das im vorderen Drittel abgeschrägt ist, der Entlastung der Hüftgelenke

beim Sitzen. Das Kissen wird auf den Stuhl oder Sessel gelegt und ist eine praktische und transportable Sitzhilfe.
Das Schreiben mit einem dünnen Stift erfordert einen sehr kräftigen Zeigefinger-Daumen-Griff und belastet die Grund- und Interphalangealgelenke von Daumen und Zeigefinger. **Schreibgeräte** sollten daher **mit** einem dicken, griffigen **Gummiüberzug** versehen werden.

Empfehlung: Über weitere Hilfsmittel, speziell für Rheumatiker, geben Spezialkataloge/Internetauftritte der entsprechenden Firmen Auskunft.

Bewegungsübungen

Neben den geschädigten sollten auch alle anderen Gelenke trainiert werden, um einer **Reduzierung der Gelenkbeweglichkeit vorzubeugen.** Der Patient sollte dabei jedes Gelenk regelmäßig in all seinen Achsen durchbewegen. Nur so kann einer weiteren Bewegungseinschränkung entgegengewirkt werden.
Der Patient sollte seine Position möglichst oft verändern. Zu langes Sitzen verursacht ebenso wie zu langes Liegen Unbeweglichkeit und Steifigkeit. **Tägliche Bewegungsübungen** sind unerlässlich, denn für den Rheumatiker gilt in besonderem Maße das Sprichwort: „Wer rastet, der rostet". Werden die Bewegungsübungen eingestellt, verschlechtert sich der Zustand rasch, die Schmerzen werden stärker und die Bewegungsfreiheit zusehends geringer.

Merke: Die **Ruhigstellung** von Gelenken sollte **nur bei schweren Reizzuständen** in Betracht kommen. Bei akuten, schwer wiegenden Entzündungen wird dem Patienten vorübergehend Bettruhe mit entlastender und unterstützender Lagerung verordnet. Um Reizzustände zu verhindern, müssen Bewegungsübungen in angemessenem Rahmen durchgeführt werden. Die Überlastung der Gelenke und das Missachten der Schmerzgrenze verschlimmert das Leiden. Empfehlenswert sind kurze **Spaziergänge** mit **Ruhepausen.**

1.4.5 Polymyalgia rheumatica

Definition: Die Polymyalgia rheumatica oder Arteriitis temporalis (Riesenzellarteriitis) ist eine ausgesprochene Alterskrankheit, bei der es sich um eine entzündliche, vaskulitische Systemerkrankung unklarer Ursache handelt (evtl. genetische Disposition).

Bedeutung für die Geriatrie

Das Erkrankungsmaximum liegt zwischen dem 60. und 80. Lebensjahr. Erkrankungen unterhalb des 50. Lebensjahres sind eine Seltenheit; dagegen können auch noch über 90-Jährige erkranken. Frauen sind zweimal häufiger von der Krankheit betroffen als Männer. Bei älteren Patienten ist die **Polymyalgie häufiger als** die **chronische Polyarthritis.**

Symptomatik

Das Krankheitsbild entwickelt sich innerhalb weniger Tage mit **Gliederschmerzen, Arthralgien** (Kniegelenkergüsse möglich), erheblichem **Krankheitsgefühl** und **muskulärer Schwäche,** besonders proximal im Bereich des Schultergürtels, der Oberarme und der Oberschenkel (erschwertes Aufstehen und Treppensteigen). Es treten jedoch keine Muskelatrophien auf. Bei der Hälfte der Patienten wird eine Arteriitis temporalis gefunden, bei der jedoch in weniger als 50 % typische klinische **Lokalbefunde** zu erheben sind: Verdickung und Verhärtung, abgeschwächte Pulsation, Druckschmerz und Rötung der A. temporalis.

Lokalbefunde

Uncharakteristische Symptome sind: Inappetenz, Gewichtsverlust, akut auftretende Depression, Müdigkeit und Apathie, subfebrile Temperaturen, Nachtschweiß, seltener Fieber. Mögliche kraniozerebrale Symptome sind Kopfschmerzen, Schwindel, Ohrgeräusche, Sehstörungen, Gedächtnisstörungen und Verwirrtheit. In 40 bis 50 % der Fälle wird die Arteriitis temporalis durch den Befall der A. ophthalmica von **Augensymptomen** begleitet: Schmerzen, Augenflimmern, Amaurosis fugax, Gesichtsfeldausfälle.

Augensymptome

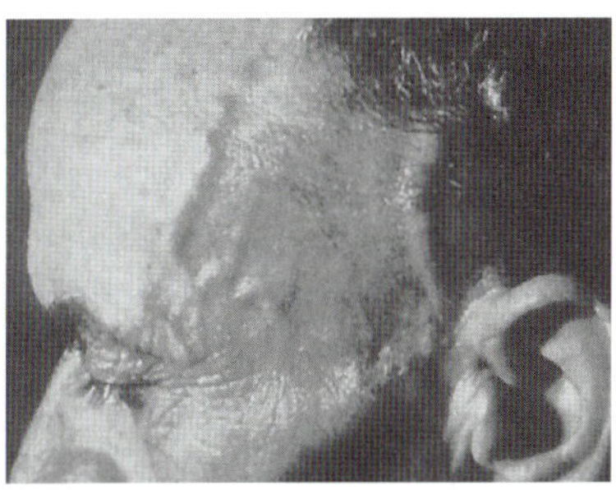

Abb. 45: Arteriitis temporalis

Merke: Die Symptome der Polymyalgia rheumatica treten besonders in der zweiten Nachthälfte auf und sind morgens am stärksten, um sich im Verlauf des Tages wieder zu bessern.

Ärztliche Maßnahmen

Besondere Bedeutung kommt bei dem teilweise recht unspezifischen Krankheitsbefund der **Differenzialdiagnostik** zu (Abgrenzung z. B. gegenüber Karzinomen mit paraneoplastischen Beschwerden, chronischer Polyarthritis, hyperthyreoter Myopathie). Die Behandlung erfolgt mit Kortikosteroiden, die innerhalb weniger Tage eine rasche Besserung bewirken. Nach einer **Langzeitbehandlung mit Kortison** sistiert die Erkrankung in den meisten Fällen nach einigen Jahren.

Achtung: Eine nicht erkannte Polymyalgie kann ohne Behandlung zu kranialen und brachialen Arterienverschlüssen sowie zu Erblindung führen.

Pflegerische Maßnahmen

Da es sich nicht um ein eine chronisch-fortschreitende Erkrankung handelt, kommt der pflegerischen Betreuung nur im **akuten Stadium** bzgl. der Krankenbeobachtung, der Verlaufsdokumentation, der psychischen Führung und Therapieüberwachung Bedeutung zu.

1.4.6 Oberschenkelhalsfrakturen

Definition: Die Oberschenkelhalsfrakturen werden in mediale, intrakapsuläre und laterale (extrakapsuläre) sowie in per- und subtrochantäre Frakturen unterschieden (☞ Abb. 46). Die häufigste Form der medialen Fraktur wird entsprechend dem Unfallmechanismus in Adduktions- (10 %) und Abduktionsbrüche (90 %) unterteilt.

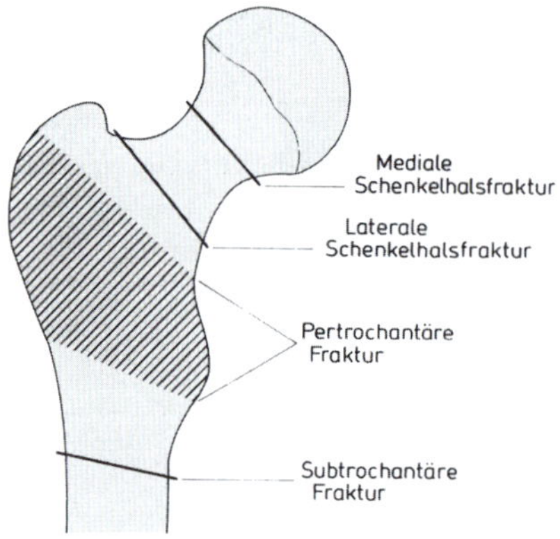

Abb. 46: Frakturen im hüftnahen Oberschenkelbereich

Bedeutung für die Geriatrie

Proximale Femurfrakturen sind die **häufigsten Frakturen im Alter** und gesundheitsökonomisch von großer Bedeutung. Frauen sind im Verhältnis zu Männern zwei- bis viermal häufiger betroffen. Es kommt alle 5 Jahre zu einer Verdoppelung der Inzidenz. Ein Drittel aller überlebenden 90-jährigen Frauen hatte bereits eine proximale Femurfraktur.

Symptomatik

Die Diagnose lässt sich anhand der Klinik mit Spontanschmerz sowie Druck- und Stauchungsschmerz stellen. Das Bein kann nicht mehr aktiv angehoben werden, ist bei Adduktionsbrüchen verkürzt und befindet sich in Außenrotationsstellung.

Ärztliche Maßnahmen

Eine Röntgenuntersuchung mit Beckenübersicht in zwei Ebenen gibt Auskunft über die Art der Fraktur und das Ausmaß der Dislokation. Eine gute Prognose haben die eingestauchten medialen Schenkelhalsfrakturen, sofern sie nicht sekundär abkippen. Sonst spielen neben dem Frakturverlauf und dem Grad der Dislokation die häufig bestehende Osteoporose und die im Alter geringere Blutversorgung von Schenkelhals und Femurkopf über die A. circumflexa femoris eine große Rolle. Je stärker die Osteoporose ausgeprägt ist, desto geringer ist die Chance einer zuverlässig im Knochen zu verankernden Osteosynthese. Bei Hochbetagten steht die **rasche Mobilisation und Belastbarkeit** im Vordergrund, sodass die verletzte Extremität meist mit einer **Totalendoprothese** (TEP) versorgt wird.

Pflegerische Maßnahmen

Der pflegerischen Betreuung kommt im Hinblick auf die **Lagerung** und die **Mobilisation** besondere Bedeutung zu. Bei der frischen Oberschenkelhalsfraktur muss das betroffene Bein mithilfe von Sandsäcken in **Nullstellung** gelagert werden. Bei der Seitenlage ist das Bein mit Lagerungskissen zu unterstützen. Nach Möglichkeit sollte der Patient **flach liegen**, um einer dauerhaften Beugestellung (Kontraktur) im Hüftgelenk entgegenzuwirken.

Lagerung

> **Achtung:** Nach einer operativen Versorgung durch **Endernagelung** oder **Endoprothese** nimmt der Patient häufig eine so genannte **Schonhaltung** ein. Um Schmerzen zu vermeiden, belastet er das Bein kaum, auch im Sitzen ist die Belastung mehr auf der gesunden Seite. Das betroffene Bein wird nach vorn gestreckt, im Hüftgelenk wird die Bewegung vom Patienten oft vermieden.

Trainingsprogramm

Folge dieser Schonhaltung ist ein **Beugedefizit im Hüftgelenk.** Somit steht im Vordergrund jedes **Trainingsprogramms** das Erreichen der vollen Hüftgelenkbeugung. Man sollte den Betroffenen schon sehr früh anleiten, die Beugung selbst durchzuführen. Er sollte so oft als möglich im Sitzen mit gefalteten Händen über die Knie zu den Füßen streichen.
Trotz intensiver Übungen gelingt es dem Patienten i.d.R. erst sehr spät, das volle Bewegungsmaß im Hüftgelenk zu erreichen. Da er sich aber möglichst früh selbstständig versorgen, z. B. waschen und anziehen soll, kann man ihn anfänglich mit Hilfsmitteln (z. B. Strumpfanzieher, Gummischnürsenkel, Slipper oder Schuhlöffel mit langem Griff) versorgen.
Um die **Muskulatur** zu **kräftigen,** kann der Patient aufgefordert werden, eine „Brücke" zu machen, wenn die Pflegeperson das Steckbecken unterschiebt oder das Bettlaken richtet. Dafür sollte der Patient mit angestellten Beinen das Gesäß so hoch als möglich anheben.
Nachfolgend werden weitere Übungen zur **Kräftigung der Gesäßmuskulatur** dargestellt.

Übung 1

Zur Kräftigung der Gesäßmuskulatur (wichtig für eine sichere Hüftstreckung) soll der Patient das angebeugte Knie in Rückenlage gegen Widerstand strecken. Um zu testen, ob die Muskelkraft ausreicht, fordert man den Patienten auf, das gesunde Bein im Stand anzuheben. Sinkt dabei die gesunde Beckenhälfte ab, ist dies ein Zeichen, dass die Gesäßmuskulatur noch nicht ausreichend trainiert ist.

Übung 2

Sie bewirkt eine **Kräftigung der Muskeln rund um das Hüftgelenk.** Dazu wird der Patient auf die nicht betroffene Seite gelagert, man bewegt das oben liegende Bein gegen Widerstand nach hinten oben.

Übung 3

Der Patient liegt wieder auf der nicht betroffenen Seite, das Bein wird passiv nach hinten oben geführt. Der Patient soll nun das betroffene Bein selbstständig nach unten bis zur Mittelstellung ziehen.

Es gibt verschiedene Gründe, nicht nur das Hüft-, sondern auch das **Kniegelenk** zu **kräftigen.** Einerseits ist der Patient beim Stehen auf eine sichere Stabilisierung im Kniegelenk angewiesen, andererseits belasten Patienten ihr operiertes Bein nach der Operation oft nicht richtig. Durch eine Abweichung aus der Belastungslinie kommt es dann nach einiger Zeit zu Schmerzen im Kniegelenk. Zur Stabilisierung des Kniegelenks wird der große Oberschenkelmuskel gekräftigt. Er beugt in der Hüfte und streckt im Kniegelenk. Dazu setzt man den Patienten auf die Bettkante und führt das betroffene Bein gegen Widerstand nach oben bis zur Endstreckung. Anschließend soll der Patient das Bein aus der Streckung gegen den Widerstand anbeugen.

Merke: Durch eine zu lange Ruhigstellung des Gelenks riskiert man eine Versteifung, die auch durch kräftige Muskulatur nicht mehr rückgängig zu machen ist.

Deshalb sollten die betroffenen Gelenke, also Hüft- und Kniegelenk, mehrmals täglich bewegt werden. Zu Anfang sollte man die **Bewegung passiv, später assistiv** und **zuletzt aktiv** durchführen. Wichtig ist, dass jedes Gelenk bei den **Bewegungen achsengerecht in jeder Richtung** mobilisiert wird.

Hilfsmittel

Gerade beim älteren Patienten ist nicht immer die volle Beweglichkeit im Hüftgelenk zu erreichen. In diesem Fall ist es sinnvoll, **Hilfsmittel** einzusetzen. Beispielhaft seien hier Badewannenlifter, der Badewannensitz mit Sitzbrett und der erhöhte Toilettensitz angeführt.

1.4.7 Amputationen im Bereich der unteren Extremitäten

Definition: Operative Entfernung (Absetzen) eines Körperteils, bei Gliedmaßen mit Durchtrennung des Knochens.

Im Wesentlichen sind drei Grunderkrankungen für die Notwendigkeit der Amputation im Alter verantwortlich: die Arteriosklerose, die periphere arterielle Embolie und der diabetische Fuß. Sind die durchblutungswiederherstellenden Möglichkeiten der Gefäßchirurgie bzw. der Angioplastik ausgeschöpft, wird die Amputationshöhe von der Höhe des Gefäßverschlusses und der Qualität der „arteriellen Umwegversorgung“ bestimmt (**Vorfuß-, Unterschenkel-, Oberschenkelamputation**).

Bedeutung für die Geriatrie

60 bis 95 % aller an den unteren Extremitäten amputierten Patienten sind älter als 60 Jahre. Jede Amputation bedeutet für den älteren Men-

schen einen **irreversiblen Verlust**, der auch durch prothetischen Ersatz nicht ausgeglichen werden kann. Mit steigendem Alter mindern sich die Chancen, mittels **prothetischer Versorgung** die Funktion wiederherzustellen. Sowohl die lokale Gewebeanpassung im Bereich des Stumpfes als auch die allgemeine funktionelle Adaption im Umgang mit der Prothese lassen nach. Als Fortbewegungsmittel eignet sich dann nur noch der **Rollstuhl**.

Ärztliche Maßnahmen

Der Chirurg wird immer versuchen, bei der Amputation einen Teil des Fußes zu erhalten und bei voller Beinlänge und unter Nutzung der intakten Fersenhaut einen **schmerzfreien** und **voll belastbaren Stumpf** zu erreichen. Bei der im Alter häufig verschlechterten arteriellen Versorgung ist die Komplikationsrate der Vorfußamputationen relativ hoch. Fast die Hälfte der in dieser Situation amputierten Patienten muss später nachamputiert werden.

Pflegerische Maßnahmen

Eine Amputation bei einem betagten Patienten bedeutet oft den Verlust der Selbstständigkeit mit allen sich daraus ergebenden Problemen. Wenn solche Patienten wieder in ihre häusliche Umgebung integriert werden sollen, sind hier sowohl intensive **Ergo- und Physiotherapie** als auch die **spezifische pflegerische Versorgung** erforderlich.

Oberschenkelamputation

Phantomschmerz

Direkt nach der Oberschenkelamputation stellt sich beim Patienten das **Phantomgefühl** ein: Der Patient glaubt, sein amputiertes Bein noch zu spüren, er meint, ein Kribbeln an der Fußsohle des verlorenen Beines zu fühlen und Bein und Fuß noch bewegen zu können. Der **Phantomschmerz** ist individuell sehr unterschiedlich und tritt nicht bei allen Patienten auf. Meistens beginnt er nachts oder in einer Ruhephase. Da das Bein nicht mehr vorhanden ist, kann lokal natürlich keine Maßnahme zur Linderung angewandt werden; für die Pflegekraft ist es sehr schwierig, mit diesem Phänomen umzugehen.

Spezieller Pflegehinweis: Um bei Phantomschmerz Abhilfe zu schaffen, sollte man den Patienten anleiten, bei auftretenden Schmerzen folgende **Spannungsübung** durchzuführen:
Der Patient liegt flach auf dem Rücken. Er soll den nicht mehr vorhandenen Fuß hochziehen, das nicht vorhandene Knie fest auf die Unterlage drücken, das Bein nach innen drehen und ebenfalls auf die Unterlage drücken, die Spannung sieben Sekunden halten und danach langsam lösen. Die Übung sollte er mehrmals wiederholen, bis der Schmerz nachlässt.

Diese Übung nimmt nicht jedem Patienten den Schmerz vollständig, aber sie verschafft stets eine gewisse Erleichterung. Keinesfalls darf der Phantomschmerz mit **Schmerzen am Stumpf** verwechselt werden, die sich durch eine gezielte **Stumpfabhärtung** reduzieren lassen.

Hüftgelenkstellung

Nach einer Oberschenkelamputation neigt der Stumpf zu einer **Beuge- und Adduktionsstellung in der Hüfte**. Daher muss von einer Unterlage rung des Stumpfes unbedingt abgesehen werden. Auch der Oberkörper sollte so flach als möglich liegen, um einer Hüftbeugung entgegenzuwirken. Da der Stumpf durch den Muskelzug immer wieder in die Hüftbeugestellung gebracht wird, sollte man dem Patienten die Bauchlage empfehlen, um das Hüftgelenk auf diese Weise zu strecken. Da sich die Bauchlage bei hochbetagten Patienten wegen der sich daraus ergebenden Begleiterscheinungen nur selten durchführen lässt, muss das **Hüftgelenk** von Zeit zu Zeit manuell **gestreckt** werden.

Kräftigung der Muskulatur

Neben der **Stumpfmuskulatur** muss gleich zu Beginn des Trainings auch die **Armmuskulatur** sowie die **Muskulatur des erhaltenen Beines** gekräftigt werden. Da der Patient in der ersten Zeit der postoperativen Behandlung an Unterarm-Gehstützen gehen muss, sind Arme und Schultergürtel optimal zu trainieren. Es ist sinnvoll, dem Patienten schon vor der Operation einen Expander oder kleinere Hanteln zu geben. Das Training kann er nach einer kurzen Anleitung durch die Krankengymnastin selbstständig durchführen. Bei der Kräftigung des vorhandenen Beines muss der Schwerpunkt auf die Glutealmuskulatur und die Kniestrecker gelegt werden.

Auf der amputierten Seite besteht die Gefahr einer Hüftbeugekontraktur, die ein späteres Prothesentraining unmöglich machen würde. Deshalb sollte der Schwerpunkt auf die Kräftigung der kleinen und großen Gesäßmuskeln gelegt werden. Außerdem benötigt der Patient die Rückstreckung, um bei einer Prothese mit mobilem Kniegelenk die Beinstreckung sichern zu können. Kann er das Hüftgelenk nicht strecken, knickt die Prothese im Kniegelenk nach vorn, und der Betroffene stürzt.

Diese muskulaturkräftigenden Übungen kann man mit dem Patienten morgens während des Bettens bzw. Waschens durchführen. Wenn der Patient die Übungen gegen manuellen Widerstand korrekt durchführt, kann man mit ihm ein **Übungsprogramm** erstellen. Der Patient drückt das Bein wie bei der Grundspannungsübung auf die Unterlage und spreizt aus der Seitenlage gegen die Schwerkraft nach oben. Patienten, denen es möglich ist, auf dem Bauch zu liegen, sollen aus dieser Lage heraus das Bein nach oben strecken. Das Gesäß bleibt dabei auf der Unterlage.

Besonders nach einer Oberschenkelamputation muss die **Adduktion und Innenrotation** vermehrt geübt werden, da je nach Amputationshöhe ein erheblicher Teil der nach außen und innen ziehenden Muskeln ihren Ansatz verloren haben. Hierzu zieht der Patient aus der Seitenlage das Bein auf der gesunden Seite gegen Widerstand aus der Abduktionsstellung in die Adduktion.

Wenn der Patient selbst üben soll, muss er auf der amputierten Seite liegen und zunächst das oben liegende Bein bis zur Mittelstellung abspreizen, um dann den Stumpf nachzuziehen.

Körperpflege

Die Amputation eines Beines bedeutet für jeden Patienten ein erhebliches psychisches Trauma. Er muss seine Behinderung zunächst annehmen und auch verarbeiten. Aus diesem Grund sollte der Betroffene das **Waschen und Anziehen** so früh als möglich selbstständig **üben und durchführen**. So lernt der Patient schneller, den Beinstumpf anzunehmen. Ein Ablehnen des Amputationsstumpfes kann von vornherein verhindert werden.

Spezieller Pflegehinweis: Zum Waschen des abgeheilten Stumpfes eignet sich lauwarmes, besser kaltes Wasser. Heißes Wasser erweitert die Gefäße und führt zum Anschwellen, kaltes Wasser bewirkt eine reaktive Mehrdurchblutung des Beinstumpfes.

Stumpfpflege

Damit sich der Patient an den Druck der Prothese gewöhnt, ist es wichtig, so früh als möglich mit einer **Desensibilisierung des Stumpfes** zu beginnen. Man sollte den Patienten anweisen, beim Waschen und Abtrocknen seines Stumpfes ein raues Tuch, z. B. ein Frotteehandtuch zu benutzen und gleichzeitig etwas **Druck auf den Stumpf** auszuüben. Er sollte dabei den Stumpf mit den Händen leicht zusammendrücken oder mit den Fingern punktuell Druck auf den Stumpf ausüben.
Es hat sich als vorteilhaft erwiesen, den Stumpf nach dem Waschen und Abtrocknen mit einer rauen Bürste (z. B. einer Kleiderbürste) abzureiben. Dies fördert nicht nur die **Durchblutung**, sondern mindert auch die oft unangenehmen Sensibilitätsstörungen.

Spezieller Pflegehinweis: Das früher übliche **elastische Wickeln des Stumpfes** ist **obsolet**, bei arterieller Verschlusskrankheit sogar kontraindiziert. Die Durchführung darf nur nach ausdrücklicher ärztlicher Anordnung erfolgen. Die Ödembildung im Stumpfbereich kann durch **entstauende Lagerung** verhindert werden. Eine gute Prothesenpassform kann nur durch sorgfältige **Anpassung der Extremitätenprothese** erzielt werden. Die Prothese sollte regelmäßig ausgewaschen werden, da der Stumpf im Köcher schwitzt.

Beim Anlegen des angeordneten **Kompressionsverbandes** müssen Stauungen und Druckstellen (z. B. im Bereich der Bindenumschlagfalten) verhindert werden, der Stumpf wird in zylindrischer Form gewickelt. Wird der Stumpf nicht mit Kompressionsbinden gewickelt, ist besonders auf die regelmäßige Durchführung der **Thromboseprophylaxe** durch Low-dose-Heparinisierung zu achten. Ist die Wunde im Stumpfbereich vollständig abgeheilt, kann der Patient mit einem angepassten Kompressionsstrumpf versorgt werden.

Weiterführende Maßnahmen

Der Patient erhält umgehend einen Rollstuhl und wird in dessen Nutzung eingewiesen. Er lernt, sich vom Bett in den Rollstuhl und vom Rollstuhl auf die Toilette umzusetzen. Dieses **Training** wird in der Regel von Krankengymnasten angeleitet. Nach **Anpassung der Prothese** übt man mit dem Patienten das Gehen und Stehen mit der Prothese. Dazu ist die Anpassung von Gehstützen erforderlich.

Merke: Unter Beachtung der genannten Hilfestellungen ist es meist möglich, dass auch multimorbide, behinderte und geriatrische Patienten wieder ein würdevolles Leben in größtmöglicher Selbstständigkeit führen können.

1.5 Erkrankungen der Harnblase und der abführenden Harnwege

1.5.1 Physiologische Veränderungen

Entwicklungen

Wie alle Organe ist auch die Harnblase degenerativen Alterungsprozessen unterworfen. Zunächst verändert die Lamina propria der glatten Muskelzellen ihre Struktur („**dense band pattern**“). Später erfahren die Abstände zwischen den Muskelzellen Variationen. Dieses Stadium der „**dysjunction pattern**“ ist charakterisiert durch neu gebildete Zellprotrusionen (Verlagerung der Zellen nach außen), die für die Kalziumionen einen reduzierten Widerstand darstellen. Dadurch kommt es anstelle der normalen mechanischen Reizübertragung zu elektrischen Kurzschlussverbindungen, sodass der Blasenmuskel (Detrusor vesicae) die Eigenschaft eines **Synzytiums** (nicht abgegrenzter Zellverband) mit rascher Übertragung der Kontraktionspotenziale von einer Zelle zur anderen erhält, und ganze Muskelareale nahezu synchron stimuliert werden können. Daraus resultiert eine **myogene Detrusorhyperaktivität** (übersteigerte Funktion der Harnblasenmuskulatur) mit Instabilität.
Gleichzeitig kommt es zu einer weitgehenden Degeneration mit vollständiger Separation und Isolation der einzelnen Muskelzellen („white spread degeneration“) und reichlich Einlagerung von Kollagenfasern im Interstitium (Fibroelastose). Diese „**white spread degeneration**“ führt zu einem weitgehenden Verlust der Detrusorkontraktilität und damit zur

Restharnbildung

Restharnbildung, auch ohne Blasenauslassobstruktion. So ist bei betagten Patienten ein **Restharn zwischen 30 und 100 ml** als **normal** anzusehen. Bei beiden Geschlechtern ist im Alter eine Zunahme der **ungewollten Detrusorkontraktionen** und gleichzeitig eine Restharnbildung festzustellen. 40 bis 75 % der inkontinenten älteren Patienten weisen solche ungewollten, einschießenden Detrusorkontraktionen auf.

Merke: Mit zunehmendem Alter nimmt die Harnblasenkapazität ab, die Restharnbildung wird häufiger. Ungewollte Detrusorkontraktionen sind bei fast allen älteren Patienten nachzuweisen.

Ältere Menschen scheiden dazu während der Nacht vermehrt Urin aus (Nykturie), ohne dass eine spezielle Erkrankung vorliegen muss. Ein- bis zweimaliges nächtliches Wasserlassen gilt deshalb für ältere Menschen als normal. Ab dem 6. Lebensjahrzehnt ist eine Pollakisurie (häufige Miktionen ohne vermehrte Harnausscheidung) aufgrund von Reflexen, die bei jüngeren Menschen keine Rolle spielen (z. B. Miktionszwang bei kalten Füßen oder laufendem Wasser usw.), häufig. In hohem Alter kann auch eine Miktion in Raten, vor allem am Morgen und nach länger erzwungenen Miktionspausen, normal sein, sofern die Blasenentleerung weitestgehend restharnfrei erfolgt.

Veränderungen bei der Frau

Bei der Frau führt der **Östrogenmangel** in der Postmenopause zu **Epithelatrophie** im Bereich von Vagina, Urethra und Vulva. Der **Harnröhrenverschlussdruck vermindert** sich, und die funktionelle **Harnröhrenlänge** ist **reduziert.**

Veränderungen beim Mann

Beim Mann spielt die altersabhängige **Veränderung der Enzyme** des Androgenstoffwechsels und der veränderten endogenen **Steroidkonzentration** in der Prostata eine Rolle. So ist beim älteren Mann die **Prostata** häufig **vergrößert**, deutliche **Miktionsbeschwerden** haben 15 % der älteren Männer.

Mit fortschreitendem Alter nimmt bei beiden Geschlechtern die Sensibilität von Harnröhre und -blase ab.

Abwehrschwäche

Die physiologischen Alterungsprozesse haben auch Einfluss auf die natürliche Abwehr gegen eindringende Keime. **Die Abwehr wird geschwächt, bei der Frau** z. B. durch eine Änderung des Scheidenmilieus, Abnahme des Harnröhrenverschlussdrucks und Reduzierung der funktionellen Harnröhrenlänge, **beim Mann** durch verminderte prostatische Sekretion bakterizider Substanzen, Prostatahypertrophie u. a. Bei beiden Geschlechtern bestehen eine verminderte allgemeine Immunkompetenz sowie abgeschwächte lokale Abwehrmechanismen. Ein weiteres Problem stellt die Restharnbildung bei älteren Patienten dar. Der durch unvollständige Miktion in der Blase verbleibende Harn ist häufig bakteriell kontaminiert und stellt ein optimales Milieu zur Keimvermehrung dar. Restharn gilt als wichtigste Ursache **rezidivierender Infektionen.**

Übersicht 23: Folgen der Altersveränderungen

Bei beiden Geschlechtern sind beobachtbar:
- Abnahme der Detrusorkontraktion und Blasenkapazität,
- Abnahme der Drangunterdrückung,
- Abnahme der Sphinkterkontraktion,
- Anstieg der Detrusorhyperaktivität und des Restharns auf 50 bis 100 ml,
- Reduktion der natürlichen Abwehr gegen eindringende Keime.

Bei Frauen:
- Abnahme des maximalen Urethraverschlussdruckes und der Urethralänge.

Bei Männern:
- Vergrößerung der Prostata bei etwa der Hälfte der Männer mit einer Obstruktion.

Bedeutung für die Geriatrie

Die Symptome Pollakisurie (häufiges Wasserlassen), imperativer Harndrang, Nykturie, Blasenentleerungsstörungen und Harninkontinenz sind im Alter häufig und i.d.R. Anzeichen für eine mehr oder minder schwere urologische Erkrankung. Sowohl für die ambulante wie für die stationäre Betreuung geriatrischer Patienten haben die **urologischen Probleme** eine besondere Bedeutung.

5–30 % der im häuslichen Umfeld lebenden älteren Menschen sind **inkontinent**, in geriatrischen Einrichtungen sogar bis zu 70 %. Der **Harnwegsinfekt** stellt sowohl im ambulanten als auch im stationären Bereich die **häufigste Infektionsart** dar. Die altersabhängigen Prostata- und Blasenkarzinome sind bei der Versorgung geriatrischer Patienten häufig anzutreffen. Die meisten **Harnblasensymptome** (Lower Urinary Tract Symptoms – LUTS) werden durch die **benigne Prostatahypertrophie** beim älteren Mann verursacht.

1.5.2 Harninkontinenz

> **Definition:** Unter Harninkontinenz versteht man jeden unfreiwilligen Harnabgang ohne Kontrolle über den Miktionsprozess, d. h. Ort und Zeit des Harnlassens können willentlich nicht mehr beeinflusst werden.

Inkontinenzursachen

Harninkontinenz ist keine Krankheit, sondern ein **Symptom** für eine Vielzahl möglicher **Grunderkrankungen.** Aus diesem Grund ist es wichtig, die Physiologie des Miktionsprozesses zu verstehen und alle Störungen mit Ursache im funktionellen, neurogenen und/oder anatomischen Bereich nachzuvollziehen.

Physiologie

Die **Harnblase** hat als Hohlorgan die Aufgabe, die kontinuierlich anfallende Urinmenge zu speichern, sodass die Entleerung größerer Harnmengen in größeren Zeitabständen möglich ist. Die glatte Blasenmuskulatur ermöglicht dabei eine Anpassung an unterschiedliche Füllungszustände der Blase, ohne dass eine wesentliche Erhöhung des Blaseninnendrucks auftritt. Dabei wird in der **Speicherphase** die Motorik des Blasenmuskels durch den Sympathikus unterdrückt und gleichzeitig die Blasenschließmuskulatur angespannt. Der Dehnungsreiz wird über die vegetativen Nerven ins Gehirn weitergeleitet und als Harndrang bewusst wahrgenommen. Die **Steuerung der Füllungs-** und der **Entleerungsphase** erfolgt im Hirnstamm, im Kleinhirn und Frontalhirn.

Bei der Koordination von Urinspeicherung und Blasenentleerung spielt das Kleinhirn eine wesentliche Rolle. Dieses Hirnareal koordiniert die muskuläre Tonuserhöhung im Beckenbodenbereich mit steigendem Blasenvolumen sowie die Unterdrückung von Blasenmuskelkontraktionen (Detrusorkontraktionen) während der Speicherphase. Beim Erwachsenen können diese unwillkürlichen Kontraktionen während der Blasenfüllung vollständig unterdrückt werden. Die Blase entleert sich nur nach willkürlicher Aufhebung der hemmenden Impulse, die mit der Erschlaffung des Beckenbodens verbunden sind. Bei der **Miktion** kehrt sich also das Synergieverhältnis der aktivierenden und hemmenden Impulse um. Die Hemmung der Neurone zum Blasenmuskel (Detrusormuskel) wird aufgehoben, gleichzeitig werden aber Blasenhals, Urethra und Be-

Miktion

ckenboden gehemmt, dadurch entsteht eine Tonusverminderung mit Druckreduzierung. Das führt zur reflektorischen Erschlaffung des Blasenverschlusssystems. Über den parasympathischen N. pelvicus erfolgt dann eine Kontraktion des Blasenmuskels (Detrusor). Nach Beendigung der Miktion wird der Zustand der Blasenfüllung durch erneute Umkehr der aktivierenden und hemmenden Impulse erreicht (☞ Abb. 47).

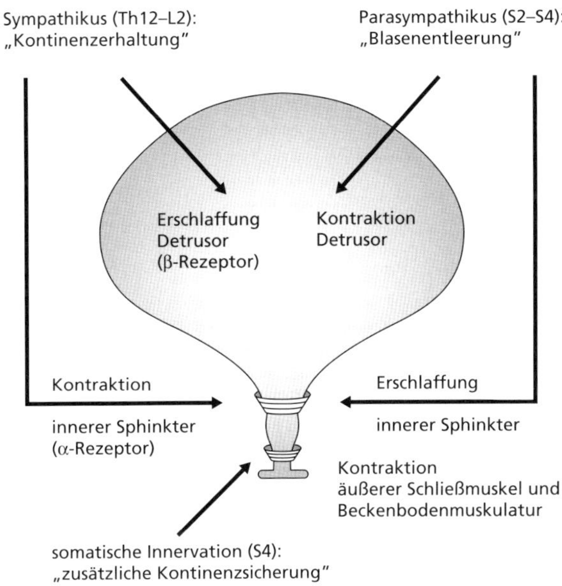

Abb. 47: Physiologische Mechanismen der Blasenfunktion

Bei einer Inkontinenz handelt es sich um Störungen innerhalb dieses Systems, wobei im Allgemeinen vier Mechanismen abgegrenzt werden können, die allein oder in Kombination zur Harninkontinenz führen:

- nervale Steuerungsdefekte,
- lokale Veränderungen,
- Koordinationsstörungen des Miktionsablaufes,
- iatrogene Einflüsse auf den Miktionsablauf.

Prädisponierend bzw. verstärkend wirken zudem die oben beschriebenen altersphysiologischen Veränderungen der Blase, aber auch Multimorbidität, die Einnahme bestimmter Medikamente und Umgebungseinflüsse spielen eine große Rolle. So müssen die mit Inkontinenz assoziierten Faktoren stets berücksichtigt werden (☞ Übersicht 24, S. 124).

Übersicht 24: Nicht urologische Ursachen für Harninkontinenz

- **Krankheiten, die Inkontinenz verursachen oder verstärken können:**
  - akute Krankheiten
  - eingeschränkte Mobilität (z. B. Schlaganfall, Arthritis)
  - Immobilisation (z. B. Oberschenkelhalsbruch, Pneumonie)
  - Medikamente bei Multimorbidität
  - chronische Obstipation (Impaktbildung)
  - Verwirrtheitszustände
  - Depression
  - chronischer Alkoholismus
  - Diabetes mellitus
  - Übergewicht.
- **Neurologische Inkontinenzursachen:**
  - Lähmungen
  - Schädelverletzungen
  - Demenz
  - Schlaganfall
  - Morbus Parkinson
  - Gehirntumore
  - Hydrozephalus
  - Polyneuropathie (z. B. bei Diabetes mellitus, Alkoholismus)
  - Rückenmarkverletzungen oder Tumore.
- **Negative Umgebungseinflüsse bei bereits bestehender Blasenschwäche:**
  - Unpassende Möbelhöhe (z. B. Bett, Stuhl, Toilette) erschwert und verzögert das Aufstehen und den Toilettengang und führt somit zum Einnässen.
  - Weite Entfernungen zur Toilette.
  - Schlechte Beleuchtung.
  - Fehlende Toilettenbeschriftung, insbesondere im Krankenhaus oder Altenheim.
  - Unpassende Kleidung (verzögert den Toilettengang).
  - Faktoren, die den Miktionsvorgang auslösen, z. B. das Geräusch von fließendem Wasser.

Inkontinenzformen

Von urologischer Seite werden **fünf Hauptformen** der Inkontinenz unterschieden:
Stressinkontinenz, Urge- oder Dranginkontinenz, Reflexinkontinenz, Überlaufinkontinenz sowie extraurethrale Inkontinenz.

Bezeichnung	Ursache der Inkontinenz
Belastungs- oder Stressinkontinenz	Sphinkterschwäche (Schließmuskelschwäche)
Drang- oder Urgeinkontinenz ungehemmte neuropathische Blase (supraspinale Reflexinkontinenz)	zerebrale Läsion (hirnorganische Schädigung)
Harninkontinenz bei Detrusorinstabilität	fortgeschrittene Altersveränderungen
Sensorische Drang-/Urgeinkontinenz	Blasenüberempfindlichkeit bei Infekt oder Tumor
Überlaufinkontinenz	obstruktive Überlaufinkontinenz Blasenauslassobstruktion (z. B. bei Prostatavergrößerung) funktionelle Überlaufinkontinenz Blasenmuskelinsuffizienz (z. B. bei Diabetes)
Reflexinkontinenz	Spinalläsion (Rückenmark)
Extraurethrale Inkontinenz	z. B. bei Urovaginalfistel
Iatrogene Inkontinenz	verschiedene Medikamente bzw. deren Nebenwirkungen

Tab. 12: Klassifikation der Harninkontinenz

Stressinkontinenz

Bei der Stressinkontinenz erfolgt ein unwillkürlicher Urinabgang aus der Harnröhre bei **passiver intraabdomineller Druckerhöhung** (Husten, Niesen, Pressen) **ohne** nachweisbare **Blasenmuskelkontraktion** und **ohne Harndrang**. Es handelt sich dabei also um eine **beeinträchtigte Verschlussfunktion der Urethra**, die häufig mit einem Verlust der unterstützenden Wirkung des Beckenbodens einhergeht. Die Stressinkontinenz wird in **drei Schweregrade** eingeteilt:

Grad 1: Urinabgang bei Husten, Lachen oder Niesen,
Grad 2: Urinabgang beim Gehen oder bei leichter körperlicher Tätigkeit,
Grad 3: permanenter Urinabgang auch im Liegen.

Urge- oder Dranginkontinenz

Für den älteren Patienten haben alle drei Formen der Dranginkontinenz Bedeutung. Bei der **ungehemmten neuropathischen Blase** und der **Detrusorinstabilität** kommt es zu einem unwillkürlichen Urinabgang aus der Harnröhre durch nicht unterdrückbare Detrusorkontraktionen (Blasenmuskelkontraktionen), welche zu intravesikalen Drucksteigerungen führen, die als Harndrang empfunden werden, ohne dass eine Innervationsstörung der Blase nachweisbar ist. Wenn die Toilette nicht erreicht wird, sind **Pollakisurie**, **Nykturie** und häufiger, **imperativer Harndrang** mit **gelegentlicher Inkontinenz** die Folge. Häufig kann es zu einer Verstärkung der Symptomatik durch psychovegetative Stressfaktoren kommen. Meist ist zudem die Blasenkapazität reduziert, der Harnstrahl abgeschwächt. Diese Form der Dranginkontinenz findet sich bei älteren Patienten am häufigsten.

Kaum unterschiedliche Symptome zeigt die **sensorische Dranginkontinenz**, wobei es hier zu einem unwillkürlichen Urinabgang aus der Harnröhre bei imperativem Harndrang ohne primäre intravesikale Drucksteigerung und ohne nachweisbare Innervationsstörungen kommt. Die sensorische Dranginkontinenz auf dem Boden einer **Blasenhypersensibilität** ist in erster Linie Folge von krankhaften Prozessen an Blasenwand oder Blasenschleimhaut wie z. B. bakterielle oder abakterielle Entzündungen. Auch Irritationen bei Blasentumoren oder Harnblasensteine können als Ursache in Frage kommen.

Überlaufinkontinenz

Bei dieser Form der Inkontinenz finden wir aufgrund einer Erhöhung des Miktionswiderstandes durch eine **Blasenauslassobstruktion** (z. B. bei einer Prostatahypertrophie, einer Harnröhrenstenose oder einem Prostatakarzinom) zunehmende Restharnbildung. Dabei kommt es aufgrund einer passiven Überdehnung der Blasenwand bei bestehender Auslassobstruktion zu unwillkürlichem Urinabgang über die Harnröhre. Es findet sich aber auch eine funktionelle Überlaufinkontinenz mit intermittierendem oder tröpfelndem Urinabgang und passiver Überdehnung der Blasenwand ohne nachweisbare Auslassobstruktion. Sie basiert auf einer Blasenmuskelinsuffizienz, z. B. durch medikamentöse Einflüsse oder neurogene Störungen als Folge von Stoffwechselerkrankungen wie z. B. Diabetes. Auch diese Form der Inkontinenz findet sich im Alter häufig.

Reflexinkontinenz

Das klinische Bild ist ein **intermittierender Urinabgang ohne Harndrang** bei kompletter oder inkompletter **Paraplegie** oder **Tetraplegie**. Die Reflexinterkontinenz kommt beim älteren Patienten sehr selten vor, sie ist ein typisches Krankheitsbild des (jugendlichen) Querschnittpatienten.

Extraurethrale Inkontinenz

Sie ist beim älteren Patienten ebenfalls selten zu finden. Im Rahmen der Strahlentherapie, z. B. bei Blasenkarzinom kann sich eine **Urovaginalfistel** bilden, die dann zur extraurethralen Inkontinenz führt.

Iatrogene Inkontinenz

Ein nicht zu unterschätzender Faktor für das Auftreten von Inkontinenz bei älteren Patienten sind iatrogene (durch diagnostische oder therapeutische Maßnahmen bedingt) Einflüsse. Ältere Menschen nehmen aufgrund der fast immer vorhandenen Multimorbidität meist mehrere **Medikamente** gleichzeitig ein, die einzeln oder in ihrer Gesamtheit direkte Nebenwirkungen auf die Blasenfunktion haben können. Deshalb ist bei Auftreten einer Inkontinenz die Krankenbeobachtung **im Hinblick auf die Einnahme neuer Medikamente von Bedeutung.**

Diagnostik

Therapeutische Misserfolge bei der Behandlung der Harninkontinenz beruhen hauptsächlich auf einer unzureichenden Diagnostik. Bei der Planung diagnostischer Schritte muss berücksichtigt werden, dass beim älteren Patienten verschiedene Erkrankungen vorliegen können, die die Harninterkontinenz verursachen. Als Beispiel sei hier eine Neuropathie der Blase bei Diabetes mellitus und eine gleichzeitig bestehende Überlaufblase bei Prostatahypertrophie genannt.

Die Abklärung der Harninkontinenz sollte bei älteren Patienten stufenweise erfolgen, wobei der **Pflege** und der **Krankenbeobachtung** besondere Bedeutung zukommen. Sie umfasst die **Basisdiagnostik** durch den Hausarzt und die **Spezialdiagnostik** durch Fachärzte.

Das Ziel jeder Abklärung ist die Objektivierung und nach Möglichkeit eine grobe Quantifizierung der Harninkontinenz sowie die Erfassung der Faktoren, die sie verursachen bzw. dazu beitragen. Die Basisdiagnostik umfasst:

Basisdiagnostik

- eine **gezielte Befragung** des Patienten inkl. Miktionsprotokoll,
- die **gezielte klinische Untersuchung,**
- eine **Harnanalyse,**
- die **Restharnmessung.**

Die ärztliche Befragung und Untersuchung muss durch die **Pflegeanamnese** (☞ S. 129) und durch das **Miktionsprotokoll** ergänzt werden.

Spezialdiagnostik

Eine weiterführende Diagnostik ist notwendig, wenn die Diagnose nach der beschriebenen Basisdiagnostik unsicher bleibt, neurologische Erkrankungen oder Stoffwechselleiden mit bekannter Auswirkung auf die Blasenentleerung bestehen, ein operativer Eingriff zur Behebung der Harninkontinenz geplant ist und eine begonnene konservative Therapie (z. B. Toilettentraining mit begleitender Medikation) zu keiner Besserung führt. Diese weiterführende Diagnostik wird dann durch Spezialisten mit invasiveren Methoden wie **Zystourethroskopie, Urodynamik, radiologischen Untersuchungen** und **Sonografie** durchgeführt.

Ärztliche Maßnahmen

Die Therapie richtet sich grundsätzlich nach der auslösenden Ursache für die Harninkontinenz. Hier ergeben sich drei große Bereiche: **Verhaltenstherapie, medikamentöse und operative Therapie** (☞ Tab. 13, S. 128). Aufgrund der beim älteren Patienten im Vordergrund stehenden Dranginkontinenz kommt der medikamentösen und der Verhaltenstherapie eine besondere Bedeutung zu. Die Verhaltenstherapie ist ein wesentlicher Bestandteil der pflegerischen Maßnahmen. **Medikamentös** ist bei Dranginkontinenz der Einsatz von Anticholingerika indiziert, wobei die Substanzen **Oxybutynin, Tolterodin, Propiverin** und **Trospiumchlorid** im Vordergrund stehen. Bei zerebralen Krankheitsbildern ist aufgrund der fehlenden Nebenwirkungen im ZNS-Bereich der Einsatz von Trospiumchlorid am besten geeignet.
Im Gegensatz zu früher, als Beckenbodengymnastik nur bei Stressinkontinenz empfohlen wurde, setzt man heute das **Beckenbodentraining** auch bei der Dranginkontinenz ein. Patienten mit bestehender Dranginkontinenz können nach dem Beckenbodentraining besser mit den Inkontinenzsymptomen umgehen und beim Toilettentraining die vorgegebenen Zeitintervalle eher einhalten.

Tab. 13: Therapiemöglichkeiten

Inkontinenzform	Therapiemöglichkeiten
Detrusordysfunktion • sensorische Dranginkontinenz • ungehemmte neuropathische Blase (Dranginkontinenz)	kausale Therapie, z. B. Infektsanierung Toiletten- (Kontinenz-)Training allgemeine Maßnahmen im Sinne eines geistigen und körperlichen Trainings Medikamente
Überlaufinkontinenz	Entfernung des Abflusshindernisses Stuhlregulierung, ggf. instrumentelle Harnableitung u. U. Medikamente
Stressinkontinenz	Beckenbodentraining lokale Maßnahmen (Östrogene) Pessareinlage wenn möglich operative Korrektur
funktionelle Inkontinenz	Beratung, psychische Betreuung Umfeldveränderungen (Frühmobilisation, Wegverkürzungen usw.) Toilettentraining Medikamente
iatrogene Inkontinenz	Abstimmung bei Multimedikation, ggf. Weglassen von Medikamenten

Pflegerische Maßnahmen

Den pflegerischen Maßnahmen kommt bei Vorliegen von Drang- und Überlaufinterkontinenz, den wichtigsten Inkontinenzformen, besondere Bedeutung zu. Bereits bei der Diagnostik ist der pflegerische Einsatz gefordert. Neben der **Erstellung** von **Pflegeanamnese** und **Miktionsprotokoll** ist das Pflegepersonal für die Durchführung der **Harnanalyse** und der **Restharnbestimmung** zuständig. Die Harnanalyse sollte in erster Linie Hinweise auf einen Infekt und einen Diabetes mellitus als Ursache einer diabetischen Zystopathie geben. Die Bestimmung des Restharns ist nicht nur zum Ausschluss einer Überlaufinkontinenz wichtig, sondern auch im Hinblick auf den **medikamentösen Therapieversuch** bei einer Dranginkontinenz. Die entsprechenden Medikamente können die Blasenentleerungssituation bei einer bereits bestehenden Obstruktion verschlechtern. Deshalb müssen Patienten mit medikamentöser Therapie engmaschig kontrolliert werden. Harnuntersuchung und Restharnbestimmung können sinnvoll kombiniert werden. Bei der Frau wird bei pathologischem Spontanurin der Befund durch den Katheterharn kontrolliert. Dazu wird wenige Minuten nach einer Spontanmiktion katheterisiert und gleichzeitig der Restharn bestimmt. Beim Mann ist der Mittelstrahlurin ausreichend. Die Restharnbestimmung sollte, um eine Katherisierung zu vermeiden, nach Möglichkeit sonografisch erfolgen. Ist dies nicht möglich, wird die Restharnbestimmung ebenfalls nach einer Spontanmiktion durch Katheterisierung durchgeführt.

Pflegeziel

Das Hauptziel der pflegerischen Maßnahmen muss darin bestehen, durch den Einsatz der für den jeweiligen Inkontinenztyp angemessenen Pflegestrategie die **Kontinenz** des Patienten zu **fördern**. Voraussetzung für die Betreuung des Inkontinenten ist eine positive Einstellung aller

Beteiligten. Zunächst ist eine exakte medizinische Diagnose notwendig, da nur mit ihr die effektivste Behandlungsstrategie festgelegt werden kann. Ist eine Dauerversorgung geplant, besteht die pflegerische Aufgabe darin, die **Inkontinenzversorgung** entsprechend dem Krankheitsbild so zu **gestalten**, dass keine weiteren Komplikationen wie z. B. Infekte, Ekzeme, Ulzera o. Ä. auftreten. Die **Lebensqualität** des Betroffenen soll **verbessert werden.**

Pflegeanamnese

Werden Pflegende zu Hause, im Krankenhaus oder Pflegeheim mit Inkontinenz konfrontiert, dürfen sie es nicht mit der Diagnosestellung bewenden lassen. Vielmehr sollten sie durch exakte Beobachtung und Erhebung einer **Pflegeanamnese** (☞ Übersicht 25) eine große Zahl an Fragen beantworten können, die für die Erstellung einer **Pflegediagnose** und daraus folgend eines **Pflegezieles** unumgänglich sind. Die Erkenntnisse der Beobachtung und die Inhalte der Pflegeanamnese werden dem Arzt mitgeteilt.

Übersicht 25: Fragen zur Erhebung der Pflegeanamnese

Die Pflegeperson versucht, im Rahmen der **Pflegeanamnese** folgende **Fragen** zu klären:

- Besteht Harninkontinenz?
- Wenn ja, seit wann?
- Wie entwickelte sich die Inkontinenz?
- Ist die Inkontinenz einmal diagnostisch abgeklärt worden, welche Diagnose wurde gestellt?
- Trägt der/die Pflegebedürftige einen Katheter?
- Wie oft geht Harn unfreiwillig ab (tagsüber, nachts, tropfenweise, Strahl)?
- In welchen zeitlichen Abständen erfolgt der Urinabgang, ist er regelmäßig, z. B. 4-stündlich, unregelmäßig oder dauernd?
- Bemerkt der Patient/die Patientin den Urinabgang?
- Verspürt der/die Kranke Harndrang? Wenn ja, meldet er/sie sich und wie?
- Wie schnell erfolgt die Miktion (unwillkürlich) nach dem ersten Miktionsreiz?
- Ist die Harnblase nach dem Urinabgang vollständig entleert oder besteht signifikanter Restharn (mehr als 80–100 ml)? Die Restharnmengenprüfung erfolgt durch Einmalkatheterismus nach Miktion oder mittels Ultraschall (hier muss der Arzt/die Ärztin einbezogen werden!)
- Welche Faktoren tragen zu einer Verschlimmerung der Inkontinenz bei (z. B. fehlende Zuwendung, neue Krankheiten)?
- Sind die Stuhlgewohnheiten normal?
- Treten Episoden der Stuhlinkontinenz auf?
- Ist der Patient/die Patientin orientiert?
- Kann er/sie sprechen und ausreichend sehen?
- Ist er/sie kooperationsbereit und für eine Therapie motiviert?
- Kann er/sie die Urinflasche oder das Steckbecken selbstständig benutzen?
- Kann er/sie das Bett ohne Hilfe verlassen?
- Kann er/sie die Toilette erreichen?

- Kann er/sie die Toilette selbst öffnen?
- Kann er/sie die Kleidung selbst aus- und wieder anziehen?
- Ist die Höhe des Bettes und des Toilettenstuhles passend?
- Kann er/sie Trinkgewohnheiten dem Blasentraining oder anderen vorgesehenen Trainingsmaßnahmen bei Bedarf anpassen?
- Wie geht der Patient/die Patientin gegenwärtig mit der Inkontinenz um?
- Was ist die Ursache der Inkontinenz aus der Sicht des Patienten/der Patientin?
- Inwieweit wird sein/ihr Leben und/oder das der Familie durch die Inkontinenz beeinträchtigt bzw. verändert?

Miktionsprotokoll

Die Pflegeanamnese wird durch ein **Miktionsprotokoll** ergänzt. Beim Miktionsprotokoll sollten der Betroffene, die Angehörigen oder die Pflegepersonen mehrere Tage lang beobachten, wann und welche Harnmengen entleert werden, ob der Betroffene zum Zeitpunkt der Miktion noch trocken oder bereits nass war, und ob besondere Anlässe (nicht beherrschbarer Harndrang, Husten, Niesen usw.) für den unfreiwilligen Harnabgang verantwortlich waren. Ein solches Miktionsprotokoll bietet eine Fülle von Informationen über die Blasenentleerungsverhältnisse, die im Rahmen einer kurzen ärztlichen Anamnese nicht erfasst werden können. In der Regel reicht ein einfaches Miktionsprotokoll aus (☞ Tab. 14). Unter Umständen ist es notwendig, zur einfachen Erfassung der Miktionsfrequenz und des Harnvolumens noch weitere Faktoren wie Nahrungsaufnahme, Medikamenteneinnahme, Stuhlabgang usw. zu erfassen.

Pflegeziel

Das maximal erreichbare **Pflegeziel** ist die **Kontinenz**. Gelingt dies nicht, ist das Ziel die so genannte **„soziale Kontinenz"** (eingeschränkte Inkontinenz durch den Einsatz von Hilfsmitteln). Bei schwer kranken bzw. pflegebedürftigen älteren Patienten muss man sich mitunter mit einer so genannten **„abhängigen Kontinenz"** zufriedengeben. Das bedeutet, dass der ältere Patient kontinent ist, wenn ihm Hilfe und Unterstützung durch Angehörige bzw. das Pflegepersonal beim Toilettenbesuch zukommt. Auf keinen Fall sollte ein Katheter gelegt werden, wenn es Diagnose und Therapie nicht erfordern.

Programme für ein Kontinenztraining

Zur Wiedergewinnung der Kontinenz können eine Reihe von **Verhaltens- bzw. Lerntechniken** eingesetzt werden. Sie beinhalten **Trainingsprogramme** für die **Blase** bzw. die **Beckenbodenmuskulatur**. Die Wahl der Methode richtet sich nach dem Inkontinenztyp und den Fähigkeiten des Patienten. Das Pflegepersonal übernimmt dabei die Anleitung des Patienten, die Unterstützung und Kontrolle.

Hinweis: Anleitungen zu Trainingsmaßnahmen für die Beckenbodenmuskulatur können bei der Gesellschaft für Inkontinenzhilfe (GIH), Friedrich-Ebert-Straße 124, 34115 Kassel, bezogen werden.

Zeitplan für urininkontinente Patienten

Name des Patienten

Datum	Zeit h 07.00	08.00	09.00	10.00	11.00	12.00	13.00	14.00	15.00	16.00	17.00	18.00	19.00	20.00	21.00	22.00	23.00	24.00	01.00	02.00	03.00	04.00	05.00	06.00

Tab. 14: Zeitplan für inkontinente Patienten (Miktionsschema)

Programme für das Kontinenztraining werden eingesetzt, um durch Trainieren normaler bzw. verbesserter Entleerungsmuster die Harnkontinenz wiederzuerlangen. Inkontinenzphasen lassen sich vermeiden, indem die Blase zu festgelegten Zeiten entleert wird. Bei jedem dieser Programme müssen die geistigen und körperlichen Fähigkeiten des Patienten berücksichtigt werden. Darüber hinaus ist die Unterstützung durch hoch motivierte Pflegepersonen eine wichtige Voraussetzung.

Methoden

Folgende Kontinenz-Therapieprogramme werden angewendet:

1. Toilettentraining (Kontinenztraining)
2. Miktionstraining
3. Blasentraining („bladder drill")
4. Ausdrücken der Blase („Triggern"), umstrittene Methode.

Voraussetzungen

Voraussetzungen für erfolgreiche Kontinenzprogramme sind:

- Richtige Diagnosestellung der Inkontinenzursache,
- Aufklärung des Patienten, bei Bedarf der Angehörigen,
- in der aktivierenden Pflege geschultes und motiviertes Personal, Teamarbeit/Netzwerkarbeit,
- Einsatz der richtigen Hilfsmittel,
- der Inkontinenz angepasste Kleidung,
- Anpassung der Umgebung (bauliche Besonderheiten usw.),
- Erstellen eines Miktionsschemas (☞ Tab. 14, S. 131).

Toilettentraining (Kontinenztraining)

Toilettentrainingsprogramme bieten sich besonders bei Patienten mit **Harndrang** und **Dranginkontinenz** an. Neuere Erkenntnisse sprechen dafür, dass diese Kontinenztrainingsprogramme auch bei Stressinkontinenz anwendbar sind. Zur Durchführung von Kontinenzprogrammen ist das Ausfüllen eines **Miktionsprotokolls** wesentliche Voraussetzung. Es beschreibt die Ausgangssituation des Patienten und liefert Anhaltspunkte zur Festlegung der anfänglichen Zeitintervalle zwischen den Toilettengängen. Des Weiteren lässt sich der Fortschritt des Patienten beurteilen. Eine hohe Motivation sowohl der Patienten als auch des Pflegepersonals ist Voraussetzung für den Erfolg von Kontinenzprogrammen.

Ziel des Toilettentrainings

Im Allgemeinen zielt das Toilettentraining darauf ab, **Phasen der Inkontinenz** zu **verhindern** und die Symptome **„häufiges Wasserlassen"** und **„Harndrang"** zu **lindern**, indem die Zeitintervalle zwischen den einzelnen Entleerungen allmählich verlängert werden. Angestrebt werden Intervalle von drei bis vier Stunden. Die Zeitabstände können verbindlich vorgegeben oder entsprechend dem Miktionsprotokoll festgelegt werden. Studien haben bei Anwendung dieser Methode bei etwa 50 % der Patienten eine **Besserung der Inkontinenz** belegt.

Zeitplan

Wird das Toilettentraining mit einem **verbindlich vorgegebenen**, starren **Zeitplan** durchgeführt, werden die Miktionszeiten mithilfe des anfänglich erstellten Miktionsprotokolls bestimmt. In der Regel werden **Entleerungsintervalle von ein bis zwei Stunden** gewählt. Bei sehr kurzen Intervallen des Einnässens empfiehlt es sich, vor Beginn des Toilettentrainings eine medikamentöse Therapie mit einem Spasmolytikum zur Vergrößerung des Blasenvolumens einzuleiten. Der Patient wird dazu angehalten, die Toilette nur zu den im Protokoll vorgegebenen Zeiten aufzusuchen und sich auch bei Harndrang an diese zu halten, auch wenn dabei ein Einnässen nicht zu verhindern ist. Ergebnisse werden vom Patienten protokolliert und alle zwei bis vier Wochen durch das Pflegepersonal beurteilt. Hat der Patient unter diesen Bedingungen seine Kontinenz wiedererlangt, werden die Intervalle um 15 bis 30 Minuten verlängert. Die Maßnahme wird so lange fortgesetzt, bis der Patient ausreichend lange Kontinenzphasen erzielt.

Die zweite Möglichkeit besteht in einem **selbstständig bestimmten Zeitplan.** Die anfänglichen Entleerungszeiten werden vom Patienten vorgegeben. Sie werden mithilfe des Miktionsprotokolls bestimmt. Der Patient verlängert die Zeitintervalle zwischen den Blasenentleerungen nach eigenem Wunsch. Er wird dazu angehalten, die vorgegebenen Zeiten einzuhalten, kann aber zur Toilette gehen, wenn es unvermeidlich ist. Auch diese Methode hat zum Ziel, die Blase zu trainieren, größere Urinmengen zu halten und die Zeitintervalle zwischen den Toilettengängen zu verlängern. Fortschritte werden im Miktionsprotokoll festgehalten, das eine Situationsschätzung zulässt und den Patienten motiviert.

Eine weitere Form des **Toilettentrainings mit festgelegten Entleerungszeiten** wird bei **multimorbiden, körperlich geschwächten** oder **verwirrten Patienten** eingesetzt. Es wird ein **starrer,** auf dem Miktionsprotokoll beruhender **Zeitplan** vorgegeben und beibehalten. Dabei soll der Patient vor der erwarteten Miktion zur Toilette gehen bzw. geführt werden. In der Regel werden tagsüber 2-stündige, nachts 4-stündige Intervalle gewählt. Diese Vorgehensweise wird häufig bei dementen Patienten mit neurogener Blasenentleerungsstörung eingesetzt, wobei zusätzlich Triggertechniken zur Blasenentleerung wie fließendes Wasser oder Bestreichen der Oberschenkelinnenseite notwendig sein können. Angestrebt wird bei dieser Form des Toilettentrainings nicht eine Verlängerung der Kontinenzzeiten, sondern ein „Trockenbleiben“ innerhalb der festgelegten Zeiten durch einen Toilettengang.

Miktionstraining

Miktionstraining hat zum Ziel, eine **Harninkontinenz durch Miktionsfehlverhalten** zu **rehabilitieren.** Einerseits überlasten viele Patienten ihre Blase durch **zu lange Entleerungspausen,** bis der **überdehnte Blasenmuskel** schließlich nicht mehr in der Lage ist, den Urin vollständig auszupressen. Andererseits haben vor allem Frauen, die an einer Inkontinenz durch **Schließmuskelschwäche** leiden, verlernt, ihren Blasenmuskel zu steuern; sie entleeren ihre Blase ausschließlich durch Entspannen des Schließmuskels; eine Kontraktion des Blasenmuskels ist messtechnisch nicht nachweisbar. Lässt die Schließmuskelfunktion nach, werden die Frauen inkontinent. Diese Patientinnen haben nach Inkontinenzoperationen meist große Probleme mit der Blasenentleerung.

Ziel des Miktionstrainings

Das Miktionstraining hat das Ziel, den **Entleerungsreflex wieder zu erlernen.** Blasenentleerungstechniken können dabei isoliert oder in Kombination mit anderen Methoden (z. B. Biofeedback, Toilettentraining) erlernt werden. Die Blasenentleerung wird durch invasive (z. B. Katheter) und nicht invasive Entleerungsmanöver (z. B. Triggern von Detrusorkontraktionen, Erhöhung des intraabdominellen Drucks) herbeigeführt.

Methoden

Ein **Miktionstraining mit mehrfacher Miktion** („triple-voiding“) ist immer dann indiziert, wenn Spontanmiktionen zwar möglich, aber unvollständig sind (Restharnbildung). Mehrfachmiktionen in kurzen Abständen haben das Ziel der kompletten Blasenentleerung durch mehrere einander folgende Spontanmiktionen. Die Effektivität der Blasenentleerung sollte durch Einmalkatheterismus oder Restharnmessung kontrolliert werden.

Eine Variante des Miktionstrainings findet v. a. bei älteren, unselbstständigen Personen Anwendung. Der Pflegebedürftige soll sich dabei die Blasenfunktion wieder verstärkt bewusst machen. Die Patienten/Heimbewohner werden unabhängig vom Miktionsprotokoll in regelmäßigen Abständen gefragt, ob sie zur Toilette gehen möchten und werden nur zur Toilette geführt, wenn sie dies wünschen. Bei erfolgreichem Toilettengang wird der Pflegebedürftige positiv verstärkt. Der Zeitplan zur Veranlassung der Blasenentleerung wird beibehalten, die Entleerungszeiten können jedoch variieren. Die Ergebnisse werden vom Pflegepersonal oder von der betreuenden Person in einem Miktionsprotokoll dokumentiert und der Fortschritt beurteilt. Die Motivation vonseiten des Betreuers bzw. des Pflegepersonals ist wichtig, wenn diese Methode zum Erfolg führen soll.

Blasentraining („Triggern")

Ziele des Blasentrainings sind eine **ausreichende Blasenentleerung**, längere Kontinenzphasen zwischen den Miktionen und eine zumindest **indirekt steuerbare Blasenentleerung**. Diese Form der Blasenentleerung wird in den meisten Querschnittgelähmtenzentren seit vielen Jahren praktiziert. Sie kommt für Patienten in Frage, die eine **ausreichende Reflexaktivität des Blasenmuskels** haben. Die Sensibilität des zur Blasenentleerung führenden spinalen Reflexes kann man für den Patienten nutzbar machen. Zur Vermeidung von Folgeschäden ist die Anwendung der richtigen **Triggertechnik** besonders wichtig.
Der Reflex kann durch den Patienten selbst oder durch Pflegepersonen ausgelöst werden, z. B. durch vorsichtiges Bestreichen der Blasengegend oder durch behutsame Hautreizung im Bereich des Unterbauches, des äußeren Genitales oder der Oberschenkelinnenseite. Auch tiefes Atmen und gezieltes Husten können zur **Reflexauslösung** führen. Ob das Blasentraining auf Dauer durchgeführt wird, muss der Arzt nach Durchführung einer urodynamischen Untersuchung entscheiden, da es gelegentlich zu unphysiologischer Erhöhung der Blaseninnendrucke kommen kann.

Warnung: Das häufig praktizierte „Beklopfen der Blase“ ist nach neueren wissenschaftlichen Erkenntnissen obsolet. Die Reflexauslösung durch Beklopfen der Bauchhaut führt zu unphysiologisch starken Kontraktionen des Detrusors (Blasenentleerungsmuskeln) und in der Folge zur Verdickung der Harnblasenmuskulatur mit entsprechenden Funktionseinschränkungen. Die Blasenmuskeln sind nicht mehr in der Lage, den Harn vollständig zu auszupressen. Es besteht erhöhte Gefahr der Restharnbildung mit nachfolgender Infektion. Das Triggern sollte daher nur durch behutsames Bestreichen der Reflexzonen erfolgen.

Wird die Blase in regelmäßigen Zeitabständen getriggert, bevor es zu einer spontanen Reflexentleerung kommt, kann der Patient bei disziplinierter Flüssigkeitszufuhr kontinent bleiben und die Blasenentleerung indirekt „willkürlich" steuern. Dieses Ziel erreichen jedoch nur etwa 20 % der Betroffenen mit einer Reflexblase.
Einen Sonderstatus nimmt das Triggern der Blase in der sog. **„spinalen Schockphase"** ein. In den ersten Wochen nach Eintritt einer Querschnittlähmung bzw. eines apoplektischen Insultes besteht in manchen Fällen eine Detrusoraflexie, die durch provozierende Maßnahmen, u. a. durch Triggern, schneller überwunden werden kann.

Auspressen der Harnblase

Bei der akontraktilen neurogenen Blasenfunktionsstörung im Rahmen des Diabetes mellitus (**Überlaufblase**), aber auch bei anderen **neurogenen Störungen** kann es wegen des herabgesetzten Blasengefühls zu einer **Blasenüberdehnung** kommen. Der Patient sollte daher versuchen, die Blase regelmäßig, unterstützt durch die Bauchpresse, zu entleeren. Durch **Pressdruckübungen** wie z. B. den Valsalva-Versuch oder die Credé-Übung und ggf. durch Anlegen einer Bauchbinde lernt der Patient, den intraabdominellen Druck zu erhöhen und auf einem ausreichend hohen Niveau zu halten, um eine Mindestentleerung der Blase herbeizuführen. Durch wiederholtes Training kann die **Restharnmenge** auf ein akzeptables Niveau **reduziert** werden. Der Patient sollte während der Miktion aufrecht sitzen (nach Möglichkeit auf der Toilette oder dem Toilettenstuhl), was das Absinken des Beckenbodens begünstigt, das normalerweise der Entleerung vorangeht und den ungehinderten Harnabfluss gewährleistet.

Achtung: Die Blasenentleerung mittels Bauchpresse oder durch externen Druck in der suprapubischen Gegend ist nur dann zu empfehlen, wenn dabei kein gefährlicher Blaseninnendruck entsteht. Da jedoch erfahrungsgemäß beim Auspressen der Blase nach Credé fast immer eine unphysiologische Druckerhöhung mit Werten über 100 ccm H_2O entsteht, wird die Maßnahme von vielen Ärzten und Pflegepersonen als obsolet betrachtet.

So scheint nur ein Ausdrücken der Blase durch eine mäßige, vom Patienten selbst durchgeführt Bauchpresse geeignet zu sein, wobei der entstehende Druck auch hier urodynamisch und sonografisch kontrolliert werden sollte.

Merke: Bei neurogenen Blasenfunktionsstörungen sind intermittierender Einmalkatheterismus oder suprapubische Blasenfistelung als wesentlich ungefährlichere Harnableitungsmaßnahmen vorzuziehen.

Weitere Techniken zur Erleichterung der Blasenentleerung

Im Rahmen des Kontinenztrainings gibt es zahlreiche **Methoden zur Unterdrückung des Harndranges.** Hierzu gehören **Druck auf das Perineum, Kontraktion der Beckenbodenmuskulatur, kontrollierte Atemübungen** und **mentale Ablenkung** wie z. B. langsames Zählen.

Umgekehrt kann es z. B. bei einem **Harnverhalt** erforderlich sein, die **Miktion einzuleiten**. Eine einfache, aber bewährte Technik ist das **Trinken** eines Schluck Wassers. Meist löst bereits das **Geräusch fließenden Wassers** den erwünschten Effekt aus. Bestehen Schwierigkeiten, den Schließmuskel der Harnblase zu entspannen, genügt oft das Sitzen über einem mit heißem Wasser gefüllten Becken. Unterstützend wirkt die **Anwendung von Kamillendämpfen**. Eine weitere Möglichkeit besteht in der Anwendung einer **Wärmflasche**; das zusätzliche Auflegen von Eukalyptusölkompressen erleichtert ebenfalls die Miktion.
Die behutsame Massage des Unterleibes oder der Innenseite der Oberschenkel fördert das **Auslösen des Entleerungsreflexes**. Die regelmäßige Zufuhr **harntreibender Tees** (z. B. Schachtelhalm- und Bärentraubenblättertee) dient nicht nur der Blasenentleerung, sondern verhindert auch die Entstehung von Harnblaseninfektionen.

Effektivitätskontrolle der Pflegemaßnahmen

Je nach Durchführung der geplanten Pflege sollte alle 5 bis 7 Tage eine gezielte **Überprüfung** stattfinden, ob die **pflegerischen Maßnahmen** zum **gewünschten Ziel** geführt haben. Dies muss auch in der **Pflegedokumentation** vermerkt werden. Bleibt der angestrebte Erfolg aus, muss die Ursache geklärt werden. Eine unzureichende oder fehlerhafte Situationsanalyse, falsche oder fehlende ärztliche Diagnosen können zum Scheitern der Pflegemaßnahmen führen. Ggf. sollten erreichbare Nahziele angestrebt und das Pflegeziel schrittweise erreicht werden. Die geplanten Pflegemaßnahmen müssen u. U. in Abstimmung mit dem Arzt verändert und den bestehenden Bedingungen angepasst werden.

Inkontinenzversorgung und Hilfsmittel werden ausführlich im ersten Band des Buches beschrieben.

1.5.3 Harnwegsinfekt (HWI)

Definition: Ein Harnwegsinfekt (HWI) entsteht durch das Auftreten und die Vermehrung von Krankheitserregern in den ableitenden Harnwegen. Von der Infektion können die Harnröhre (Urethritis), die Harnblase (Zystitis) und bei der sog. aufsteigenden Harnwegsinfektion auch das Nierenbecken (Pyelonephritis) betroffen sein.

Bedeutung für die Geriatrie

Der Harnwegsinfekt stellt bei älteren Personen die am **häufigsten** dokumentierte **bakterielle** und die **häufigste nosokomiale Infektionsart** dar. Die Häufigkeit von Harnwegsinfekten steigt nach dem 60. Lebensjahr bei beiden Geschlechtern deutlich an. Bei den über 65-Jährigen entwickeln etwa 25 % der Frauen und etwa 10 % der Männer mindestens einmal eine symptomatische Bakteriurie (bakterielle Verunreinigung des Harns) und Bakteriämie (Vorhandensein von Bakterien im Blut). 25 % der Frauen mit unkomplizierten Harnwegsinfekten erleiden Rezidive.

Kommt es zu einer Urosepsis (vom Harntrakt ausgehende Allgemeininfektion), beträgt die Mortalität 20 %.
Im Gegensatz zu den meist unkomplizierten Harnwegsinfektionen junger Patienten sind die Infekte im Alter schwieriger zu diagnostizieren und zu behandeln.

Die asymptomatische Bakteriurie

Als asymptomatisch wird eine **signifikante Bakteriurie** bei klinisch **fehlenden**, lokalen und systemischen **Harnwegsinfektsymptomen** bezeichnet. Ein besonderes Merkmal ist der **wechselnde Bakteriennachweis.** Die Prävalenz der asymptomatischen Bakterurie steigt mit zunehmendem Lebensalter an.
Während die asymptomatische Bakteriurie bei jungen Patienten bei Frauen 30-mal häufiger als bei Männern vorkommt, verschiebt sich das Verhältnis im Alter auf 3:1. Bei ungefähr 35 % der hospitalisierten geriatrischen Männer findet sich eine Bakteriurie. In der Langzeitbetreuung sind mehr als 50 % der meist funktionell eingeschränkten Männer oder Frauen von ihr betroffen.

Erreger

Ältere Frauen haben ein- oder mehrfache Episoden einer asymptomatischen Bakteriurie. Die meisten werden durch **gramnegative Stäbchen** hervorgerufen, unter welchen **E. coli** am häufigsten ist. Die Bakteriurie entsteht und verschwindet spontan; nur wenige ältere Personen leiden unter einer permanenten Bakteriurie. Die Erkrankung kommt sehr häufig bei Stuhlinkontinenz (aufgrund der Keimverschleppung), bei vaginalem Deszensus, Uterusprolaps, Zystozele oder Urethrozele sowie bei Diabetes mellitus vor.
Frauen mit asymptomatischer Bakteriurie haben eine signifikant höhere Wahrscheinlichkeit, im Folgejahr der Erkrankung an einem symptomatischen Harnwegsinfekt zu erkranken als Frauen ohne asymptomatische Bakteriurie.
Eine Behandlung der Infektion scheint aber weder Inkontinenzsymptome, Krankheitszustände oder die Sterblichkeit der älteren Heimbewohner zu beeinflussen.

> **Merke:** Unumgänglich ist die Behandlung der asymptomatischen Bakteriurie vor urologischen Manipulationen und vor einer Dranginkontinenz-Therapie. Über 60 % der Patienten mit asymptomatischer Bakteriurie im Heimbereich leiden gleichzeitig unter einer Harninkontinenz. Dabei steht die Dranginkontinenz im Vordergrund.

Der symptomatische Harnwegsinfekt

Aufgrund verschiedener Begleiterkrankungen (z. B. degenerativer Hirnerkrankungen, Morbus Parkinson) werden die **Symptome** eines Harnwegsinfektes im Alter gelegentlich subjektiv **nicht** oder nur **ungenügend wahrgenommen** und können somit leicht übersehen werden. Hinzu kommt, dass die **Symptome** bei Harnwegsinfektionen im Alter oft **weniger stark** oder **atypisch ausgeprägt** sind.
Sie können von uncharakteristischer Verschlechterung des Allgemeinzustandes, Hypotonie, Urininkontinenz, schwachen Dysuriesymptomen bis zur Apathie und Depression reichen. Ein Harnwegsinfekt manifestiert sich beim älteren Menschen nur ausnahmsweise mit einer charakteris-

tischen urologischen Symptomatik (Dysurie, Algurie, Pollakisurie), vielmehr ist eine neu auftretende Dranginkontinenz typisch. Häufig sind auch psychomotorische Unruhezustände, Bauchschmerzen, Verwirrung, Schlafstörungen und Stürze zu beobachten. Nächtliche Unruhe und plötzliche Inkontinenz, speziell bei dementen Patienten, sind meist durch einen Harnwegsinfekt verursacht. Oft kann eine Bakteriämie oder eine gramnegative Sepsis ohne Fieber, ausgehend von einem Harnwegsinfekt, diagnostiziert werden.

Diagnosestellung

In schwer wiegenden Fällen (bei ausgeprägter klinischer Symptomatik) und in unklaren Situationen ist neben der Beurteilung des **Urinstatus**, des **Blutbildes**, der **Urinkultur**, der **Nierenfunktions**- und der **Entzündungsparameter** die Durchführung von **Blutkulturen** angezeigt.
Verschiedene prädisponierende Faktoren begünstigen die Entstehung von Harnwegsinfekten. Beim älteren Patienten sind es insbesondere die nachlassende Abwehrfunktion des Organismus, alterstypische Erkrankungen (z. B. Harn- und Stuhlinkontinenz, Diabetes mellitus Typ II u. a.) sowie Hilfsmittel wie z. B. der Dauerkatheter. Als Infektursache kommen bei älteren, bewegungseingeschränkten, unselbstständigen Patienten nachlassende Körperpflege und Intimhygiene hinzu. Bei alten Menschen sind Harnwegsinfekte auch häufig Folge eines vorausgegangenen Krankenhausaufenthaltes mit Eingriffen am Harntrakt, z. B. Katheterismus.

Harnwegsinfekt und Harninkontinenz

Zu den Faktoren, die eine Dranginkontinenz verursachen oder eine bestehende verstärken können, gehört u. a. der Harnwegsinfekt. Epidemiologische Studien belegen den **Zusammenhang zwischen Harninkontinenz** und **vorausgegangener Harnwegsinfektion**.

Pathogenese

Man nimmt an, dass der Harnwegsinfekt zu einer pathologischen Erhöhung der afferenten Impulse aus dem Harntrakt in das zentrale Nervensystem und letztlich zu einer **Überforderung der zentralen Kontrollmechanismen** führt. Das normalerweise vorhandene Gleichgewicht zwischen der Stärke der afferenten Impulse und der Fähigkeit des Cortex, diese zu kontrollieren und zu modulieren, wird dadurch gestört. Die **Störung dieses Gleichgewichtes** kommt beim älteren Menschen rascher zustande, da die zentrale Schaltstelle Gehirn im Alter nicht mehr so leistungsfähig ist wie in jüngeren Jahren. Die vermehrte Afferentierung auf der einen und eine vorbestehende zerebrale Leistungsschwäche auf der anderen Seite führen zur erwähnten Überforderung, die über eine Enthemmung des Detrusorreflexes zur Drangsymptomatik und nachfolgend zur Dranginkontinenz führt.

> **Merke:** Der Zusammenhang zwischen Harnwegsinfektion und nachfolgender Harninkontinenz ist für den symptomatischen Harnwegsinfekt gesichert. Ein asymptomatischer Harnwegsinfekt ist offensichtlich wesentlich seltener die Ursache für eine Harninkontinenz.

Dauerkatheter und Harnwegsinfekt

10 bis 30 % der pflegebedürftigen Heimbewohner benötigen aus unterschiedlichen Gründen eine Harndauerableitung. Bei liegendem transurethralem Dauerkatheter entwickelt sich innerhalb von vier Tagen in

nahezu 100 % eine **Bakteriurie**, wenn – wie früher üblich – ein offener Katheter zur Harnableitung verwendet wird. Offene Harnableitungssysteme sind daher absolet! Bei konsequenter Anwendung des Prinzips der geschlossenen Harnableitung steigt die Bakteriurierate innerhalb von 25 bis 30 Tagen kontinuierlich an, bis schließlich ebenfalls 100 % der Patienten eine signfikante Bakterurie aufweisen.

> **Merke:** Aus genannten Gründen sollte die Indikationsstellung für einen **Dauerkatheter nur** erfolgen, **wenn** sie **absolut notwendig** ist. Wenn ein Katheter erforderlich ist, sollte er so früh als möglich entfernt werden.

In einer Untersuchung konnte nachgewiesen werden, dass im Rahmen der stationären Behandlung bei 21 % der katheterisierten Patienten die Indikation zur Einlage eines Dauerkatheters nicht gerechtfertigt war. In 47 % der Behandlungstage war die Anwendung des Dauerkatheters nicht mehr erforderlich. Hauptursache einer nicht gerechtfertigten Katheterisierung war die Harninkontinenz.

Alternativen

Als Alternative zum transurethralen Dauerkatheter sollte die **suprapubische Harnableitung**, der **intermittierende Einmalkatheterismus** oder – bei Männern – die Verwendung von Kondomurinalen erwogen werden. Der suprapubische Katheter gewährleistet bei vorübergehender Anwendung und Einhaltung entsprechender Hygienemaßnahmen eine geringere Infektionsrate. Verletzungen und Infektionen im Bereich der Harnröhre werden verhindert. Bei längerer Liegedauer der suprapubischen Fistel ist jedoch ebenfalls in fast allen Fällen mit einer Bakteriurie zu rechnen.

Antibiotische Therapie

Obwohl Patienten mit Dauerkatheter aufgrund der ständigen Bakteriurie ein erhöhtes Risiko für ernste Infektionen haben, sollte **keinesfalls standardmäßig** eine **antibiotische Keimabtötung** durchgeführt werden. Fieberschübe sind bei Dauerkatheterpatienten selten und klingen meist spontan wieder ab. In Pflegeheimen konnte nachgewiesen werden, dass febrile Episoden mit Ursprung im Harntrakt ca. einmal in 100 Katheterliegetagen auftreten. Bemerkenswert ist, dass ein Katheterwechsel zu 10 % mit einer Bakteriämie assoziiert ist, die allerdings gewöhnlich asymptomatisch verläuft.
Man sollte bei chronisch kranken, älteren Menschen sehr zurückhaltend mit einer sofortigen antibiotischen Therapie sein und **zuvor andere Infektionsursachen ausschließen.** Dennoch scheint eine dreifach erhöhte Mortalität nach dem Erwerb symptomatischer Harnwegsinfekte während des Dauerkatheterismus zu bestehen. In Untersuchungen wird darauf hingewiesen, dass bei der Beobachtung von Heimbewohnern über ein Jahr auch bei suprapubischer Drainage fieberhafte Harnwegsinfekte auftreten.

1.5.4 Katheterzystitis

Die Katheterzystitis hat typische Symptome (☞ Tab. 15).

Definition: Unter Katheterzystitis versteht man eine Harnblaseninfektion bei liegendem Dauerkatheter.

Die Katheterzystitis wird durch **Keimverschleppung** verursacht, z. B. durch unhygienische Vorgehensweise beim Legen des Katheters oder bei **unhygienischer Versorgung** des Kathetersystems bei bereits liegendem Katheter (Pflegefehler!) Besonders problematisch ist eine Infektion mit **Nosokomialkeimen** (Krankenhauskeime), da diese meist resistent und daher schwer therapierbar sind.

Tab. 15: Symptomatik der Katheterzystitis

Klinische Symptomatik	Ätiologie
Trüber, oft nach Ammoniak riechender Urin	Starke Urothelabschilferung und Mucinproduktion, hoher Urin-pH, fragliche Proteusinfektion.
Brennende Schmerzen, Fremdkörpergefühl	Schleimhautreizung
Blasenkrämpfe, Urinfluss neben dem Katheter	Reizung des Blasenentleerungsmuskels
Verminderte Ausscheidung, zu geringer Urinfluss	Exsikkose (Austrocknung), schlechte Diurese, Inkrustationen am Katheterschlauch
Leukozyturie über 5 bis 10 Leukozyten/µl	Harnwegsinfekt
Erythrozyturie mit mehr als 2 Erythrozyten/µl	Schleimhautschädigung ist mehr oder weniger ausgeprägt
Fieberschub, Bakteriämie	Tritt äußerst selten auf, nur bei erheblicher Schleimhautschädigung

Ärztliche Therapie

Über die Notwendigkeit, den symptomatischen Harnwegsinfekt auch bei hochbetagten Menschen zu behandeln, besteht weitgehend Einigkeit. In Studien ließ sich nachweisen, dass sowohl nach einem **„Single-Shoot"** (Einmalgabe eines Antibiotikums) als auch nach einer **dreitägigen Therapie mit** einem entsprechenden **Antibiotikum** bei 64 % der Patienten nach 6 Monaten der Harn noch immer bakterienfrei war. Die Auswahl der Antibiotika und der Therapiemethode richtet sich nach der Art der Harnwegsinfektion und dem nachgewiesenen Erreger bzw. dem zu erwartenden Erregerspektrum.
Ein **ungezielter** und evtl. **ungerechtfertigter Einsatz von Antibiotika** bei Trägern bzw. Trägerinnen von Dauerkathetern kann u. U. zu einer **vermehrten Resistenzentwicklung** führen. Es muss bedacht werden, dass bei liegendem Dauerkatheter trotz hoch wirksamer Antibiose nur eine vo-

rübergehende Keimfreiheit zu erzielen ist und neue Infektionen zwangsläufig wieder auftreten.

Pflegerische Maßnahmen

Die pflegerische Versorgung besteht hauptsächlich aus **therapiebegleitenden Maßnahmen**. Vermehrte Flüssigkeitszufuhr (i. Abh. v. Vorerkrankungen) sowie regelmäßige, in kürzeren Zeitabständen vorgenommene Blasenentleerungen wirken sich günstig auf das Abklingen einer Bakteriurie aus. Zwei Liter Flüssigkeit sollten pro Tag zugeführt werden, um eine **forcierte Diurese** und damit das Ausschwemmen der Erreger zu bewirken. Besonders geeignet sind Blasen- und Nierentee, harntreibende Tees sowie Preiselbeersaft oder verdünnter Preiselbeersirup, dem man keimreduzierende Eigenschaften zuschreibt.

Begleitmaßnahmen

Folgende Begleitmaßnahmen können bei akutem Harnwegsinfekt durchgeführt werden:

- Durchführung der sog. **„Spültherapie"**. Eine regelmäßige und ausreichende Flüssigkeitszufuhr (Wasser, Tee, ...) unterstützt das Ausschwemmen der Erreger. Cave: Flüssigkeitsbeschränkung bei bestehender Herz- oder Niereninsuffizienz.
- **Ruhe** unterstützt die Heilung.
- **Wärmeanwendungen** wirken schmerzlindernd und spasmolytisch (krampflösend). Das Auflegen einer Wärmflasche auf den Unterbauch und Warmwasseranwendungen im Genital-/Unterbauchbereich fördern das Wohlbefinden des Pflegebedürftigen.
- Entzündungssymptome können gelindert werden, indem der Körper, v. a. die Füße warm gehalten werden. Sitzbäder mit Kamille wirken krampflösend und entzündungshemmend. Cave: Stuhlinkontinenz!
- Einige **pflanzliche Harnwegsdesinfektionsmittel** wie Bärentraubenblätter, Brunnenkressekraut, Meerrettichwurzel und weißes Sandelholz sind z. B. als Teezubereitung zur unterstützenden Behandlung der Harnwegsinfektion sinnvoll.
- Durch **Ansäuern des Harns** mit der Aminosäure Methionin (Acimethin®) treten bei Patienten mit Blasenfunktionsstörungen oder Dauerkathetern ca. 50 % weniger symptomatische Harnwegsinfekte und Infektharnsteine auf.
- Nach Untersuchungen in Großbritannien wird die Harnwegsinfektionsrate durch die orale Verabreichung von Laktulose über einen Zeitraum von 6 Monaten deutlich gesenkt. Dies wird durch den Anstieg der fäkalen Laktobazillen und der damit einhergehenden Änderung der Darmflora begründet.

1.5.5 Balanitis

Definition: Bei der Balanitis handelt es sich um eine Entzündung der Glans penis (= Eichel).

Bedeutung für die Geriatrie

Die Balanitis ist ein häufiges Krankheitsbild bei älteren Männern, meist verursacht durch **mangelhafte Hygiene** (Vorhaut wird beim Waschen nicht konsequent zurückgezogen). Nachfolgend entwickelt sich häufig eine sekundäre bakterielle Superinfektion (meistens durch Staphylo-/Streptokokken).

Symptomatik

Starke, lokal auftretende, brennende **Schmerzen**, verbunden mit psychomotorischer **Unruhe**. Lokal findet sich eine odematös **geschwollene**, stark **gerötete** und schmierig-eitrig **belegte Eichel**.

Differenzialdiagnose

Differenzialdiagnostisch muss ein Herpes genitalis (Bläschen und Erosionen mit Lymphknotenschwellung und starken lokalen Schmerzen in der Leiste) ausgeschlossen werden.

Ärztliche Therapie

Verordnung einer lokal anzuwendenden **Antibiotikasalbe**.

Pflegerische Maßnahmen und Prophylaxe

Penisbad mit Kamillosan (bei zurückgezogener Vorhaut), vorsichtige Reinigung der Eichel; anschließend die verordnete Antibiotikasalbe auftragen, Vorhaut vorschieben (Phimosegefahr) und mit Gaze abdecken.
Durch **regelmäßige, sorgfältige Intimpflege** sollte einer Balanitis vorgebeugt werden. Hierbei müssen mechanische Läsionen mit der Gefahr nachfolgender Superinfektionen mit Bakterien und/oder Pilzen vermieden werden.

1.5.6 Prostataadenom (Prostatahypertrophie)

Terminologie

Entgegen der früheren Bezeichnung, die unter dem Begriff „benigne Prostatahyperplasie“ (BPH) alle Formen gutartiger Vergrößerungen der Vorsteherdrüse mit entsprechenden Symptomen zusammenfasste, hat man sich international auf neue Definitionen geeinigt, die sich v. a. an subjektiven und/oder objektiven Symptomen orientieren. Diese Differenzierung kommt in der neuen Terminologie zu Prostatavergrößerung und Miktionsbeschwerden zum Ausdruck (☞ Übersicht 26).

Definitionen:
Beim Begriff **BPH** handelt es sich um eine **histologische Diagnose.**
Die palpatorisch nachweisbare (makroskopische) **Prostatavergrößerung** wird als **BPE** bezeichnet.
Eine **Obstruktion** mit gestörter Blasenentleerung wird allgemein als **BOO** bezeichnet. Sie kann durch eine benigne Prostataobstruktion verursacht sein.
Die unterschiedlichen **Miktionsstörungen** werden unter dem Terminus **LUTS** (lower urinary tract symptoms) zusammengefasst.
Schließlich wird das Krankheitsbild der bisher als „symptomatische BPH“ bezeichneten Altersveränderungen nun als **BPS** (benignes Prostatasyndrom) bezeichnet, ein **Überbegriff,** der Symptomatik (LUTS), Vergrößerung (BPE) und Obstruktion (BOO bzw. BPO) zusammenfasst.

BPH	benigne Prostatahyperplasie (histologische Diagnose)
BPE	benign prostatic enlargement (benigne Prostatavergrößerung)
BOO	bladder outlet obstruction (Blasenauslassobstruktion)
BPO	benign prostatic obstruction (benigne Prostataobstruktion)
LUTS	lower urinary tract symptoms (Symptome des unteren Harntraktes)
BPS	benignes Prostatasyndrom (symptomatische BPH)

Übersicht 26: Neue Terminologie zu Symptomen des unteren Harntraktes

Bedeutung für die Geriatrie

Die bedeutendsten **Risikofaktoren** für die Entwicklung einer BPH sind **Alter** und normale **Hodenfunktion** (☞ Seite 121). Die durchgeführten Untersuchungen machen deutlich, dass eine symptomatische Prostatavergrößerung bei 60-70-Jährigen in 43 % und bei 70-79-Jährigen in 40 % der Fälle zu finden ist. Eine amerikanische Studie zeigt, dass irritative Symptome wie gehäufter und imperativer Harndrang sowie Nykturie als störend empfunden werden und einen größeren Einfluss auf die Lebensqualität haben als obstruktive Symptome wie abgeschwächter Harnstrahl oder Nachträufeln. Dabei handelt es sich um ein Tabuthema, da nur wenige Männer wegen dieser Miktionsbeschwerden einen Arzt konsultieren und diese Zurückhaltung mit ansteigendem Alter noch zunimmt.

Symptomatik

In der Frühphase der Erkrankung verspürt der Patient keine oder nur geringe Symptome, da der Blasendetrusormuskel in der Lage ist, den erhöhten Auslasswiderstand zu kompensieren. Im weiteren Verlauf kommt es dann aber zu den typischen **obstruktiven Symptomen:**

- abgeschwächter Harnstrahl,
- verzögerter Miktionsbeginn,
- verlängerte Miktionszeit mit Nachträufeln,
- Gefühl der unvollständigen Blasenentleerung,
- evtl. Harnverhalt.

Zusätzlich kommt es durch die Entwicklung einer obstruktionsbedingten Blaseninstabilität mit abnehmender Blasencompliance zum Auftreten **irritativer Symptome:** gesteigerte Miktionsfrequenz, Nykturie, imperativer Harndrang, Dranginkontinenz.

Die Hämaturie, insbesondere die initiale, kann ein weiteres Symptom der BPH sein. Schließlich kann es bei Zunahme der Obstruktion zur Entwicklung eines Harnverhaltes kommen.

Harnverhalt

Ein **akuter Harnverhalt** tritt häufig mit einem Prostatainfarkt auf. Prädisponierend wirken Alkoholgenuss, Hinauszögern der Miktion, eine Infektion oder bestimmte Medikamente (z. B. Antidepressiva, Tranquilizer, Anticholinergika, Antitussiva).
Davon abzugrenzen ist der **chronische Harnverhalt**, bei dem häufig nur geringe Beschwerden angegeben werden. Die nur sehr zögerliche Progredienz der Obstruktion führt bei diesen Patienten zur Adaption an ihre Symptome. Nächtliche Inkontinenz (als Zeichen einer Überlaufinkontinenz) kann erstes Zeichen dieses Stadiums sein. Die chronische Obstruktion führt zur Stauung in den Nieren mit den Zeichen der **Niereninsuffi-**

zienz (erhöhter Serumspiegel von Kreatinin und Harnstoff, sekundäre Anämie), welche im Spätstadium irreversibel ist.

Diagnostik

Im Rahmen der internationalen Konsensustreffen zur Prostatahypertrophie unter der Schirmherrschaft der WHO sind Empfehlungen zur Diagnostik ausgesprochen worden, die folgende **Schwerpunkte** haben:

- Anamnese
- rektale Untersuchung
- Urinanalyse
- Beurteilung der Nierenfunktion
- Symptomeinschätzung
- Restharnbestimmung.

Die **erweiterte Diagnostik** bei vergrößerter Prostata beinhaltet die Differenzialdiagnose zwischen benigner Prostatavergrößerung und Prostatakarzinom. Diese weitergehende Untersuchung sieht die Bestimmung von tumorassoziierten Markern, die transrektale Prostatasonografie und unter Umständen eine Biopsie vor.

Ärztliche Therapie

Die Therapiemaßnahmen richten sich nach dem **Stadium der Erkrankung**. Dabei können die Übergänge fließend sein. Am Anfang spielt besonders der Grad der subjektiven Beschwerden eine Rolle, dabei ist die Progression der Symptome und der klinisch messbaren Parameter schwer vorherzusagen. Bei einem bis zwei Drittel der Patienten kann zumindest vorübergehend eine spontane Besserung der Symptome eintreten. Ein **Harnverhalt** wird bei 5 bis 20 % der Patienten erwartet. Nach einem abgelaufenen Harnverhalt besteht nach Katheterentfernung eine 70 %ige Möglichkeit für ein erneutes Rezidiv.

Arzneimittel

Medikamentös werden heute bevorzugt **Phytotherapeutika** (pflanzliche Arzneimittel), **Alpha-Rezeptorenblocker** und **5-Alpha-Reduktasehemmer** eingesetzt. Bei Verabreichung von Rezeptorenblockern sollte die blutdrucksenkende Wirkung der Arzneimittel berücksichtigt werden.

Operationsmethoden

Die wichtigste Maßnahme ist immer noch die **operative Therapie** der Prostata, die **transurethral** oder **„offen“** über die Bauchwand durchgeführt wird. Daneben finden sich noch eine Reihe von Therapiemaßnahmen wie Lasertherapie, Mikrowellenthermotherapie und fokussierter Ultraschall.

Konservative Therapie

Bei pflegebedürftigen und nicht mehr operationsfähigen Patienten kann ein **Prostata-Stent** eingesetzt werden. Nach der Implantation sind ca. 85 % der Patienten sofort miktionsfähig. Die erheblichen Materialkosten verhindern allerdings einen unkritisch häufigen Einsatz. Er sollte wirklich auf ältere Risikopatienten beschränkt bleiben.

Patienten, die ein inakzeptables Operationsrisiko aufweisen, die invasive Maßnahmen ablehnen, und bei denen medikamentöse Versuche gescheitert sind, haben die Option, durch eine **transurethrale oder suprapubische Katheterableitung** versorgt zu werden.

Pflegerische Maßnahmen

Bei Prostatahypertrophie sollte von pflegerischer Seite darauf geachtet werden, dass eine entsprechende **Diät** eingehalten und der Patient ausreichend mobilisiert wird.

Eine schlackenreiche, reizlose Kost und die **Regulierung der Darmtätigkeit** können Reizzuständen im Bereich der Prostata entgegenwirken. Hochprozentige alkoholische und stark kohlensäurehaltige Getränke sowie scharfe Gewürze sollten vermieden werden. Durch reichlich **körperliche Bewegung** und **Beckenbodengymnastik** lässt sich eine Prostatareizung meist günstig beeinflussen. Radfahren und Reiten können sich negativ auswirken, empfehlenswert ist dagegen eine Hydrotherapie mit Unterwassermassage des Beckenbodenbereichs.

Merke: Bei der Einnahme von **Medikamenten** sollten **Nebenwirkungen** beachtet werden. Besteht eine **Harndauerableitung,** ist eine entsprechende **pflegerische Versorgung** erforderlich.

1.5.7 Harnblasenkarzinom

Definition: Bösartiger Tumor im Bereich der Harnblase. In den Industriestaaten sind etwa 90 % der Blasentumoren Übergangszellkarzinome.

Das Verhältnis von Männern zu Frauen mit Harnblasenkarzinom ist 3:1. Das Blasenkarzinom ist der vierthäufigste Tumor bei Männern und der fünfthäufigste bei Frauen.

Bedeutung für die Geriatrie

Sowohl Inzidenz als auch Mortalitätsrate bei Vorliegen eines Blasentumors steigen mit dem Alter. Der Blasentumor ist der fünfthäufigste Grund für einen Tumortod bei Männern im Alter von über 75 Jahren.

Symptomatik

Die häufigsten **Früh- und Erstsymptome** sind Mikro- und Makrohämaturie sowie dysurische Beschwerden (Pollakisurie, Strangurie). Subjektive Beschwerden können lange Zeit völlig fehlen. Mögliche **weitere Symptome** sind eher unspezifisch, z. B. erschwertes Wasserlassen, Blasenschmerzen, Flankenschmerzen bei tumorbedingten Harnabflussstörungen.

Ärztliche Maßnahmen

Nach einer entsprechenden Diagnostik, die immer eine **Urethrozystoskopie** mit **zytologischer Untersuchung** voraussetzt, wird entsprechend dem Tumorstadium, dem Tumorgrad und der Tumorgröße therapiert. Operativ wird häufig die **transurethrale Resektion** (**TUR**) durchgeführt, wobei der Blasentumor unter endoskopischer Sicht mit einer halbkreisförmigen Metallschlinge abgetragen wird, die mit Hochfrequenzstrom geladen werden kann. Des Weiteren kommt eine **radikale Zystektomie** in Frage, wobei die Harnableitung nachfolgend über ein **Ileumconduit** erfolgen muss. In Einzelfällen kann auch eine **Blasenteilresektion** erfolgreich sein. Eine **Radiotherapie**, oft gekoppelt mit **Chemotherapie**, wird bei fortgeschrittenem Tumorstadium durchgeführt.

Pflegerische Maßnahmen

In Abhängigkeit von der Therapie ergeben sich besondere pflegerische Maßnahmen. Bei Anlage eines **Ileumconduits** muss eine entsprechende **Versorgung** und ein **Training** des Patienten erfolgen. Bei sehr belastenden Therapieformen muss auf **kalorien- und proteinreiche Ernährung**, besondere **Hautpflege** und die Durchführung geeigneter **Bewegungsübungen** geachtet werden. Die psychische Betreuung des Patienten ist besonders wichtig.

1.5.8 Prostatakarzinom

> **Definition:** 95 % der bösartigen Tumore der Vorsteherdrüse sind vom Drüsengewebe ausgehende, sog. Adenokarzinome. Der verbleibende Anteil wird zu mehr als 90 % durch das Urothelkarzinom (Tumor des die Harnwege auskleidenden Epithelgewebes) bestimmt.

Metastasierung

Die Metastasierung erfolgt üblicherweise zunächst in die angrenzenden Lymphknoten. Eine Knochenmetastasierung liegt in 65 bis 85 % vor. In absteigender Reihenfolge sind folgende Knochenbereiche befallen: Becken 70 bis 80 %, Lendenwirbelsäule 70 %, Brustwirbelsäule 60 %, Rippen 35 %, Oberschenkel 48 % und Schulter 40 %.

Bedeutung für die Geriatrie

Das Prostatakarzinom ist bei Männern die am **häufigsten beobachtete Krebskrankheit**. Sie wird selten vor dem 40. Lebensjahr diagnostiziert und erreicht ihren Häufigkeitsgipfel im 7. und 8. Lebensjahrzehnt. Über 50 % aller Männer über 70 Jahre haben bei einer Sektion ein histologisch nachweisbares Prostatakarzinom. Die Mehrheit stirbt allerdings nicht daran.

Symptomatik

Das Prostatakarzinom ist im **Frühstadium** völlig **symptomlos**. Erst wenn die langsam wachsende Geschwulst die hintere Harnröhre erreicht hat, treten Miktionsbeschwerden auf, verbunden mit Hämaturie und Harndrang. **Blasenentleerungsstörungen** mit **Restharnbildung** sind meist Zeichen eines **fortgeschrittenen Stadiums**. Kreuzschmerzen, ischialgiforme und rheumatische Beschwerden sind beim Hochbetagten in Verbindung mit Miktionsbeschwerden verdächtig auf ein Prostatakarzinom mit Knochenmetastasierung in die Lendenwirbelsäule und das Becken. Diese Beschwerden werden von 30 % der Patienten mit einem Prostatakarzinom angegeben.

Ärztliche Maßnahmen

Diagnostisch sind die digital-rektale Untersuchung, die Bestimmung des PSA (prostataspezifisches Antigen) und die transrektale Sonografie von besonderer Bedeutung. Für die Therapieentscheidung spielt das Lebensalter eine wesentliche Rolle. So ist die **radikale Prostatektomie** (vollständige operative Entfernung der Vorsteherdrüse) nur bei einer **Lebenserwartung** von mindestens 10 Jahren indiziert. Die Auswirkungen des Prostatakarzinoms auf die Überlebenswahrscheinlichkeit des Patienten werden hauptsächlich durch das **Stadium des Tumors** und seiner Aggressivität bestimmt. Eine Therapie des fortgeschrittenen Karzinoms mit Strahlentherapie, Hormonen und Zytostatika (Chemotherapie) weist eine hohe Rate an Nebenwirkungen und Komplikationen auf. Sie hat sich auch an der Einstellung und Erwartung des Patienten zu orientieren und sollte das Lebensalter des Patienten und vorhandene Begleiterkrankungen berücksichtigen.

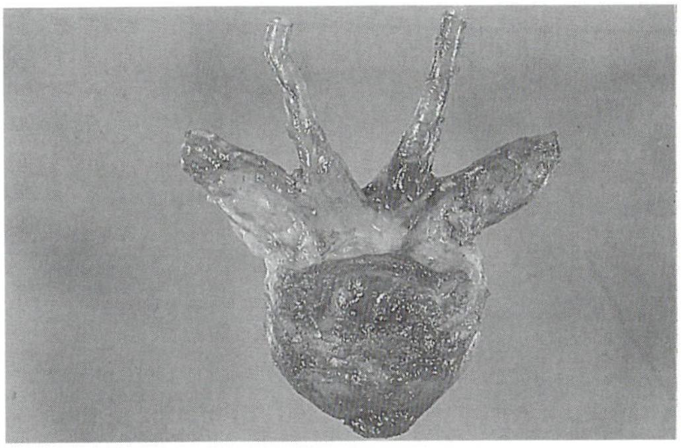

Abb. 48: Operationspräparat: radikale Prostatektomie (Prostata, Samenblasen, Ampullen der Samenleiter)

Pflegerische Maßnahmen

Nach einer totalen Prostatektomie besteht fast immer eine Stressinkontinenz, die durch **Beckenbodengymnastik** gebessert werden kann. Eine entsprechende **Inkontinenzversorgung** ist angezeigt. Im fortgeschrittenen Stadium mit Metastasierung stehen die **Schmerztherapie** und die **psychische Betreuung** im Vordergrund.

1.6 Stoffwechsel- und endokrine Erkrankungen

1.6.1 Diabetes mellitus

> **Definition:** Bei Diabetes mellitus handelt es sich um eine chronische Stoffwechselerkrankung, die auf einem relativen oder absoluten Insulinmangel beruht und mit Störungen des Blutzuckerspiegels einhergeht. Man unterscheidet den insulinabhängigen Diabetes mellitus Typ I – vom insulinunabhängigen Typ II – Diabetes. Dieser wird noch einmal in Typ II a ohne Adipositas und Typ II b mit Adipositas unterteilt.

Diagnostik

Hauptursache des Diabetes mellitus Typ II ist die periphere Insulinresistenz. Erhöhte Insulinspiegel bewirken eine Verminderung der Insulinrezeptoren auf der Zellmembran und somit eine reduzierte Glukoseaufnahme, insbesondere in der Muskulatur (☞ „Metabolisches Syndrom“, Kap. 1.6.2, S. 152 ff.).

Laborwerte

Der Diabetes wird durch Laboruntersuchungen diagnostiziert. Liegt der Blutzuckerwert im Kapillarblut des **nüchternen** Patienten bei einem Wert von **6,7 mmol/l oder darüber** bzw. überschreitet der **Wert 2 Std. nach**

Aufnahme von 75 g **Glukose** die Grenze von **11 mmol/l,** so ist die Diagnose **„Diabetes mellitus"** vorläufig gesichert.

Verminderte Glukosetoleranz

Eine **„verminderte Glukosetoleranz"** liegt vor, wenn **der Nüchternblutzucker nicht erhöht** ist, der Blutzucker **zwei Stunden** nach Gabe von 75 g Glukose hingegen **leicht erhöht** ist **(7,8 –11,1 mmol/l).**

> **Merke:** Während der Typ-I-Diabetes (insulinabhängiger Diabetes) in erster Linie beim jüngeren Patienten auftritt und als Krankheit mit ins Alter genommen wird, ist der Typ-II-Diabetes (früher „Altersdiabetes") in erster Linie beim älteren Patienten zu beobachten.

Bedeutung für die Geriatrie

Das Auftreten des Diabetes, insbesondere des Typ-II-Diabetes, ist deutlich altersabhängig. Jenseits des 60. Lebensjahres leidet bereits jeder Vierte an dieser Stoffwechselstörung. Im höheren Lebensalter zeigt sich auch eine geschlechtsspezifische Prävalenz mit einem deutlichen Überwiegen der Frauen. Rund 95 % der älteren Diabetiker leiden an einem Typ-II-Diabetes. Im Krankenhaus und in Pflegeheimen sind teilweise über 30 % der Patienten von einem Diabetes mellitus betroffen. Diabetes ist **die sechsthäufigste Todesursache** bei **über 50-Jährigen.** Diabetische Spätkomplikationen können die **Lebensqualität** stark **beeinträchtigen.** Diabetes mellitus ist ein **Risikofaktor** für die Entstehung der **Arteriosklerose.** Diabetiker neigen zu erhöhter **Krankheitsanfälligkeit.** Die mit Diabetes einhergehenden **Komplikationen** weisen meist einen **atypischen Krankheitsverlauf** auf. So ist z. B. die diabetische Neuropathie durch herabgesetzte oder fehlende Schmerzempfindung gekennzeichnet.

Symptomatik

Die Symptome unterscheiden sich bei beiden Diabetesformen deutlich (☞ Tab. 16). Die Frühsymptome sind jedoch meist ähnlich, z. B. Pruritus (Juckreiz), Pyodermien (Hautinfektionen, vor allem mit Staphylokokken) und Entzündungen in unterschiedlichen Körperregionen wie Balanitis (Entzündung der Glans penis), Vulvitis (Entzündung des äußeren Genitalbereichs der Frau), Intertrigo (Entzündung und Wundsein im Bereich von Hautfalten), Gingivitis (Zahnfleischentzündung) und Furunkulose (Infektion der Haarbälge und Talgdrüsen der Haut).

Tab. 16: Unterschiede in Abhängigkeit vom Diabetes-Typ

Beobachtungsmerkmale	Diabetes Typ I	Diabetes Typ II
Erstmanifestation	15. bis 25. Lebensjahr	meist nach dem 40. Lebensjahr
Beginn der Erkrankung	akut	langsam fortschreitend
Körperbau	Astheniker, eher untergewichtig	meist Übergewicht
Stoffwechsellage	in der Regel labil	eher stabil
Neigung zu Ketoazidose	augeprägt	gering
Reaktion auf Insulin	insulinempfindlich	relativ insulinresistent
Diagnosestellung	Untersuchung erfolgt meist nach Beobachtung typischer Symptome	meist Zufallsdiagnose

Bei der Erstmanifestation im höheren Alter findet sich häufig Appetitlosigkeit, Gewichtsverlust, Müdigkeit, Antriebsarmut, eine verminderte Gestik sowie eingeschränkte Mobilität (Schwäche, Erschöpfung). Des Weiteren sind häufig eine Inkontinenz sowie die Verschlechterung einer vorbestehenden Erkrankung (kardiovaskuläre Erkrankungen, Harnwegsinfekte) zu beobachten.

Komplikationen

Das Ausmaß der Folgeerkrankungen ist individuell sehr unterschiedlich und abhängig von der Einstellung des Blutzuckers. Mögliche **Folgeerscheinungen** des Diabetes mellitus sind:

- **Mikroangiopathie** (Durchblutungsstörungen im Bereich der kleinen und kleinsten Arterien), die zu Schädigungen in unterschiedlichen Organsystemen (Auge, Niere, Nervensystem, ...) führt.
- **Diabetische Retinopathie** (Schädigung der Kapillaren im Bereich des Auges), gekennzeichnet durch Einblutungen, z. T. in die Netzhaut. Im fortgeschrittenen Stadium wuchern Gefäßneubildungen in den Glaskörper ein, die zu Ödemen, zur Ausbildung eines Glaukoms, zum Verlust der Sehschärfe bis zu Erblindung führen können (☞ Kap. 1.8.3, S. 182 f.).
- Nierenschäden (**diabetische Nephropathie**).
- **Makroangiopathie** (Arteriosklerose)
  - koronare Herzerkrankung,
  - zerebrale Durchblutungsstörungen,
  - Schlaganfall,
  - peripher-arterielle Durchblutungsstörungen (pAVK).
- **Schädigung** des **peripheren Nervensystems**
  - herabgesetztes Empfinden von Temperatur, Berührung und Schmerz, meist strumpfförmig an den unteren Extremitäten (Polyneuropathie),
  - schmerzhaftes Kribbeln (Parästhesien).
- **Schädigung** des autonomen Nervensystems
  - kadiale Probleme,
  - Magenentleerungsstörungen, Durchfall, Stuhlinkontinenz,
  - Blasenentleerungsstörungen, Harnwegsinfekte.
- **Fettleber**
- **Diabetischer Fuß.**

Eine besondere Komplikation stellt **der hypoglykämische und hyperglykämische Schock** dar (☞ Kap. 2.10.1 und 2.10.2, S. 203 ff.).

Ärztliche Maßnahmen

Die Diagnose gilt als gesichert, wenn der Nüchternblutzucker im Kapillarblut mehrfach einen Wert von 130 mg/100 ml (7 mmol/l) überschreitet. Das Behandlungsziel im höheren Alter ist die **Symptomfreiheit** des Patienten sowie die **Verhütung akuter und chronischer Komplikationen.**

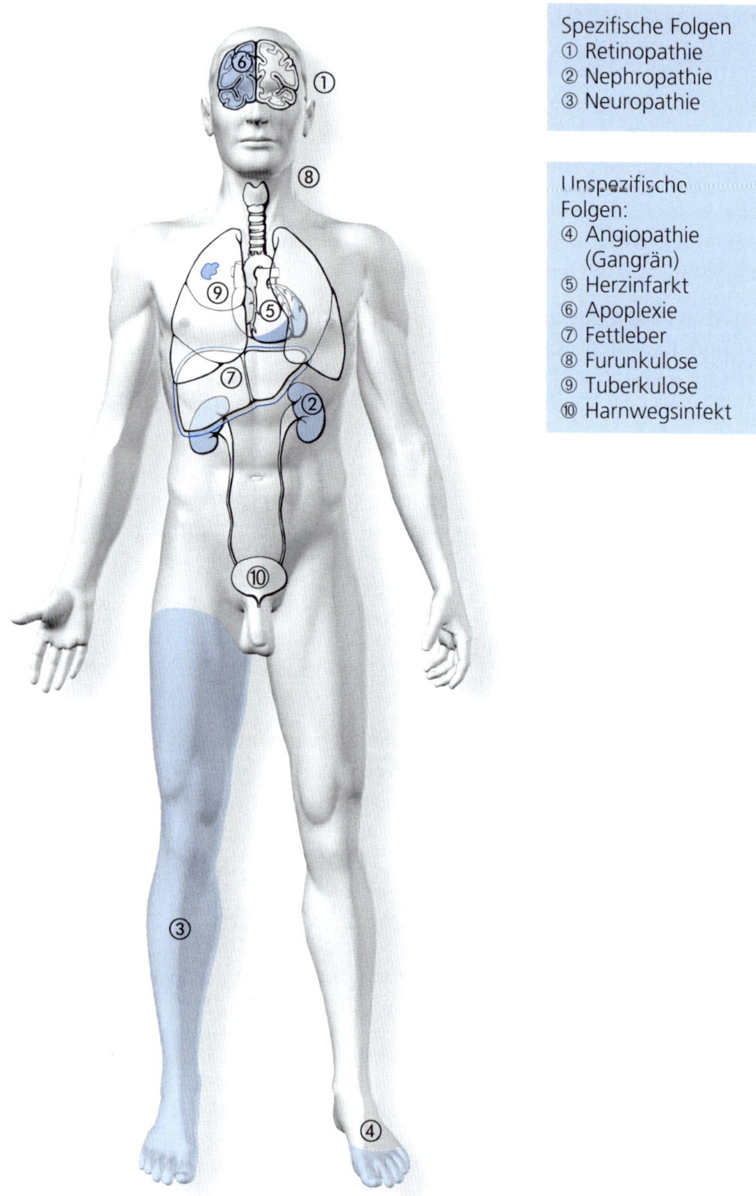

Abb. 49: Spezifische und unspezifische Komplikationen des Diabetes mellitus

Blutzuckereinstellung

Bei der Therapie sind **Nüchternglukosekonzentrationen** um 140 mg/dl (7,8 mmol/l) und eine **postprandiale Glukosekonzentration** unter 200 mg/dl (11,1 mmol/l) anzustreben. Eine Glukosekonzentration über 200 mg/dl (11,1 mmol/l) führt bereits zu Einschränkungen der zerebralen Leistungsfähigkeit.

Bei Patienten mit Typ-II-Diabetes **in fortgeschrittenem Stadium** sollte in Abhängigkeit von der Prognose, Krankheitsdauer, bereits bestehender

Spätkomplikationen sowie der Compliance des Betroffenen eine straffere Blutzuckereinstellung angestrebt werden.
Die Blutzuckereinstellung erfolgt durch eine spezielle Diät, durch Gewichtsreduktion und körperliche Aktivität. Sind diese Allgemeinmaßnahmen nicht ausreichend, werden orale Antidiabetika bzw. Insulin verabreicht. Der Typ-I-Diabetiker wird grundsätzlich mit Insulin behandelt.

Pflegerische Maßnahmen

Patienten mit eingeschränkter Compliance sollten feste Regeln vorgegeben werden, z. B. die Zeiten der Arzneimitteleinnahme und der Nahrungsaufnahme, Richtlinien bzgl. der Art und Menge der Nahrungsmittel etc. Die Einhaltung der verordneten **Diabetesdiät** und die regelmäßige Einnahme **oraler Antidiabetika** bzw. die zeit- und fachgerechte Durchführung der verordneten **Insulininjektionen** sind die wichtigsten **Grundlagen der Therapie.** Diese Aufgaben obliegen den Pflegenden.
Adipöse Patienten müssen dabei unterstützt werden, das angestrebte Normalgewicht zu erreichen. Die Einhaltung der verordneten Diät muss überwacht, regelmäßige Gewichtskontrollen müssen durchgeführt werden. Die Gesamtkalorienmenge wird auf mehrere kleine Mahlzeiten verteilt. Dabei sollte beachtet werden, dass unrealistische Diätvorgaben den Patienten i.d.R. entmutigen und häufig zum Misserfolg führen, da er sich nicht an die Vorgaben hält.
Eine weitere wichtige pflegerische Aufgabe besteht in der **regelmäßigen Kontrolle der Blutdruckwerte.** Der Blutdruck sollte im Rahmen der Therapie auf Werte unter 130/80 mmHg gesenkt werden. Dabei besteht die Gefahr, dass der Patient unter Schwindelgefühl leidet und vermehrt zu Stürzen neigt. Der ältere Mensch muss dahingehend beobachtet und vor Verletzungen geschützt werden.

Spezieller Pflegehinweis: Die Pflegenden haben darüber hinaus die Aufgabe, dem sog. **diabetischen Fuß** vorzubeugen. Hierbei ist die **Beobachtung der Haut** auf Druckstellen, Verletzungen und Infektionszeichen (Rötung, Schwellung, Überwärmung, Schmerz, eingeschränkte Funktion) und die Kontrolle der Sensibilität und Schmerzempfindung wichtig.

Blutzuckerentgleisung

Besondere Sorgfalt muss auf die Verhütung einer akuten Bedrohung des Patienten durch **Unterzuckerung** (Hypoglykämie) gelegt werden. Regelmäßige **Blutzuckerkontrollen** sind erforderlich. Die pflegerische Beobachtung bezieht sich auf den **Bewusstseinszustand** des Betroffenen und das rechtzeitige Erkennen von **Schockzeichen** (Blässe, Kaltschweißigkeit u. Ä.). Darüber hinaus ist die Überwachung von **Puls- und Blutdruckwerten** notwendig. Das Auftreten einer **Hyperglykämie** (stark erhöhte Blutzuckerwerte) ist bei gut eingestellten und kooperativen Diabetikern selten, stellt aber ein Problem bei unkooperativen Patienten dar.

Achtung: Bei ausgeprägter **Hyperglykämie** besteht die Gefahr eines **diabetischen Komas** (Coma diabeticum), das als **Notfall** anzusehen ist und der umgehenden Intensivpflege bedarf.

Sonstige Überwachungsmaßnahmen dienen der Erkennung von Veränderungen und der **Verhütung von Folgeschäden**. Zur Überwachung gehören u. a. die Beobachtung vermehrter Schweißsekretion, v. a. im Bereich der Hautfalten (Gefahr der Hautschädigung), die regelmäßige Kontrolle der Harnausscheidung und des Harnzuckers, die Beobachtung des Nachlassens der Sehfähigkeit etc.

1.6.2 Metabolisches Syndrom

Definition: Seit Ende der 80er-Jahre wird vermehrt über ein klinisches Syndrom berichtet, welches auch als Insulinresistenzsyndrom (oder „Syndrom X") bezeichnet wird und durch folgende Faktoren gekennzeichnet ist: Hyperinsulinämie (infolge Insulinresistenz), Hypertonie, Fettstoffwechselstörung (Erhöhung des Gesamtcholesterins), Hyperurikämie (Erhöhung des Harnsäurespiegels im Blut) und stammbetonte Adipositas (Übergewicht vom androiden „Apfel-Typ").

Als These für dieses klinische Syndrom wird die Folge einer polygen vererbten Disposition angesehen, die den Anlageträgern in früheren Hungerszeiten einen Überlebensvorteil sicherte, da zugeführte Nahrung in Fettdepots angelegt wurde. Da Hungersnöte heutzutage ausbleiben, resultiert hieraus ein Risikofaktor für Arteriosklerose.
Einen entscheidenden Faktor für die Entstehung und den Verlauf des metabolischen Syndroms stellt aber die **Hyperinsulinämie** dar (☞ Abb. 50).
Die Hyperinsulinämie als Kompensationsmechanismus des Organismus für die Insulinsresistenz führt zu einer Reihe von Erkrankungen, wobei die Hypertonie und die koronare Herzkrankheit eine besonders große Rolle spielen.
Umgekehrt tritt eine Insulinresistenz im Rahmen einer Hypertonie, einer Fettstoffwechselstörung und/oder einer Adipositas auf (☞ Übersicht 39).

Übersicht 39: Krankheiten und metabolische Störungen bei Insulinresistenz

- Störungen der Glukosetoleranz
- Diabetes mellitus Typ-II
- Hypertonie
- Fettstoffwechselstörung
- Hyperurikämie (Gicht)
- Adipositas
- Blutgerinnungsstörung (Hyperkoagulation)
- koronare Herzkrankheit (KHK).

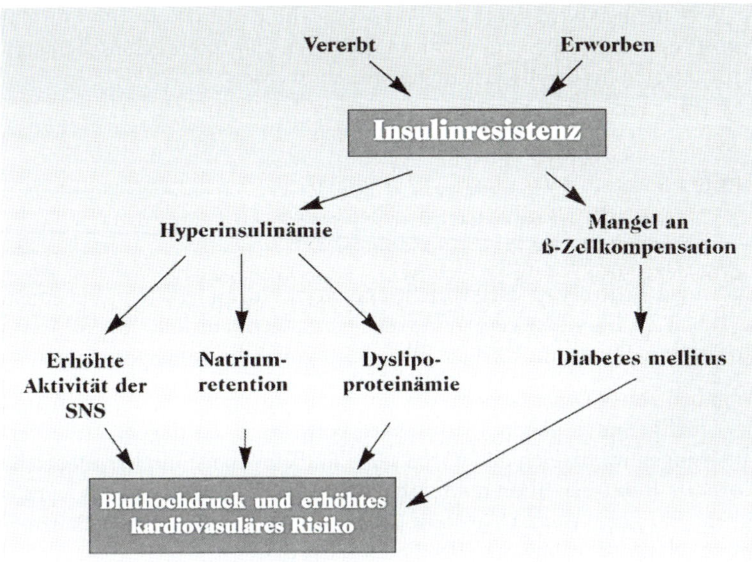

Abb. 50: Beziehung zwischen Insulinresistenz, Hypertonie und Arteriosklerose

Bedeutung für die Geriatrie

Von allen Diabetikern sind 80 % der Typ-II-Diabetiker übergewichtig, von diesen leiden wiederum 80 % an einer arteriellen Hypertonie. Umgekehrt leiden 70 % aller Hypertoniker unter Glukose- und/oder Fettstoffwechselstörungen. So ist die als Risikofaktor für Arteriosklerose bekannte Hypertonie heute nicht mehr als isoliertes Krankheitsbild zu betrachten, sondern als Folge einer frühzeitigen Insulinresistenz bei Adipositas. Dieser Insulinresistenz kommt eine zentrale Bedeutung als Teil eines Stoffwechselsyndroms zu. Präventiv genügt es nicht, einen erhöhten **Blutdruck** zu **senken**, vielmehr müssen weitere Faktoren wie **Insulinresistenz, Fettstoffwechselstörung** und **Übergewicht** in die **Therapie** einbezogen werden.

Symptomatik

Hypertonie (☞ Kap. 1.1.4, S. 24 ff.), **Diabetes mellitus** (☞ Kap. 1.6.1, S. 147 ff.) und **Hyperurikämie** (☞ Kap. 1.4.3, S. 106 ff.), die Hauptsymptome des metabolischen Syndroms, werden in den angegebenen Kapiteln ausführlich dargestellt. An dieser Stelle sei die **Adipositas** erwähnt. Von Adipositas spricht man, wenn der Anteil des Fettgewebes am Gesamtkörpergewicht bei Männern 20 bis 25 % übersteigt, bei Frauen über 25 bis 30 % liegt.

Das wohl einfachste Verfahren zur Beurteilung des Körpergewichts ist der von dem Anthropologen und Chirurgen Broca im Jahre 1868 angegebene und nach ihm benannte Index (Broca-Formel).

Ein Problem bei Anwendung dieser Formel liegt sicherlich darin, dass Alter und Geschlecht nicht berücksichtigt werden.

> Das Normgewicht wird aus Körperhöhe in cm minus 100 ermittelt. Adipositas beginnt bei Werten über 10 bis 15 %.

Im Allgemeinen wird heute der Body-Mass-Index (BMI) als Maß für das wünschenswerte Körpergewicht angewendet. Für ältere Menschen sollten jedoch höhere Sollwerte angenommen werden.

$$\text{BMI} = \frac{\text{Körpergewicht (kg)}}{\text{Körperoberfläche (m}^2\text{)}}$$

Bei einem BMI bis zu 25,0 spricht man vom Normalgewicht, bei einem BMI von 25,1 bis 29,9 geht man von Übergewicht aus und über 30,0 von Adipositas. Bei einem BMI gar über 35,0 von Adipositas per magna.

Angaben zum Körpergewicht, das auf die Körpergröße bezogen ist, sind bei Hochbetagten generell kritisch zu betrachten, da degenerative Veränderungen im Bereich der Wirbelsäule und eine meist unphysiologische Körperhaltung des älteren Menschen das Berechnungsergebnis verfälschen. Ein gute Alternative stellt die Berechnung mit der **Impedanzmethode** (elektrische Messung des Fettanteils) dar.

Ärztliche Maßnahmen

Nach der **Diagnosestellung** richtet sich die Therapie des metabolischen Syndroms auf die vorliegenden Erkrankungen. Besondere Bedeutung kommt der **Behandlung** der **Hypertonie**, der **Fettstoffwechselstörung** und der **Reduzierung** des ggf. vorhandenen **Übergewichtes** zu. Liegt ein **Diabetes mellitus** vor, ist eine entsprechende **Therapie** indiziert. Der Patient muss überwacht und geschult werden (☞ Seite 151). Die Adipositas wird durch diätetische Maßnahmen, Verhaltenstherapie und vermehrte körperliche Aktivität reduziert.

Diätformen

Es gibt zahlreiche geeignete Diätformen. Neben einer **Reduktionsdiät** (Trenndiät, energiereduzierte Mischkost usw.) kommen dem **modifizierten Fasten** und **Formuladiäten** (gebrauchsfertige Nährstoffkonzentrate von konstanter Zusammensetzung) besondere Bedeutung zu.
Sowohl Diät als auch Verhaltenstherapie stoßen an Grenzen, wenn kein ausreichendes körperliches Training durchgeführt wird. Die zunehmend propagierte Pharmakotherapie muss kritisch betrachtet werden. Keinesfalls sollten Diuretika eingesetzt werden.

Pflegerische Maßnahmen

Die pflegerischen Maßnahmen orientieren sich an den vorliegenden Krankheitsbildern. Der Schwerpunkt liegt auf der **psychischen Führung** und bei Bedarf auf der **Diätüberwachung**. Der **Mobilisation** kommt unabhängig vom metabolischen Syndrom in der aktivierenden Pflege eine große Bedeutung zu.
Bei den über 75-Jährigen ist jedoch weniger die Adipositas von Bedeutung, sondern vielmehr die Fehl- und Mangelernährung.

1.6.3 Erkrankungen der Schilddrüse

Physiologische und pathophysiologische Veränderungen

Das Schilddrüsengewicht nimmt im höheren Alter leicht ab. Die Stärke des Epithelgewebes und die Vaskularisierung vermindert sich bei gleichzeitiger Bindegewebevermehrung. Sonografisch kann ein reduziertes Schilddrüsenvolumen diagnostiziert werden. Inhomogene Echostrukturen und herdförmige Veränderungen (Zysten, Verkalkungen, Knoten) sind äußerst häufig und erschweren die Differenzierung zwischen der sog. **Altersatrophie** und der **Struma mit regressiven Veränderungen**. Bei Jodmangel hingegen kann sich die Schilddrüse bis ins hohe Alter vergrößern. Darüber hinaus können sich – neben der diffusen Vergrößerung – auch neue Knoten bilden. Im fortgeschrittenen Stadium einer Schilddrüsenvergrößerung (Struma) nehmen Anzahl und Ausmaß degenerativer Veränderungen, Bindegewebevermehrung, Knotenbildung, Zysten sowie Verkalkung zu.

Leistungsfähigkeit

Im Allgemeinen ist die Schilddrüse im höheren Lebensalter bei etwas **verminderter Regulationsfähigkeit** ausreichend leistungsfähig. Die Jodaufnahme ist leicht reduziert, der intrathyreoidale Jodumsatz dagegen beschleunigt.

Bedeutung für die Geriatrie

Im Gegensatz zur früheren Lehrmeinung nimmt die Häufigkeit von Schilddrüsenerkrankungen mit steigendem Lebenalter nicht ab, in einigen Fällen ist sogar eine Zunahme zu beobachten. Die Diagnose einer Schilddrüsendysfunktion ist im Alter allerdings schwierig, da sich das klassische Bild der Erkrankung nur bei wenigen Patienten findet. Aus diesem Grund können zwischen dem Beginn der Beschwerden und der konkreten Diagnose bei einer Hypothyreose etwa 2 bis 3 Jahre, bei einer Hyperthyreose sogar 5 Jahre liegen.

> **Beachte:** Aus einer nicht erkannten Schilddrüsenerkrankung können eine Verschlechterung des Allgemeinzustandes und Pflegebedürftigkeit resultieren.

1.6.3.1 Struma

> **Definition:** Unter Struma (Kropf) versteht man die Schilddrüsenvergrößerung aufgrund einer Vermehrung des Schilddrüsengewebes mit nachfolgender Gefäß- und Bindegewebevermehrung. Die häufigste Ursache ist in der Bundesrepublik Deutschland der Jodmangel.

Bedeutung für die Geriatrie

Für das Auftreten einer Struma besteht bei älteren Patienten eine Prävalenz von über 50 %. Knotige Veränderungen der Schilddrüse sind bei 70 bis 90 % der älteren Menschen festzustellen. Die Schilddrüsengröße nimmt Untersuchungen zufolge bis über das 70. Lebensjahr hinaus zu, wobei knotig-degenerative Veränderungen überwiegen.

Symptomatik

Es bestehen eine tastbare **Schilddrüsenvergrößerung** und eine **Zunahme des Halsumfangs**, die auch für ältere Patienten kosmetische Auswirkungen hat. Daneben treten häufig **ein Enge- und Kloßgefühl im Hals** auf.

Komplikationen

Die Schilddrüsenvergrößerung kann zur Einengung der Lufröhre mit **Atembeschwerden** und pfeifendem Atemgeräusch (**Stridor**) führen. Eine Verengung der Speiseröhre mit **Schluckbeschwerden** ist möglich. Bei Durchblutungsstörungen der verengten Hals- und Armgefäße treten **Schwindel** und **Kollapsneigung** auf. In seltenen Fällen ist eine **Nervenschädigung** (N.laryngus recurrens) mit Heiserkeit zu beobachten.

Ärztliche Behandlung

Im Gegensatz zu jüngeren Patienten ist eine medikamentöse Therapie der Struma bei älteren Patienten mit lange bestehenden knotigen und degenerativen Veränderungen nicht mehr sinnvoll. Vor der Verabreichung von Schilddrüsenhormonen oder Jodpräparaten muss eine funktionelle Autonomie ausgeschlossen werden. Bei latent vorherrschender Hormonüberproduktion wird der Patient durch medikamentös zugeführte Schilddrüsenhormone gefährdet. Das Gleiche gilt für die Verabreichung von Jodpräparaten, die die körpereigene Produktion der Schilddrüsenhormone anregen. Bei älteren Patienten sind die **Radiojodtherapie** und die **Strumektomie** (operative Entfernung der Schilddrüse) Behandlungsmethoden der Wahl.
Ein **Schilddrüsenszintigramm** hilft hier im Hinblick auf die Therapieentscheidung.

Pflegerische Maßnahmen

Bei ausgeprägter Schilddrüsenvergrößerung sollten die ungehinderte Atmung und Sauerstoffversorgung (bei bestehender Dyspnoe) gewährleistet sein. Zudem sollte auf eine ausreichende Nahrungs- und Flüssigkeitszufuhr geachtet werden (Schluckbeschwerden). Die **atmungserleichternde Oberkörperhochlagerung** und die **Nahrungsaufnahme im Sitzen** mit leicht **nach vorn gebeugtem Kopf** sind geeignete Maßnahmen. **Weiche, passierte oder Breikost** erleichtern das Schlucken.

1.6.3.2 Hyperthyreose

Definition: Schilddüsenüberfunktion mit vermehrter Produktion und Ausschüttung von Schilddrüsenhormonen. Sie führt zu einem erhöhten Energieumsatz in den Körperzellen.

Ursachen

Die häufigsten Ursachen sind die **disseminierte Autonomie** der Schilddrüse, bei der das Schilddrüsengewebe nicht mehr der hypophysären TSH-Steuerung unterliegt, die **Thyreoiditis** (Morbus Basedow), eine Schilddrüsenentzündung, die bei älteren Patienten an zweiter Stelle der Ursachen liegt und das **autonome Schilddrüsenadenom** (gutartiger Tumor). Weitere Ursachen können **maligne Tumoren** der Schilddrüse (Schilddrüsenkarzinom), eine **jodinduzierte Überfunktion**, z. B. nach Überdosierung jodhaltiger Präparate oder der Überdosierung von Schilddrüsenhormonen u. a. sein.

Bedeutung für die Geriatrie

Die Inzidenz der Hyperthyreose liegt bei über 60-Jährigen zwischen 0,7 und 3,6 %. Frauen sind vier- bis zehnmal häufiger betroffen als Männer. Bei älteren Menschen wird die Erkrankung aufgrund der veränderten Symptomatik häufig nicht erkannt und führt nicht selten zu **Pflegebedürftigkeit.**

Symptomatik

Die Besonderheit der latenten und der manifesten Hyperthyreose im Alter besteht darin, dass die „klassischen" Symptome (Tachykardie, Herzklopfen, Tremor, Schlaflosigkeit, Nervosität, Wärmeintoleranz, Gewichtsverlust) geringer ausgeprägt sind als im jüngeren Lebensalter. Bei älteren Menschen steht nicht selten der **Gewichtsverlust** im Vordergrund, meist gekoppelt mit **geringerem Appetit**. An zweiter Stelle stehen rasche **Erschöpfbarkeit, Kurzatmigkeit, Tachykardie** und **Ödembildungen** im Bereich der Beine.
Diese Symptome lassen zunächst den Verdacht auf eine Herzinsuffizienz infolge koronarer Herzkrankheit oder auf Herzrhythmusstörungen zu. Mitunter wird eine entsprechende Therapie eingeleitet, ohne an eine gestörte Schilddrüsenfunktion zu denken.
Als weiteres Symptom kann eine allgemeine **Adynamie** vorherrschen, bei der Schwäche und Antriebsarmut im Vordergrund stehen, und die daher mit einer generellen „Altersschwäche" verwechselt werden kann. Die **„apathische Hyperthyreose"**, welche mit Gewichtsverlust, Schwäche, Lethargie und Depression einhergeht, kann eine maligne konsumierende Erkrankung vortäuschen. Eine Hyperthyreose kann andererseits einen Verwirrtheitszustand auslösen.

Symptome	ältere Patienten	junge Patienten
Exophthalmus	7 %	60 bis 70 %
Tachykardie	50 %	95 %
Struma	fehlt meist	90 %
Vorhofflimmern	39 %	10 bis 20 %
Tremor	50 %	92 %
Hyperaktivität	selten	häufig
Apathie	häufig	selten
Hyperphagie	11 %	61 %
Anorexie	36 %	7 %
Hitzeintoleranz	selten	häufig

Tab. 17: Klinische Merkmale der Hyperthyreose bei jungen und älteren Patienten

Komplikationen

Eine schwer wiegende Komplikation ist die **thyreotoxische Krise**. Eine ausgeprägte Hyperthyreose kann unter bestimmten Umständen entgleisen, z. B. nach Absetzen der vom Arzt verordneten Medikation, nach Jodaufnahme (z. B. bestimmte Geriatrika), nach Gabe von Röntgenkontrastmitteln in der Klinik, bei belastenden Manipulationen im Halsbereich oder bei Exsikkose. Sie äußert sich durch ausgeprägte Tachykardie (Pulswerte von 140 bis 160 Schläge/Min.), Fieber, Nervosität, erhöhte Schweißneigung, evtl. Durchfall, Muskelschwäche und starken Gewichtsverlust. Im weiteren Verlauf kann es zu einem Psychosyndrom mit Halluzinationen und Bewusstseinsstörungen bis hin zum Koma mit lebensgefährlichem Kreislaufversagen kommen.

Ärztliche Maßnahmen

Da die klinischen Symptome und Zeichen häufig atypisch sind, kommt den **Laboruntersuchungen** eine entscheidende Bedeutung zu. Die Therapie erfolgt medikamentös mit **Schilddrüsenhemmstoffen** (Thyreostatika), deren Dosierung sich nach Symptomatik und Laborwerten richtet. Nach Erreichen der euthyreoten Stoffwechsellage wird bei funktioneller Autonomie über eine definitive Therapie entschieden, die im Alter meist in einer Radiojodtherapie besteht.
Bei kalten Knoten oder Schluckbeschwerden wird man auch bei älteren Patienten die Indikation zu einer **Operation** stellen.

Pflegerische Maßnahmen

Die körperliche Aktivität des Patienten sollte eingeschränkt werden, um den Energieumsatz möglichst niedrig zu halten. Bei Immobilität werden alle **Prophylaxen** (Dekubitus-, Thrombose-, Kontrakturen- und Pneumonieprophylaxe) durchgeführt. Meist benötigt der Patient **schlaffördernde Medikamente**, die der Arzt verordnet. Die zusätzliche Gabe schlaffördernder Getränke, z. B. Teemischungen aus Melissenblättern, Baldrianwurzeln und Orangenblüten, ist sinnvoll. Bei erhöhter Schweißsekretion sollte mehrmals täglich eine **Teil- oder Ganzkörperwaschung** durchgeführt werden. Wichtig ist, auf eine **ausreichende Nährstoffzufuhr** (hochkalorische Kost und Zwischenmahlzeiten) zu achten, um dem Gewichtsverlust entgegenzuwirken. Der **Krankenbeobachtung** kommt besondere Bedeutung zu (Puls, Blutdruck, Temperatur, Gewicht, psychische Verfassung). Die **Dokumentation** muss dem Arzt regelmäßig vorgelegt werden.

1.6.3.3 Hypothyreose

Definition: Schilddrüsenunterfunktion mit nachfolgender Minderversorgung des Organismus mit Schilddrüsenhormonen.

Ursachen

Die häufigste Ursache ist die **chronische Autoimmunthyreoiditis** (ca. 60 %). Iatrogene Ursachen für die Entwicklung der Hypothyreose im Alter sind zurückliegende **Strumaresektionen** mit unzureichender Nachbehandlung, Zustand nach **Radiojodtherapie** sowie lang dauernder **thyreostatischer Therapie**. Aber auch andere **Medikamente** (z. B. Lithium zur Behandlung von Depressionen) können zur Unterfunktion der Schilddrüse führen.

Bedeutung für die Geriatrie

Die **Prävalenz** ist mit dem Alter **stetig zunehmend**. Etwa 2 bis 3 % der Bewohner gerontopsychiatrischer Einrichtungen leiden unter einer Schilddrüsenunterfunktion. Bei geriatrischen Krankenhauspatienten findet man bei 3,4 % der über 60-Jährigen eine manifeste und bei 5 % eine latente Hypothyreose. Bei bettlägerigen über 80-jährigen Pflegeheimpatienten wurde in 3 bis 6 % der Fälle eine manifeste und in weiteren 10 % eine latente Hypothyreose festgestellt. Die Geschlechtsverteilung zeigte in allen Studien ein einheitliches Bild: Frauen sind mit einer Rate von 5:1 bis zu 10:1 deutlich häufiger betroffen.

Symptomatik

Die Hypothyreose wird bei älteren Menschen häufig übersehen, da sich die Symptomatik in der Regel langsam über viele Jahre entwickelt, sodass sich die Patienten an die Symptome der Unterfunktion gewöhnen. Typische Zeichen der Schilddrüsenunterfunktion werden wegen der langen Latenzzeit für normale Alterserscheinungen gehalten. Zu den **Symptomen** gehören Leistungsminderung, allgemeine Schwäche, Antriebsmangel, Lethargie, Müdigkeit verbunden mit Kälteintoleranz, Gedächtnisminderung, depressive Verstimmung, trockene, kühle Haut, brüchiges, trockenes Haar, Heiserkeit, Schwerhörigkeit, Bradykardie, Unterhaut- und Gesichtsschwellungen, Appetitlosigkeit, Obstipation sowie Muskelkrämpfe.

Ärztliche Maßnahmen

Da die Symptome häufig übersehen werden, ist eine regelmäßige Kontrolle der **Laborwerte (T_3, T_4, TRH, TSH)** empfehlenswert. Die Therapie erfolgt durch die lebenslange **Substitution** (Ersatz) von **Schilddrüsenhormonen,** z. B. L-Thyroxin®. Man beginnt mit einer niedrigen Dosis, die langsam (über mehrere Wochen) gesteigert wird. Bei zu rascher Dosiserhöhung oder zu hoher Dosierung besteht die Gefahr von Angina-pectoris-Anfällen und Herzinfarkt. Innerhalb weniger Wochen erhalten die Patienten ihre Vitalität und Aktivität zurück.

Pflegerische Maßnahmen

Begleitend zur medikamentösen Therapie sind **geistige und körperliche Aktivitäten** wichtig, um die volle Belastbarkeit wiederzuerlangen. Nach Absprache mit dem Arzt ist es sinnvoll, Bewegungsübungen durch Physiotherapeuten durchführen zu lassen. Unter der medikamentösen Therapie sollte eine regelmäßige **Gewichtskontrolle** erfolgen und gleichzeitig die **Ernährung** überwacht werden.

1.7 Gastrointestinale Krankheiten

Physiologische Altersveränderungen

Im Gegensatz zum kardiovaskulären System ist eine klinisch bedeutsame altersbedingte Funktionsabnahme im Magen-Darm-Trakt nicht zu beobachten. Viel häufiger sind bei Störungen im Bereich des Verdauungstraktes andere Grundkrankheiten verantwortlich (z. B. Rechtsherzinsuffizienz mit Stauungsgastritis). Häufig sind gastrointestinale Beschwerden Folge einer eingeschränkten körperlichen Aktivität bzw. einer emotionellen Unausgeglichenheit. Die mangelnde Verträglichkeit bestimmter Speisen geht nicht selten auf eine kontinuierliche Abnahme der Kaufähigkeit zurück. Zahlreiche Beschwerden im Bereich des Verdauungstraktes werden durch eine medikamentöse Mehrfachtherapie verursacht.

Funktionelle Veränderungen

Die funktionellen Veränderungen betreffen zwar alle intestinalen Aufgaben, doch stehen aufgrund ihrer Bedeutung die **Verdauung**, die **Absorption** und die **Immunabwehr** im Vordergrund. Die Koordination des peristaltischen Ablaufes im Ösophagus lässt nach, die Motilität des

Magens sinkt ab, die Passagezeit des Darminhalts im Dünndarm ist gering verlängert, auch die Motilität des Dickdarms nimmt im Alter etwas ab. Sekretionsstörungen des Magens (Säure), der Leber (Gallensäure) oder des Pankreas (Lipasen, Amylasen) nehmen zu und sind häufig Ausdruck einer Durchblutungsstörung oder einer Änderung der Bakterienflora.
Ähnlich der Gesamtimmunabwehr erleidet auch das Immunsystem des Intestinaltraktes einen altersabhängigen funktionellen Rückgang. Ausdruck dieses Rückgangs ist nicht nur die Zunahme **intestinaler viraler und bakterieller Infektionen,** auch die Entstehung **intestinaler Tumoren** wird damit in Verbindung gebracht.

Bedeutung für die Geriatrie

Gegenüber den Erkrankungen des Gehirns, des Herzens und der Lunge haben Erkrankungen des Verdauungstraktes im Alter sicherlich **untergeordnete Bedeutung.** Aufgrund der Veränderungen des Gastrointestinaltraktes kommt es aber zu Modifikationen einer Reihe von Krankheitsbildern, woraus sich **Besonderheiten in Diagnostik und Therapie** ergeben.

1.7.1 Erkrankungen mit hypotonem Sphinkter (Sphinkterinsuffizienz mit Refluxkrankheit)

Definition: Bei der Refluxkrankheit handelt es sich um eine Speiseröhrenentzündung, die durch „Zurückfließen“ des Magensaftes bei nachlassender Schließmuskelfunktion des Öspohagussphinkters auftritt.

Ätiologie

Physiologischerweise verhindert der untere Öspohagussphinkter einen Druckausgleich zwischen positivem intraabdominellem und negativem intrathorakalem Druck. Bei einer Insuffizienz dieser Muskelbarriere kommt es zur Refluxkrankheit, die häufig durch eine altersbedingte Erschlaffung des Bandapparates und durch die Ausbildung einer **Hiatushernie** begünstigt wird, die mit zunehmendem Lebensalter häufig auftritt. Wichtig erscheint die **Differenzierung** zwischen **primärer** Refluxkrankheit, bei der eine Ursache nicht ersichtlich ist, und einer **sekundären Refluxkrankheit**, bei der im Rahmen einer Kollagenose oder nach chirurgischen Eingriffen der untere Ösophagussphinkter zerstört wurde.
Reflux wird aber auch bei der Einnahme sphinkterschwächender Medikamente wie z. B. Anticholinergika, Betaadrenergika und Alpharezeptorenblockern beobachtet.

Bedeutung für die Geriatrie

Obwohl die Symptome der Refluxkrankheit im Alter geringer sind, steigt mit zunehmendem Lebensalter der Anteil der Patienten mit **schwerer Refluxösophagitis.** Häufig treten **Komplikationen** wie Ösophagitis, peptische Stenose, Endobrachyösophagus und Barrett-Ulkus auf.

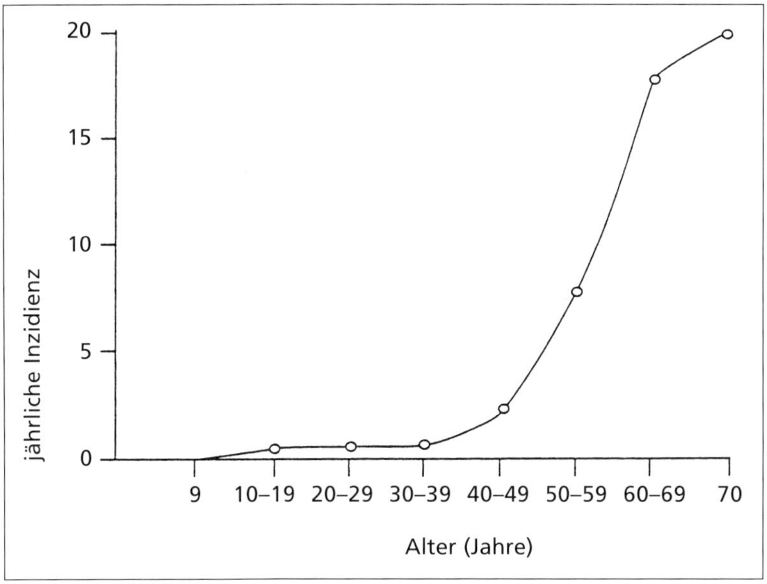

Abb. 51: Auftreten der Refluxösophagitis mit zunehmendem Alter (nach Rösch 1997)

Symptomatik

Im Vordergrund der Beschwerden stehen **Sodbrennen** und **Schmerzen im Epigastrium**, wobei nach klinischer Erfahrung die Ausprägung der Symptome im Alter deutlich geringer zu sein scheint als bei jüngeren Patienten. Nicht selten wird im Alter die Diagnose erst durch das Auftreten einer **Eisenmangelanämie** gestellt, wenn refluxtypische Symptome völlig fehlen oder vom Patienten nicht berichtet werden. **Thorakale Schmerzen** werden nicht selten zunächst als Angina pectoris fehlgedeutet. Auch **extraösophagiale Manifestationen** der Refluxkrankheit müssen Beachtung finden, z. B. chronische Heiserkeit, chronischer Husten, ständiges Räuspern, rezidivierende Aspirationen u. Ä. Auch der nicht kardiale Thoraxschmerz mit normalem Belastungs-EKG und unauffälliger Koronarangiografie kann durch pathologischen Reflux in der Speiseröhre im Sinne spastischer Kontraktionen des Organs ausgelöst werden.

Ärztliche Maßnahmen

Die **Behandlung** der Refluxkrankheit erfolgt heute insbesondere im Alter **konservativ**. Von den vielen für die Behandlung angebotenen **Pharmaka**, die die gestörte Motilität der Speiseröhre normalisieren und den Sphinkterdruck erhöhen sollen, und von den Medikamenten, die die Schleimhaut vor der schädigenden Säure schützen sollen, sind im Alltag praktisch nur die Substanzen von Bedeutung, die die Säurebildung im Magen hemmen. Dabei hat sich gezeigt, dass der pH-Wert des Magens über mindestens 15 Stunden auf über 4 angehoben werden muss, um Epithelläsionen zur Ausheilung zu bringen. Dies gelingt praktisch nur mit **Protonenpumpenblockern** (z. B. Omeprazol).

Pflegerische Maßnahmen

Wichtig sind **Begleitmaßnahmen**, die von der **Pflege durchgeführt** und **kontrolliert** werden müssen. Sie tragen dazu bei, den Sphinkter in seiner Funktion zu entlasten. Geeignete Maßnahmen sind z. B. Gewichtsreduktion, häufige Verabreichung kleiner Mahlzeiten, Vermeiden von Fett,

Nikotin und Alkohol, Oberkörperhochlagerung. Darüber hinaus sind Pflegemaßnahmen geeignet, die bei der Hiatushernie durchgeführt werden (☞ Kap. 1.7.2).

1.7.2 Hiatushernie

Definition: Als Hiatushernie bezeichnet man eine Verlagerung der gastroösophagialen Übergangszone durch den Hiatus oesophagus in den Thoraxraum. Prinzipiell werden die **axiale** und die **paraösophagiale Hernie** unterschieden, je nachdem, ob die Verlagerung durch den gering erweiterten Hiatus oder neben dem Ösophagus bei erhaltener Fixation der Kardia erfolgt (☞ Abb. 52). Eine Sonderform der paraösophagialen Hernie stellt **der Up-side-down-Magen** dar, bei dem der gesamte Magen in den Thoraxraum verlagert ist.

Ursachen

Ursache der Hiatushernie ist wahrscheinlich eine **Lockerung** der die Kardia verankernden **anatomischen Strukturen**. Auslösende Faktoren sind zum einen eine **Zunahme** des **intraabdominellen Drucks**, zum anderen eine **altersbedingte Bindegewebsschwäche**.

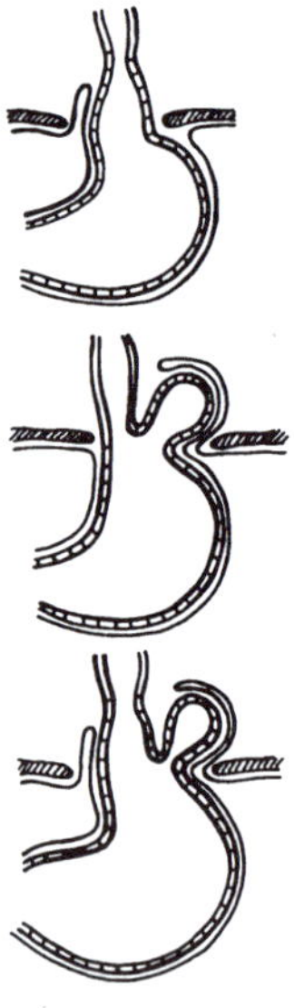

a) Axialer Gleitbruch

b) Paraösophageale Hernie

c) Kombination aus axialem Gleitbruch und paraösophagealer Hernie

Abb. 52a)–c): Hiatushernien

Bedeutung für die Geriatrie

Es besteht eine kontinuierliche Zunahme der Häufigkeit in Abhängigkeit vom Lebensalter. Bei 80-Jährigen findet sich in fast 80 % eine axiale Hiatushernie.

Symptomatik

Über 90 % aller Zwerchfellbrüche sind **Gleithernien**, die meist symptomlos verlaufen. Nur in 20 % der Fälle wird über Refluxbeschwerden geklagt, eine Refluxösophagitis findet sich nur bei 5 % der Patienten. Die

axiale Hiatushernie führt beim Würgen zum gastroösophagialen Prolaps, wobei die große Kurvatur des Magens in die Speiseröhre prolabiert. Hierbei kann es gelegentlich zu Einklemmungserscheinungen und petechialen Schleimhautblutungen kommen.
Der gastroösophagiale Prolaps ist die Ursache des **Mallory-Weiss-Syndroms**, bei dem sich längs verlaufende Einrisse im Bereich des ösophagokardialen Übergangs finden. Bei der **paraösophagialen Hernie** kommt es gelegentlich zu einer Eisenmangelanämie. Bei Vorliegen eines **Up-side-down-Magens** ergeben sich mitunter erhebliche Passageprobleme. Darüber hinaus kann es zu einem Volvulus (Darmverschlingung) mit erheblichen Durchblutungsstörungen kommen, die eine operative Korrektur im Thoraxbereich erforderlich macht.

Ärztliche Maßnahmen

Auch wenn die Hiatushernie mit einer Refluxkrankheit der Speiseröhre kombiniert ist, wird in der **Regel konservativ therapiert.** Nur in Ausnahmefällen und bei schwerer therapieresistenter Refluxösophagitis ist eine **Operation (Fundoplicatio)** indiziert.
Medikamentös kommen Mittel zum Einsatz, die die Magensäureausschüttung senken (H_2-Blocker, Protonenpumpenblocker) sowie die Magensäure neutralisierende Medikamente (Antazida), um eine Refluxösophagitis zu vermeiden.

Pflegerische Maßnahmen

Große Bedeutung haben **präventive Maßnahmen**, da sie helfen, den älteren Patienten vor dem Rückfluss von Magensaft in die Speiseröhre zu schützen.

Ernährung

Zusätzlich zu den pflegerischen Maßnahmen bei Erkrankungen mit hypotonem Sphinkter ist besonders auf **häufige kleinere Mahlzeiten** (6 bis 8 Mahlzeiten, eiweißreich und fettarm) zu achten, die möglichst in **sitzender Haltung** eingenommen werden sollen. Die letzte Mahlzeit soll drei bis vier Stunden vor dem Einschlafen zugeführt werden. Wichtig ist, auf **regelmäßige Stuhlentleerung** zu achten und für weichen Stuhlgang zu sorgen, um zu verhindern, dass die Hernie beim Pressen weiter in den Brustraum verlagert wird. **Bückende Tätigkeiten** sollten nach Möglichkeit **vermieden werden.** Der Patient sollte dazu angehalten werden, mit möglichst geradem Rücken in die Knie zu gehen, wenn er etwas aufheben will.

1.7.3 Gastritis

Definition: Bei der Magenschleimhautentzündung (Gastritis) unterscheidet man die akute von der chronischen Form. Bei der Entstehung der akuten Gastritis spielt die Magensäurebildung bzw. die Zerstörung der Magenschleimhaut als Schutzbarriere eine entscheidende Rolle. Zusammen mit der Enteritis zählt die Gastritis zu den häufigsten Erkrankungen des Verdauungstraktes.

Ursachen

Meist handelt es sich um eine **Virusinfektion**, nur selten liegt bei älteren Patienten eine akute **Infektion mit Helicobacter pylori** vor. Häufig wird die Gastritis durch Einnahme so genannter **ulzerogener Medikamente** hervorgerufen, z. B. Acetylsalicylsäure (Aspirin®), nicht steroidale Antirheumatika (NSAR), Antisympathotonika wie Reserpin u. a. Auch der **Genuss verdorbener oder verkeimter Lebensmittel** (Staphylokokkentoxine), z. B. bei zentraler Speisenversorgung durch Großküchen (lange Lagerung, weite Transportwege), kann eine Gastritis verursachen.

Chronische Gastritis

Die chronische Gastritis wird in drei Formen unterteilt:

- **Typ A (autoimmun)** wird hervorgerufen durch körpereigene Antikörper gegen die säurebildenden Zellen der Magenschleimhaut.
- **Typ B (bakteriell)** wird hervorgerufen durch eine bakterielle Besiedlung der Magenschleimhaut mit Helicobacter pylori.
- **Typ C (chemisch)** wird hervorgerufen durch exogene Noxen.

Bedeutung für die Geriatrie

Insbesondere die **chronische Gastritis vom Typ B** nimmt mit dem Alter kontinuierlich zu (☞ Abb. 53). Die Prävalenz des Helicobacter pylori steigt mit dem Alter und zeigt dabei eine enge Korrelation mit der Gastritis.

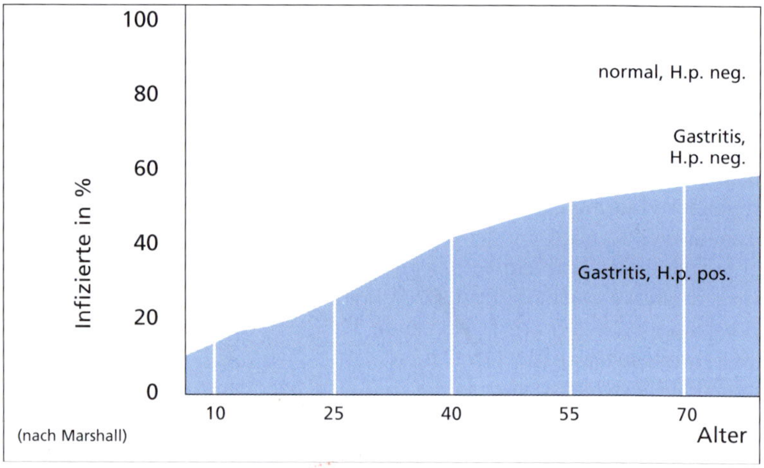

Abb. 53: Zunahme der Inzidenz der chronischen Gastritis vom B-Typ mit dem Lebensalter (Quelle: Platt, D.: Altersmedizin. Lehrbuch für Klinik und Praxis, 1997)

Symptomatik

Während bei der **akuten Gastritis** Inappetenz, Übelkeit, Erbrechen, saures Aufstoßen, Schmerzen im Epigastrium, unter Umständen eine akute gastrointestinale Blutung oder Durchfälle im Vordergrund stehen, sind bei der **chronischen Gastritis** über 50 % der älteren Patienten symptomfrei und geben keine Beschwerden an. Bei der akuten Gastritis weisen Benommenheit, Kopfschmerzen und Fieber auf systemische Auswirkungen hin.

Ärztliche Maßnahmen

Oberbauchbeschwerden, die länger als zwei bis drei Wochen dauern, sollten durch eine **Magenspiegelung** (Gastroskopie) abgeklärt werden. Bei der akuten Gastritis erfolgt eine **symptomatische Behandlung** der Magenschmerzen mit Spasmolytika sowie der Gabe von Magensäure neutralisierenden Medikamenten (Antazida) oder Medikamenten, die die Produktion der Magensäure vermindern (H_2-Blocker, Protonenpumpenblocker). Nachgewiesene Helicobacter-pylori-Bakterien werden mit Antibiotika und Wismutpräparaten bekämpft.

Pflegerische Maßnahmen

Das Ziel der pflegerischen Versorgung ist, durch präventive Maßnahmen die **Schonung des Magens** zu gewährleisten. Dies bedeutet im akuten Stadium evtl. die Verordnung von Nahrungskarenz oder die Gabe von Tee mit leichter Aufbaukost (Zwieback). Alkohol, Nikotin, Kaffee oder scharf gewürzte Speisen sollten vermieden werden.

> **Spezieller Pflegehinweis:** Zur **Linderung der Schmerzen** kann die lokale Wärmeanwendung (Wärmflasche, feuchtwarme Umschläge) sinnvoll sein. Auch die Gabe bestimmter Tees (z. B. Kamille oder Melisse) kann krampflösend und schmerzlindernd wirken. Die Lagerung mit angezogenen Beinen (Knierolle) bewirkt eine Entspannung der Bauchmuskulatur.

Bei chronischer Gastritis sollten mehrere kleinere Mahlzeiten über den Tag verteilt werden, salzige, süße und scharf gewürzte Speisen sowie Nikotin oder Alkohol sollten gemieden werden. Nach den Hauptmahlzeiten sind **Ruheperioden** mit leicht angehobenem Oberkörper empfehlenswert.

1.7.4 Ulcus ventriculi und Ulcus duodeni

> **Definition:** Es handelt sich hierbei um ein Geschwür im Bereich des Magens (Ulcus ventriculi) oder des Zwölffingerdarms (Ulcus duodeni), das sich häufig auf der Grundlage einer chronischen Gastritis entwickelt.

Ursachen

Der Schleimhautschutz kann nicht nur durch das Bakterium Helicobacter gestört sein, er kann ebenso durch Nikotin, Alkohol, Stress, die Einnahme von Kortikosteroiden und bei älteren Patienten insbesondere durch entzündungshemmende/antirheumatische Medikamente geschwächt sein.

Bedeutung für die Geriatrie

Die Inzidenz peptischer Ulzera nimmt bei älteren Menschen zu. Patienten mit Ulcus duodeni sind zu mehr als 30 % älter als 60 Jahre. Die peptische Ulkuskrankheit weist bei älteren Patienten eine **erhöhte Komplikationsrate** und **Mortalität** auf. Das Risiko, bei chronischer Einnahme von nicht steroidalen Antirheumatika (NSAR) eine ernsthafte Komplikation zu entwickeln, liegt bei Patienten jenseits des 75. Lebensjahres bei 5 %. Fast 80 % der Patienten, die an den Folgen eines Ulkus sterben, sind älter als 65 Jahre.

Symptomatik

Das **klinische Bild** peptischer Ulzera ist bei älteren Patienten oft **untypisch** und erschwert die Diagnosestellung. Typisch sind im Allgemeinen die fehlende Ulkusanamnese, eine kaum vorhandene Periodizität, der häufig sehr geringe Schmerz, die ungewöhnliche Größe des Ulkus sowie der verzögerte Heilungsverlauf mit Rezidivneigung. Neben abdominellem Unbehagen findet man gelegentlich dyspeptische Beschwerden, Anorexie, Übelkeit, Erbrechen und Singultus (Schluckauf). Nicht selten stellt eine **Eisenmangelanämie** das einzige Symptom eines bestehenden Ulkus dar.

Achtung: Die Gefahr von Blutungen und Perforation ist sehr groß, wobei das perforierte Ulkus bei Patienten über 60 Jahren diagnostisch ein schwieriges Problem darstellt.

So findet man nur bei etwas mehr als 60 % der Fälle typische Zeichen einer Bauchfellreizung. Bei sehr alten Patienten liegen anfänglich nur unerklärliche und uncharakteristische Schmerzreaktionen vor, oder es tritt plötzlich eine Sepsis auf. Das Risiko für Rezidivblutungen ist beim älteren Patienten erhöht (ca. ein Drittel der Fälle). Dabei haben Magenulzera eine größere Tendenz zu bluten als Duodenalgeschwüre. Die Letalität der akuten Ulkusblutung beträgt bei Patienten über 70 Jahre 40 %, wobei die häufig vorhandenen Begleiterkrankungen eine prognostisch wichtige Rolle spielen.

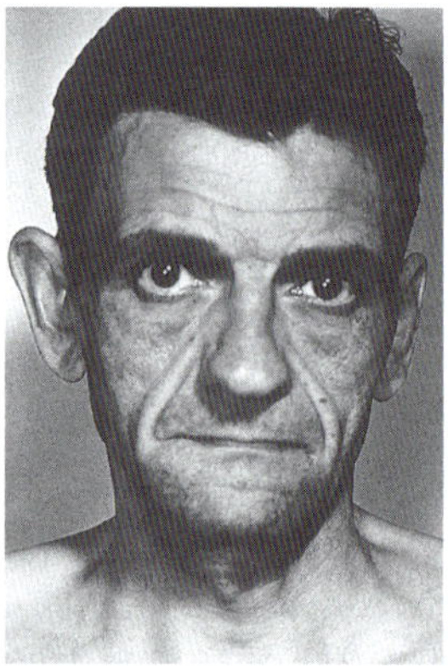

Abb. 54: Typisches „Ulkusgesicht" eines Patienten mit chronischer Ulkuskrankheit

Ärztliche Maßnahmen

Die Untersuchungsmethode der Wahl ist die Endoskopie des Magens und des Zwölffingerdarms (Gastroduodenoskopie). Die **endoskopische Diagnostik** trägt dazu bei, dass Patienten rechtzeitig einer notwendigen chirurgischen Intervention zugeführt werden können. Aufgrund der erhöhten Rate an Blutungen und Rezidivblutungen und der Tatsache, dass Betagte Blutungen schlechter tolerieren, sollte im Einzelfall nicht zu lange mit einer endoskopischen Untersuchung gewartet werden.
Die **konservative Ulkustherapie** im Alter unterscheidet sich nicht von der bei jüngeren Personen. Die **medikamentöse Therapie** richtet sich gegen Helicobacter pylori (☞ Gastritis, Kap. 1.7.3, S. 163 ff.). Darüber hinaus wird ähnlich wie bei der Gastritis eine medikamentöse Hemmung

der Säureausschüttung angestrebt. Bei den so genannten Riesenulzera des Magens (> 3 cm im Durchmesser) sind längere Behandlungszeiten erforderlich. Die Geschwüre sind häufig mit Candida albicans besiedelt, bluten leicht und haben ein erhöhtes Karzinomrisiko.

Pflegerische Maßnahmen

Zur **Notfallbehandlung** der akuten Blutung ☞ Kap. 2.6, S. 196 f. Therapeutisch ist die Einhaltung einer **magenschonenden Diät** sinnvoll, wobei kleine, über den Tag verteilte Mahlzeiten bedeutungsvoller sind als einzelne Nahrungsbestandteile. Zurückhaltung bei Kaffee, Alkohol und sauren Fruchtsäften. Möglichst keine späte Abendmahlzeit verabreichen.

1.7.5 Divertikulose des Kolons

Definition: Unter einem Divertikel versteht man die Ausstülpung der Mukosa an den Durchtrittsstellen der Gefäße durch die Muskulatur, wobei die Gefäße im Alter einen geänderten, senkrechten Verlauf zeigen und die asymmetrische Kontraktur zu einer Lückenbildung beiträgt. Von diesen Pseudodivertikeln sind die echten, meist solitär im Zökumbereich lokalisierten Divertikel abzugrenzen, die wahrscheinlich angeboren sind.

Bedeutung für die Geriatrie

Kolondivertikel sind vor dem 40. Lebensjahr selten, im höheren Lebensalter sind Divertikel in 30 bis 50 %, bei 80-Jährigen in über 60 % der Fälle nachweisbar (☞ Abb. 55a).

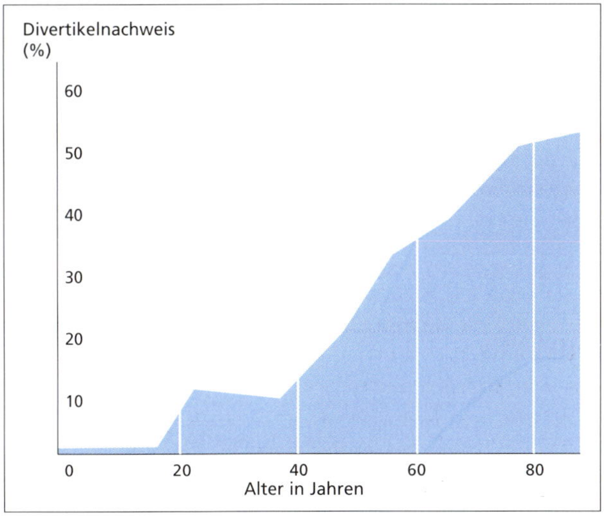

Abb. 55a: Divertikelnachweis und Lebensalter (Quelle: Rösch, W.: Erkrankungen des Verdauungstrakts im Alter. Gustav Fischer 1983)

Während das Sigma zu 70 % allein betroffen und zu 90 % mitbefallen ist, werden im Kolon ascendens nur in 0,5 % Divertikel nachgewiesen.

Weitere Divertikel in anderen Hohlorganen des Verdauungstraktes, insbesondere im Dünndarm, finden sich in 10 %.

Symptomatik

Eine unkomplizierte Divertikulose löst nur **selten Symptome** aus, und 80 bis 85 % der Divertikelträger bleiben zeitlebens beschwerdefrei. Gelegentlich kann es zu Schmerzen im linken Unterbauch kommen, wobei sämtliche Zeichen einer lokalen oder systemischen Entzündung fehlen. Als Schmerzursache stellt man sich eine erhöhte Spannung der Kolonwand vor. Die Defäkation führt in der Regel zur Linderung des Schmerzes.

Colon irritabile

Auch wenn 50 % der Divertikelträger über Obstipation, Durchfall, abdominelle Beschwerden oder Flatulenz klagen, dürfte dies eher Ausdruck eines **Colon irritabile** als der Divertikelkrankheit sein. Eine massive peranale Blutung kann das einzige gravierende Symptom einer Divertikulose sein, wobei es zur Ruptur eines durch die Divertikelbildung ausgewalzten, arteriosklerotisch veränderten Gefäßes kommt.

Komplikationen

Langzeitbeobachtungen von Patienten mit einer Kolondivertikulose über 15 Jahre haben gezeigt, dass in 40 % mit Komplikationen zu rechnen ist, nämlich in 25 % mit einer **Divertikulitis**, in 5 % mit einer Blutung, in 5 % mit einem **Ileus** und in 5 % mit einer **Perforation** mit und ohne Fistelbildung. Die Neigung der Divertikulose, in das entzündliche Stadium der **Divertikulitis** überzugehen, nimmt mit steigendem Lebensalter zu.

Ärztliche Maßnahmen

Anticholinergika zur Behandlung spastischer Beschwerden sind bei älteren Menschen wegen ihrer obstipierenden Wirkung und der Gefahr eines Glaukomanfalls bzw. einer Blasenauslassstörung mit Vorsicht einzusetzen.
Im Vordergrund wird der Hinweis auf eine **ballaststoffreiche Kost** und viel **Flüssigkeit** zur **Stuhlregulierung** stehen.

Pflegerische Maßnahmen

Zur Behandlung der symptomatischen Divertikulose wird heute allgemein eine **ballaststoffreiche Kost** empfohlen. 20 bis 30 g Weizenkleie führen zu einer deutlichen Beschleunigung der Passagezeit mit Zunahme des Stuhlvolumens und Abnahme der abdominellen Schmerzen.
Neben der ballaststoffreichen Kost ist **ausreichende Flüssigkeitszufuhr** wichtig, um den Stuhlgang weich zu halten und die Darmpassage zu beschleunigen. Ferner sollte, soweit es möglich ist, eine **Mobilisation** des Patienten durchgeführt werden. Besonders die Immobilität ist häufig die Ursache einer Obstipation, die das klinische Bild verschlechtert.

1.7.6 Divertikulitis

Definition: Die Divertikulitis, besser Peridivertikulitis, stellt die häufigste Komplikation der Divertikulose dar, wobei der Ausgangspunkt des entzündlichen Prozesses ein Kotstein in einem Divertikel ist, der über eine Drucknekrose zum Übergreifen entzündlicher Vorgänge auf die umgebende Kolonwand bzw. das perikolische Fettgewebe führt.

Bedeutung für die Geriatrie

Bei Patienten mit Divertikeln ist in einem Zeitraum von 15 Jahren in 25 % mit einer Divertikulitis zu rechnen. Über 5 % davon erleiden ein Divertikulitisrezidiv im Verlauf der nächsten 1 bis 2 Jahre.

Symptomatik

Die Diagnose der Divertikulitis wird klinisch gestellt, wenn abdominelle Schmerzen auftreten. Häufigstes Symptom ist ein **Schmerz im linken Unter- und Mittelbauch**; hier findet sich auch gelegentlich eine **tastbare Walze. Fieber, Leukozytose, CRP-Erhöhung** und **positiver Hämoccult®-Test** sind klassische Zeichen der Divertikulitis.

Komplikationen

Komplikationen sind die Ausbildung **intraabdomineller Abszesse**, die **Ruptur** eines zunächst umschriebenen peridivertikulitischen Abszesses mit Ausbildung von **Fisteln** (am häufigsten zur Harnblase und zur Vagina) sowie die partielle oder komplette Verlegung des Darmlumens (**Dickdarmmilieus**). Auch eine freie **Perforation** in die Bauchhöhle mit akuter **Peritonitis** ist möglich.

Ärztliche Maßnahmen

Patienten mit einer akuten Divertikulitis sollten **stationär behandelt** werden. Bettruhe, flüssige Kost oder Nulldiät und die orale oder systemische Gabe von Antibiotika wie Ampicillin oder Cephalosporine sind für einige Tage indiziert. Spastische Beschwerden sollten analgetisch behandelt werden.

Rezidiv

In der Regel kann durch diese Behandlung die akute Symptomatik innerhalb von 3 bis 10 Tagen beseitigt werden. Beim zweiten Divertikulitisrezidiv ist die Indikation zur **Sigmaresektion** mit **End-zu-End-Anastomose** im symptomfreien Intervall zu diskutieren. Die Operationsletalität beträgt im Intervall bei Patienten unter 70 Jahren 2,5 %, bei über 70-Jährigen 4,4 %. Notfalleingriffe sind hingegen bei den meist hochbetagten Patienten mit einer Letalität von 30 % belastet.

Pflegerische Maßnahmen

Im akuten Stadium ist bei Nahrungskarenz die **Überwachung** der **intravenösen Ernährung, der Flüssigkeitszufuhr** und der **Antibiotikamedikation** wichtig.

> **Beachte:** Der Beobachtung folgender Parameter kommt hier besondere Bedeutung zu: Stuhlausscheidung (Beimengungen, Häufigkeit, Konsistenz), Blähungen, Temperatur, Puls, Blutdruck und Schmerzen.

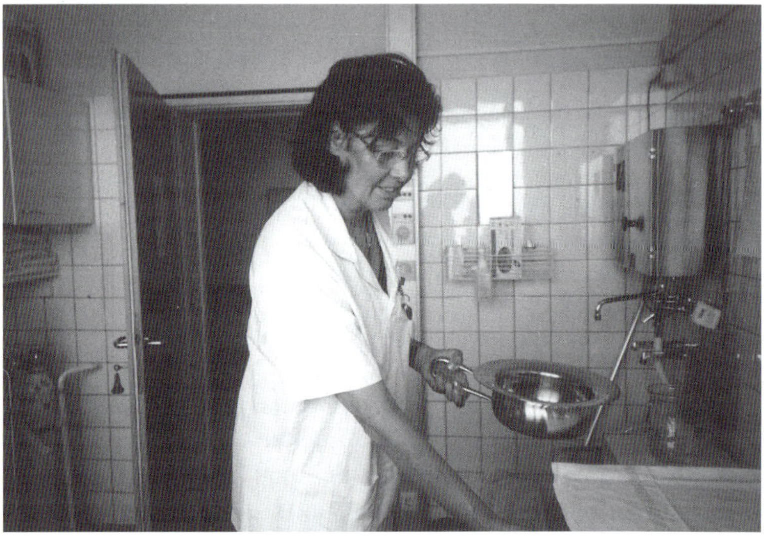

Abb. 55b: Beobachtung der Stuhlausscheidung

1.7.7 Ischämische Kolitis

Definition: Die ischämische Kolitis ist eine vorwiegend auf das höhere Lebensalter beschränkte Erkrankung, die vielfach mit anderen Durchblutungsstörungen, besonders der peripheren arteriellen Verschlusskrankheit assoziiert ist. Sie imponiert entweder als **akute Erkrankung**, wenn Blutgefäße durch Embolie (arteriosklerotisch oder aus flimmernden Vorhöfen des Herzens) verschlossen werden, oder sie weist eine **chronische Erscheinungsform** (evtl. als Angina abdominalis) auf, wenn der Gefäßverschluss nur langsam progredient ist. Besonders häufig (segmental) betroffene Darmabschnitte sind die linke Flexur, das Kolon descendens und das Sigma.

Ätiologie

Während embolische Verschlüsse in jedem Alter, d. h. auch ohne Vorschädigung der Blutgefäße, auftreten können, bildet im höheren Lebensalter das **arteriosklerotisch veränderte Blutgefäß** die Basis, auf welcher sich Ischämien entwickeln. **Auslöser** können dann hypotone Kreislaufreaktionen, Veränderungen der Blutfließgeschwindigkeit, eine Arteriitis oder ein Diabetes mellitus sein. Auch nach chirurgischen Eingriffen im Bauchraum sind Ischämien möglich.

Bedeutung für die Geriatrie

Es handelt sich um eine typische Alterserkrankung, die entsprechend der Ausprägung der Durchblutungsstörung einen **vital bedrohlichen Verlauf** nehmen kann.

Symptomatik

Bei akuten, auch intermittierenden abdominellen Schmerzen (nach Mahlzeiten), nach Stunden gefolgt von Diarrhoe mit und ohne Blut-

beimengungen, besteht Verdacht auf eine ischämische Kolitis. Die **kolikartigen Abdominalschmerzen** treten bevorzugt im linken Unterbauch auf, in zwei Dritteln der Fälle verbunden mit **rektaler Blutung** und in 80 % mit **Durchfällen.**
Etwa bei der Hälfte der Patienten handelt es sich glücklicherweise um passagere Ereignisse, die folgenlos vorübergehen. Der Verdacht wird erhärtet durch die Manifestation der Arteriosklerose an anderen Organsystemen (periphere arterielle Verschlusskrankheit, koronare Herzkrankheit, Gefäßgeräusche).

Folgen

Bei einer leichten, vorübergehenden Durchblutungsstörung werden Schäden nur an der Schleimhaut verursacht, die nekrotisch werden kann und abgestoßen wird. Bei zunehmenden Durchblutungsstörungen greifen die Schäden dann aber auf die Muskulatur über, sodass es zu einer **transmuralen Nekrose** kommt. Bei diesem Bild der vollständigen Infarzierung bestehen septische Temperaturen, Peritonismen, Tachykardie, Dyspnoe und eine Leukozytose zwischen 20.000 und 35.000. Schließlich entwickelt sich ein **Schock.**

Beachte: Die Patienten bedürfen intensiver Überwachung!

Ärztliche Maßnahmen

Die Diagnose ist vielfach schwierig zu stellen. Die sicherste Methode ist die **Kontrastmitteldarstellung der Abdominalgefäße,** die eine rasche Diagnose erlaubt. Allerdings ist die Angiografie nicht ohne Risiko, da sie die Durchblutung u. U. zusätzlich verschlechtern kann.
Die Behandlung des akuten vollständigen Gefäßverschlusses könnte durch eine **Embolektomie** erfolgen, doch muss diese in einem Zeitraum von ein bis zwei Stunden nach dem Verschluss erfolgen, damit die Funktionsfähigkeit des Darmes erhalten bleibt. Ansonsten bleibt nur die **Resektion des betroffenen Darmabschnittes.**
Der langsam verlaufende, in der Regel arteriosklerostische Gefäßverschluss kann bei einer gesicherten Diagnose zunächst konservativ, d. h. mit **Medikamenten** behandelt werden. Bei isolierten Stenosen ist auch die **angioplastische Dilatation** möglich.

Pflegerische Maßnahmen

Grundsätzlich sollte der ältere Mensch bei einem Verdacht auf ischämische Kolitis in **stationäre Diagnostik und Behandlung** kommen, da er einer **Intensivüberwachung** bedarf. Die Versorgung besteht in **Bettruhe** und kontinuierlicher Magenentleerung über eine **Sonde** bei parenteraler Ernährung. Es muss ein Ersatz des Blut-, Flüssigkeits- und Elektrolytverlustes bei gleichzeitiger Behandlung der Herzinsuffizienz erfolgen. Die parenterale/orale Gabe von Antibiotika stellt eine weitere Grundlage der konservativen Therapie dar. Hier sind die Pflegenden in Bezug auf die Überwachung, Krankenbeobachtung und Grundpflege gefordert.

1.7.8 Polyposis

Definition: Vorhandensein mehrerer bis zahlreicher Polypen, vor allem im Dickdarmbereich. Unter einem Polypen versteht man eine umschriebene, gestielte (manchmal auch breitbasige) Schleimhautvorwölbung (Adenom). Der Begriff „Polyp" bezeichnet rein deskriptiv jede sich ins Darmvolumen vorwölbende Schleimhauterhebung. Bei den epithelialen kolorektalen Polypen wird heute zwischen **neoplastischen** und **nicht neoplastischen** Polypen unterschieden.

Lokalisation

Die bevorzugte Lokalisation der Adenome (Polypen) scheint, zumindest aufgrund der klinischen Erfahrung, der rektosigmoidale Übergangsbereich zu sein, wo sich etwa zwei Drittel aller Adenome befinden. Bei einem Drittel der Patienten sind mehrere Adenome vorhanden, meist 2 bis 5, selten mehr als 10.

Bedeutung für die Geriatrie

Die Polyposis tritt im höheren Lebensalter besonders gehäuft auf. Bei über 40 % der 70-Jährigen lässt sich ein adenomatöser Kolonpolyp nachweisen, bei 100-Jährigen in 88 %. Polypen sind **überwiegend benigne**, nur bei 5 bis 10 % bestehen Hinweise auf Malignität. Polypen sind in der Hälfte der Fälle endoskopische oder radiologische **Zufallsbefunde**.

Symptomatik

Durch Polypen verursachte Beschwerden sind meist **uncharakteristisch**. Gelegentlich sind Polypen die Ursache **gastrointestinaler Blutungen**.

Ärztliche Maßnahmen

Das Problem der Polypen besteht in erster Linie darin, dass es sich um Präkanzerosen für ein Kolonkarzinom handelt. Wegen dieser möglichen malignen Entartung sollten Polypenträger einer **endoskopischen Langzeitbeobachtung** unterliegen. Bei Verdacht auf Malignität sind mehrfach gezielte Biopsieentnahmen oder ein operatives Vorgehen erforderlich. Bei älteren Patienten ist **die Abtragung** der Schleimhautwucherung mit der **Diathermieschlinge** meist die Therapie der Wahl.

Studien belegen, dass ein Kolonkarzinom in 90 % der Fälle auf dem Boden einer Polyposis entsteht. Dabei spielen Größe, Anzahl und Histologie der Polypen eine besondere Rolle. Je größer die Schleimhauterhebung ist, desto größer ist das Risiko eines kolorektalen Karzinoms im fortschreitenden Krankheitsverlauf. Man geht davon aus, dass aus einem 1 cm großen Polypen im Median innerhalb von 7 Jahren ein Karzinom entsteht, und dass mehrere Polypen gleichzeitig in verschiedenen Darmabschnitten auftreten. Villöse Adenome haben eine größere Tendenz, maligne zu entarten als tubuläre.

Pflegerische Maßnahmen

Für die Pflege ergeben sich bei Polyposis keine Besonderheiten, außer bei akuten Eingriffen, nach denen über einen kurzen Zeitraum Nahrungskarenz eingehalten werden muss.

1.7.9 Kolonkarzinom

Definition: Beim Kolonkarzinom (Dickdarmkrebs) handelt es sich um einen vorwiegend polypös wachsenden, bösartigen Darmtumor, der das Dickdarmvolumen zunehmend verlegt.

Bedeutung für die Geriatrie

Das Kolonkarzinom ist die **zweithäufigste Krebserkrankung der westlichen Welt.** Da es bei alten Menschen besonders oft auftritt, hat es für die Geriatrie große Bedeutung. 75 % aller Kolonkarzinome treten bei über 65-Jährigen auf. Hauptrisiko ist das Alter. Das Risiko, an einem kolorektalen Karzinom zu erkranken, beginnt mit 40 Jahren, steigt ab dem 50. Lebensjahr deutlich an und verdoppelt sich dann in jeder Dekade bis zum 90. Lebensjahr. In der Pathogenese des Kolonkarzinoms spielt die **Adenom-Karzinom-Sequenz** eine bedeutende Rolle. Tatsache ist, dass ein Kolonkarzinom in 90 % der Fälle aus Polypen entsteht (☞ Kap. 1.7.8 „Polyposis").
85 bis 90 % aller bösartigen Tumore des Dickdarms sind Adenokarzinome; 5 bis 10 % sind muzinöse Adenokarzinome, selten sind Siegelringzellkarzinome, adenosquamöse Karzinome, Plattenepithel- und undifferenzierte Karzinome.

Symptomatik

Die klinische Symptomatik ist beim älteren Menschen ähnlich wie beim jüngeren Patienten. Dabei werden klinische Symptome weitgehend von der **Lokalisation des Tumors** bestimmt. Beim **rechtsseitigen Karzinom** stehen uncharakteristische abdominelle Beschwerden wie Völlegefühl und dumpfe Schmerzen (75 %), Appetitlosigkeit und Gewichtsverlust (50 %) sowie zunehmender Leistungsabfall mit Müdigkeit als Folge einer Eisenmangelanämie (50 %) im Vordergrund. Eine makroskopische, erkennbare Blutbeimengung ist nur bei 25 % der Patienten vorhanden. Beim **linksseitig lokalisierten Karzinom** wird bei über 90 % eine peranale Blutung beobachtet, Änderungen der Stuhlgewohnheiten und krampfartige, fast kolikartige Schmerzen sind häufig. Gewichtsverlust und Appetitlosigkeit sind Spätsymptome. Beim rechtsseitigen Karzinom ist bei etwa 50 % eine Resistenz tastbar, links nur bei etwa 10 %. In der Regel bestehen die Beschwerden etwa ein halbes Jahr, bis die Patienten einen Arzt konsultieren.

Merke: Veränderungen der Stuhlgewohnheiten, Neigung zu Durchfällen und zu paradoxen Diarrhoen sind **dringende Hinweise** auf ein Darmkarzinom. Das Auftreten einer **Anämie** im Alter ist oft ein wegweisendes Symptom bei einer weitgehend asymptomatischen Entwicklung eines Kolonpolypen oder eines malignen Tumors.

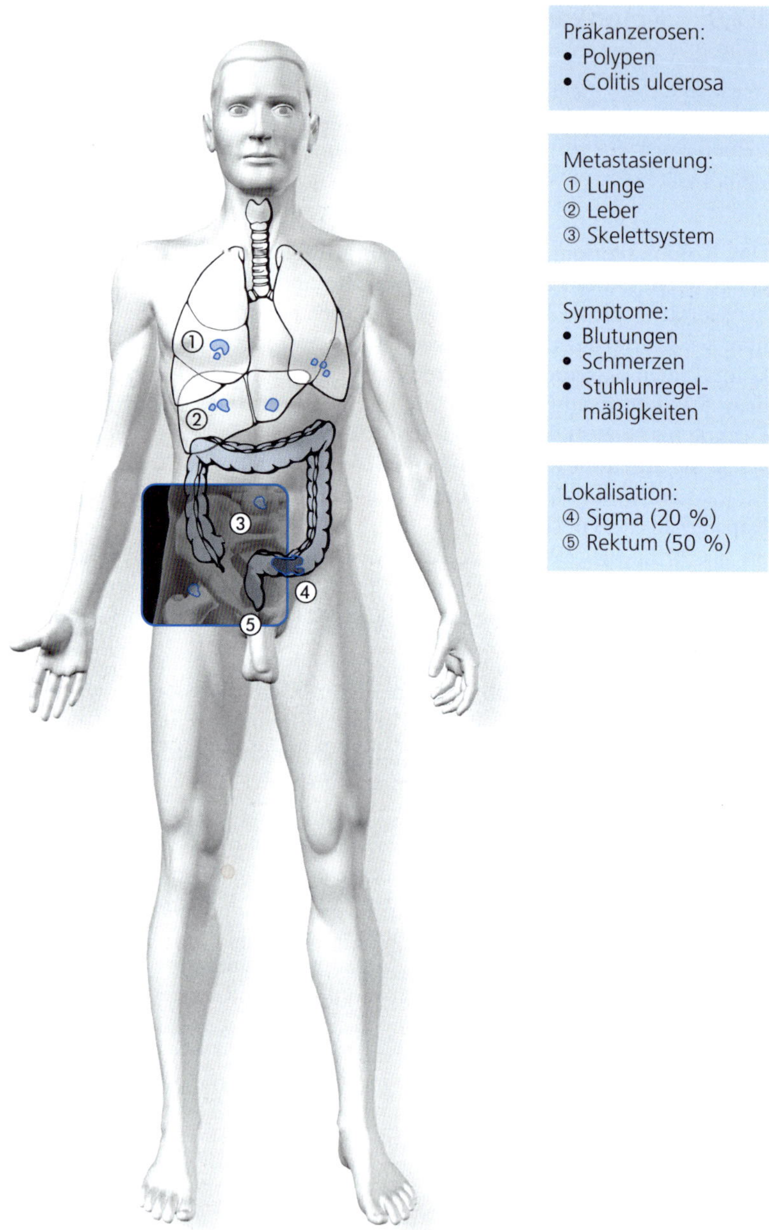

Abb. 56: Kolonkarzinom – Präkanzerosen, Metastasierung, Symptome und Komplikationen

Ärztliche Maßnahmen

Die Diagnose wird durch die **flexible Koloskopie** mit **Gewebeentnahme** und nachfolgender **histologischer Untersuchung** gestellt. Die Therapieentscheidung hängt nicht so sehr vom Alter des Patienten, sondern vom klinischen Stadium der Erkrankung und dem Allgemeinzustand der Person ab. Je früher der Tumor entdeckt wird, desto größer ist die Heilungschance. Die Therapie des kolorektalen Karzinoms erfolgt auch beim älteren Menschen operativ, wobei ein **kontinenzerhaltender**

Eingriff durchgeführt werden sollte. Die Operationsletalität steigt mit zunehmendem Lebensalter an.

Vorsorgeuntersuchung

Untersuchungsergebnisse belegen, dass mit zunehmendem Alter die Neigung, **Vorsorgeuntersuchungen** durchführen zu lassen, deutlich abnimmt. Diese Entwicklung ist beim kolorektalen Karzinom besonders bedenklich, weil mehrere einfache Untersuchungsmethoden vorhanden sind, die ohne großen Aufwand durchgeführt werden können, z. B. der Hämoccult®-Test und die digitale rektale Untersuchung.

Pflegerische Maßnahmen

Pflegemaßnahmen bekommen besondere Bedeutung, wenn im Rahmen der Karzinomoperation ein **Enterostoma** (künstlich angelegter Darmausgang) angelegt werden muss. Der künstliche Darmausgang kann **endständig** (in der Regel auf Dauer) oder **doppelläufig** (als vorübergehende oder dauerhafte Lösung) angelegt werden. Bei einem doppelläufigen Enterostoma wird ein Teil des Darms schleifenförmig in die Bauchwand eingenäht, sodass der zuführende Teil die Darmentleerung ermöglicht, der abführende Teil von der Stuhlpassage ausgeschlossen ist. Grundsätzlich unterscheidet man einen **operativ angelegten Dickdarmausgang** (Kolostoma) von einem **Dünndarmausgang** (Ileostoma). Beim Kolonkarzinom wird meist ein Dickdarmausgang angelegt, wobei fast immer ein Teil des Dickdarms erhalten bleibt, sodass der Stuhl weiter eindickt und gespeichert werden kann.

Kolostoma

Typische Lokalisationen des Kolostomas sind der rechte und linke Unter- sowie der linke Mittelbauch. Die Darmschleimhaut ragt leicht über das Hautniveau hinaus. Je mehr Dickdarmanteile erhalten sind und je näher das Stoma dem Darmausgang ist, desto fester ist die Konsistenz des Stuhls. Zwei bis drei Wochen nach der Operation hat sich der Stuhlgang normalisiert und ist breiig bis geformt.

Versorgung des Kolostomas

Häufig entzündet sich die Schleimhaut im Stomabereich oder die parastomale Haut (die Haut in der Umgebung des Stomas). Deshalb kommt der **Hautpflege** besondere Bedeutung zu. Die pflegerische Aufgabe besteht nicht nur in der regelmäßigen hygienischen Stomaversorgung, sondern auch in der Anleitung des Patienten oder seiner Angehörigen zur Selbstversorgung des Stomas. Bei Bedarf sollte eine Beratung durch einen Stomatherapeuten oder die Fachkraft eines Sanitatshauses erfolgen.

Ernährung

Für Stomaträger ist es wichtig, eine **angepasste Ernährung** einzuhalten. Geruchsbildende Nahrungsmittel sind z. B. Eier, Spargel, Pilze, Knoblauch und Zwiebeln. Dagegen wirken Joghurt, grüner Salat, Spinat, Petersilie und Preiselbeeren geruchshemmend. Dies sollte bei der **Stomadiät** beachtet werden. Gleiches gilt für abführende oder stopfende Nahrungsmittel, die je nach Bedarf anzubieten sind. Wichtig ist, für eine **ausreichende Nährstoff- und Flüssigkeitszufuhr** zu sorgen.

Merke: Der Stomapatient bedarf einer besonderen Krankenbeobachtung im Hinblick auf sein Körpergewicht, das Allgemeinbefinden, die Ausscheidungen (Menge, Farbe, Konsistenz, Häufigkeit, Beimengungen, Geruch) und den Schmerz. Auch das Stoma und der Parastomalbereich müssen regelmäßig und sorgfältig beobachtet werden. Beobachtungen und Veränderungen werden dokumentiert und dem Arzt mitgeteilt.

1.8 Augenkrankheiten

Physiologische Veränderungen

Eine Reihe von Krankheitsbildern im Bereich des Auges ergibt sich direkt aus den physiologischen Altersveränderungen.

Seniler Enophthalmus

Durch den Schwund des orbitalen Fettgewebes und durch die Abnahme des Blutvolumens in der Orbita kommt es im Alter zum tieferen Einsinken des Augapfels in die für ihn bestimmte Höhlung. Man spricht in diesem Fall von **„senilem Enophthalmus"**. Diese Erscheinung kann so ausgeprägt sein, dass das Umstülpen des Oberlides kaum mehr gelingt.
Die Augenlinse ist, auch wenn sie klar bleibt, mit zunehmendem Alter einer fortschreitenden **Sklerose** unterworfen, die ihren Ausdruck in der bereits mit dem 45. Lebensalter beginnenden **Einschränkung der Akkommodationsbreite** findet (☞ Abb. 57).
Die im Alter nachlassende Akkommodationsfähigkeit begünstigt das passive Streben der Augenlinse zur Kugelgestalt. Die Brechkraft nimmt zu (Zustand der Naheinstellung). Folge ist die Altersichtigkeit (☞ S. 177).

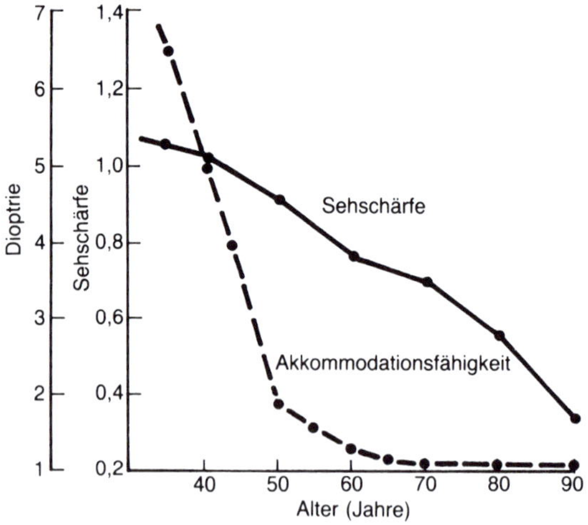

Abb. 57: Altersbedingte Verminderung von Sehschärfe und Akkommodationsfähigkeit

Glaskörper

Der Glaskörper ist eine gallertartige Masse, die von einem fädigen Gerüst durchzogen und getragen wird. Im Laufe des Lebens verändert sich der Glaskörper; die Gallertmasse verflüssigt sich teilweise, die fädigen Strukturen werden gröber.
Bei der Aufhellung primär im Glaskörper vorhandener, gelöster Bestandteile kann es zur Aggregation („Zusammenballung") kommen. Die Trübungen werden als Schlieren, Flocken oder Fetzen sichtbar. Der Betroffene sieht feine Punkte vor den Augen. Eine **Glaskörpertrübung** tritt ein. Während des Alterns verkleben die feinen Kollagenfasern des Glaskörpergerüstes, wobei große Fasern entstehen und das Wasserbindungsvermögen des Glaskörpers abnimmt. Hierdurch kommt es zur Höhlenbildung im Bereich des Glaskörpers und im weiteren Krankheitsverlauf zur klinisch relevanten **Glaskörperabhebung**. Diese stellt sich gewöhnlich nach dem 60. Lebensjahr ein und zeigt sich durch **Sehstörungen**. Der Patient sieht faden- oder schlangenartige Figuren (oft in Verbindung mit kurz dauernden Lichterscheinungen). Wegen der engen Verbindung zwischen hinterer Glaskörpergrenzmembran und Netzhaut kann die sukzessive Glaskörperabhebung gelegentlich zu Einrissen im Bereich der Netzhaut führen, wodurch häufig **Blutungen im Glaskörper** ausgelöst werden (☞ S. 179, Netzhautabhebung).

Bedeutung für die Geriatrie

Augenkrankheiten sind bei älteren Menschen häufig. Die Verminderung oder gar der Verlust der Sehkraft können schwer wiegende Folgen für den betagten Menschen haben. Es kann zu einer Verstärkung von Gangstörungen und damit zu erhöhter **Sturzgefahr** kommen. **Psychosoziale** Probleme entstehen durch die beeinträchtigte Fähigkeit zu lesen, durch Informationsdefizite und die beschränkte Möglichkeit bzw. Unfähigkeit, das Haus zu verlassen und Kontakt zu anderen Menschen aufzunehmen. Folge ist eine **reaktive Depression** durch Vereinsamung. So können Sehstörungen (generell Minderfunktionen der Sinnesorgane) beim alten Menschen ein **apathisches Zustandsbild** bewirken, welches einer Demenz ähnelt und daher auch **Pseudodemenz** genannt wird. Für die Selbstständigkeit und Lebensqualität der meisten Patienten hat eine gute Sehleistung (Lesen, TV) eine zentrale Bedeutung.

Ektropium senile

Aufgrund der Erschlaffung der Lidhaut und ihrer Faszienzüge sowie der Atrophie des M. orbicularis kann es zum Ektropium senile kommen. Die Rückbildungsvorgänge bewirken, dass das **Unterlid**, seiner Schwere folgend, **nach außen sinkt**, wobei die Tränenpünktchen nicht mehr in den Tränensee eintauchen. Die Tränenflüssigkeit wird nicht mehr aufgesogen und über den Tränenkanal abgeleitet. Folge ist ein ständiges **Ablaufen der Tränen über die Augennasenwinkel** Richtung Wange. Durch das zwangsläufige wiederholte Abwischen der Tränen kommt es durch Keimverschleppung auf die Bindehaut zu **chronischen Entzündungen**, die den älteren Menschen belasten.
Therapeutisch kommt neben einer **lokalen Therapie** in erster Linie die operative Korrektur durch eine **Lidplastik** in Frage.

Entropium senile

Durch das Einsinken des Augapfels in die Orbita kann das **Unterlid** seinen Halt am Bulbus verlieren und **nach innen umklappen.** Es kommt

zum senilen Entropium, das aufgrund dauernden Kratzens der Wimpern einen **kontinuierlichen Reizzustand** des Auges bewirkt.
Die konservative Behandlung besteht im Anlegen eines **Heftpflasterzugverbandes**, die operative Therapie im **Ausschneiden einer** halbmondförmigen **Hautfalte mit Naht.**

Lidspaltenfleck

Die häufigste Veränderung der Bulbusbindehaut im Alter ist deren **Gelbfärbung im Lidschattenbereich** (Verfettung), die als sog. „Lidspaltenfleck", nasal mehr als temporal, über das Niveau der übrigen Bulbusbindehaut vorragt. Sie beginnt schon im 3. bis 4. Lebensjahrzehnt und fehlt bei alten Menschen selten. Sie hat jedoch keinerlei krankhafte Bedeutung.

Conjunktivitis senilis (senile Konjunktivitis)

Bei der Conjunktivitis senilis (ohne Vorliegen eines Ek- oder Entropiums) handelt es sich um eine **chronische Bindehautentzündung,** wobei sich in der Konjunktiva erweiterte Gefäße und Follikelbildungen finden. Weißlich-schaumige Ablagerungen und eingedickte Sekrete sammeln sich in den Lidwinkeln. Die Schleimhautoberfläche der Bindehaut ist mitunter trocken und geringgradig verdickt, die Patienten klagen über **Fremdkörpergefühl und Lidschwere.** Therapeutisch eignen sich lokal **entzündungshemmende Augentropfen und -salben.** Zur Prophylaxe der Konjunktivitis bei „chronisch trockenem Auge" ist die Anwendung „künstlicher Tränen" (mehrmals täglich, vor allem auch für die Nacht in Form von Gel oder Salben) geeignet.

Arcus senilis

Eine im Alter häufig anzutreffende, harmlose Erscheinung ist die ringförmige **Einlagerung von Kalzium und Cholesterin in die Hornhaut** (Cornea). Es handelt sich um eine Lipoidspeicherung. Der „**Greisenbogen**" beginnt als zarte, graue, sichelförmige Trübung an der oberen und unteren Hornhautperipherie und fließt mit den Jahren nasal und temporal zu einer **ringförmigen Trübung** zusammen. Der Arcus senilis ist bei 60-Jährigen fast 100 %ig vorhanden. Für die Sehfunktion ist er aber bedeutungslos und bedarf keiner Therapie. Tritt der Ring aber bereits vor dem 45. Lebenjahr auf, muss von einer erblichen Fettstoffwechselstörung ausgegangen werden. Beim Betagten haben sich keine Beziehungen zu Störungen im Cholesterinstoffwechsel oder analogen Ablagerungen in den Gefäßwänden (Arteriosklerose, Artheromatose) nachweisen lassen.

Miosis senilis

Auch an der **Iris** spielen sich degenerative Veränderungen ab. Sie bewirken eine **Engstellung der Pupillen** (Miosis senilis) und folgende **Funktionsänderungen:** Der Reaktionsablauf der senilen Pupille ist ausgesprochen tonisch, langsam und gleichmäßig. Die Verengungsgeschwindigkeit nimmt mit dem Alter ab. Bei wiederholtem Lichtreiz nimmt die Ermüdung der Pupille zu und die Verengungsreaktion auf Hellreize ab. Aus diesem Grund reagieren ältere Menschen empfindlicher auf plötzliche Helligkeit.
Im Alter wird die Farbe heller, durch Atrophie des Stroma etwas stumpfer, im Allgemeinen wohl etwas dunkler, weil das Pigmentblatt deutlicher durchscheint.

Alterssichtigkeit (Presbyopie)

Bei nachlassender Linsenelastizität (Einschränkung der Akkommodationsbreite) rückt der Nahpunkt immer weiter in die Ferne. Der ältere Mensch kann Gegenstände oder Schirft in der Nähe schlecht oder gar nicht mehr erkennen. Beim Lesen muss er das Buch oder die Zeitschrift weit von sich weghalten; „die Arme werden zu kurz". Diese **Abnahme der Naheinstellfähigkeit des Auges** wird Alterssichtigkeit (Presbyopie) genannt. Die Altersweitsichtigkeit nivelliert eine zuvor bestehende Kurzsichtigkeit und hebt diese schließlich auf. Sehhilfen zur Korrektur der Kurzsichtigkeit müssen der Altersveränderung entsprechend angepasst werden. Sie erübrigen sich im Alter.

> **Merke:** Die **Korrektur** der Alterssichtigkeit besteht in der Verordnung einer **Lesebrille (Sammelgläser).**

Netzhautabhebung

Wegen der Adhäsion der hinteren Glaskörpergrenzmembran an der Netzhaut kann die sukzessive Glaskörperabhebung (☞ oben, physiologische Veränderungen) gelegentlich zu **Rissen in der Netzhaut** führen, wodurch häufig **Blutungen im Glaskörper** ausgelöst werden. Diese Netzhauteinrisse können schließlich zu einer Netzhautabhebung bzw. -ablösung führen. Die regelmäßige Beobachtung der betroffenen Patienten ist sehr wichtig. Werden nach erfolgter Glaskörperabhebung Netzhautlöcher in der Periphere entdeckt, lassen sie sich unblutig durch **Laserkoagulation** rechtzeitig vor einer Netzhautablösung behandeln. Auch hier ist als Präventionsmaßnahme die jährliche augenärztliche Untersuchung angezeigt.

Senile Makuladegeneration (Untergang des gelben Flecks)

Etwa 30 % der über 75-Jährigen sind davon betroffen. Dabei tritt die chronisch progrediente Form gehäuft beim Hypertoniker auf. Sie ist im Zusammenhang mit sklerotischen Gefäßwandalterationen als echte **Mangeldurchblutung** der hierfür besondes anfälligen **Netzhautmitte** (Makula lutea = Ort des schärfsten Sehens) aufzufassen.
Die exsudative Form des sog. **„scheidenförmigen Makulaleidens"** tritt akut auf und führt rascher zum **Sehschärfenverlust.** Diese Krankheit tritt bei Gefäßsklerose mit und ohne Hypertonie auf. Subjektiv bemerkt der Patient ein verzerrtes Sehen dort, wohin er seine Aufmerksamkeit richtet. Gerade Linien erscheinen ihm wellenförmig. Später kommen zentrale oder parazentrale Skotome (**umschriebene Gesichtsfeldausfälle**) hinzu.
Präventivmaßnahmen sind bei der senilen Makuladegeneration nicht bekannt. Bei einer Minderheit der Patienten (etwa 10 %) mit exsudativer Form ist eine Lasertherapie möglich. Therapeutisch wird häufig noch versucht, gefäßerweiternde und -abdichtende Medikamente zu geben, obgleich sich der objektive Befund in der Regel nicht ändert. Viel wichtiger ist, das **Restsehvermögen** durch **vergrößernde Sehhilfen** optimal **auszunutzen.** Dafür stehen verschiedene Lupen, Lupenbrillen, Fernsehlesegeräte und Computer zur Verfügung.

1.8.1 Altersstar (Cataracta senilis oder Grauer Star)

Definition: Der Graue Star (Katarakt) ist eine Trübung der Augenlinse. Sie kann (selten) angeboren oder (häufiger) erworben sein.

Bedeutung für die Geriatrie

Neben der zunehmenden Sklerose der Linse tritt eine Opaleszenz der Linsenfasern auf. Sie führt zur Eintrübung der Linse, dem Altersstar (Cataracta senilis), der auch Grauer Star genannt wird. Etwa 90 % aller älteren Menschen weisen solche Linsentrübungen (mit unterschiedlichem Schweregrad) auf.

Symptomatik

Zwischen den ersten Alterstrübungen der Linse, die nicht unbedingt Sehbeschwerden verursachen müssen, bis zur Ausbildung eines Kataraktes können Jahre bis Jahrzehnte liegen. Dabei können die Veränderungen an beiden Augen unterschiedlich verlaufen.
Zu Beginn der Erkrankung besteht immer eine **erhöhte Blendempfindlichkeit** (Lichtscheu). Der Patient sieht in Abhängigkeit vom Ausmaß der Trübung verschwommen und unscharf. Das Licht kann nicht mehr ungehindert ins Auge einfallen. Dabei sind Sehstörungen im Nahsehbereich ausgeprägter. Bei vollständiger Linsentrübung ist die Pupille nicht mehr schwarz, sondern grau-weißlich. **Der Patient erblindet.**

Medizinische Maßnahmen

Eine medizinische Prophylaxe zur Verhinderung der Erkrankung gibt es nicht. Die einzige therapeutisch sinnvolle Maßnahme ist die **Staroperation**, bei der getrübe **Linse entfernt** wird. Selbst bei hochbetagten Patienten wird dank der technischen Perfektionierung dieser Standardoperation fast immer ein komplikationsloses Ergebnis erreicht. In der Regel wird die Linse extrakapsulär extrahiert, d. h. die Entfernung von Kern und Rinde erfolgt unter Erhaltung eines Großteils des Kapselsacks. Dies bietet die Möglichkeit, eine **intraokuläre Kunstlinse** implantieren zu können. Ältere Menschen können mit Kontaktlinsen, die alternativ in Frage kommen, aufgrund von Behinderungen (z. B. Arthrosen, Tremor) meist nicht sachgemäß umgehen.

Pflegerische Maßnahmen

Patienten mit Grauem Star können bei **schwachem Licht** (weite Pupille → besserer Lichteinfall) besser sehen als bei Helligkeit. Daher sollte das Zimmer leicht abgedunkelt werden. Im Freien sollte der Patient einen breitkrempigen Hut oder eine Schirmmütze tragen. Auch das Tragen einer Sonnenbrille ist sinnvoll.
Nach einer Operation ist anfänglich **die Hilfestellung bei den Aktivitäten des täglichen Lebens** erforderlich, da in der Regel noch eine gewisse Unsicherheit besteht.

Spezieller Pflegehinweis: Die Fähigkeit der Augenlinse, sich beim Wechsel zwischen dem Blick in die Ferne und dem Blick in die Nähe zu verformen (Akkommodation), kann durch die Kunstlinse nicht ersetzt werden. Daher wird auch der operierte Patient trotz implantierter Kunstlinse für den **Nahbereich** eine Brille (**„Lesebrille“**) benötigen.

1.8.2 Glaukom (Grüner Star)

Definition: Beim Grünen Star (Glaukom) ist der Augeninnendruck durch eine Abflussbehinderung des Kammerwassers erhöht. Man unterscheidet den **akuten Glaukomanfall** vom **chronischen Glaukom** (Glaucoma simplex chronicum).

Krankheitsformen

Das **chronische Glaukom** verläuft schleichend und verursacht über Jahre meist keine Beschwerden. Durch den erhöhten Augeninnendruck kommt es zu Sehnervenschädigungen und Sehverschlechterung.
Beim **akuten Glaukomanfall** (Winkelblockglaukom) tritt eine Abflussbehinderung des Kammerwassers innerhalb weniger Stunden auf. Ursache ist häufig eine Verlegung des Kammerwinkels, über den das Kammerwasser normalerweise abfließt, durch die Regenbogenhaut.

Bedeutung für die Geriatrie

Die Ursache für das Auftreten dieser Erkrankung dürfte in den altersphysiologischen Veränderungen mit Abflachen der Vorderkammer, Sklerosierung der abführenden Gefäße, in der Pigmentausscheidung mit Verlegung des Kammerwinkels und des Schlemm'schen Kanals und schließlich in der Irisatrophie mit Verringerung der Kammerwasserrückresorption liegen. Dementsprechend ist das Glaukom als eine **vorwiegend im fortgeschrittenen Lebensalter auftretende Erkrankung** anzusehen.

Symptomatik

Beim chronischen Glaukom **fehlen** häufig **subjektive Symptome** (wie Kopf- und Augenschmerzen), oder sie sind **uncharakteristisch**. Manchmal bemerkt der Kranke einen peripheren Gesichtsfeldausfall. Sehr häufig jedoch bleibt das Leiden lange Zeit unentdeckt. Erst beim zufälligen Abdecken eines Auges bemerkt die Person die Funktionseinschränkung des gegenüberliegenden Auges. Zu diesem Zeitpunkt befindet sich die Erkrankung aber schon im Spätstadium.

Der **akute Glaukomanfall** ist dagegen meist ein **dramatisches Ereignis.** Die auslösenden Faktoren sind örtliche, am Auge angreifende **Medikamente** (medikamentöse Pupillenerweiterung) oder der **Sympathikotonus.** Der **Glaukomanfall** setzt **plötzlich** ein; **Schmerzen** treten am Auge, im Stirnbereich oder im ganzen Kopf auf. Sie können in den zweiten Trigeminusast (Zähne) oder in den Körper ausstrahlen. Bei einem **schweren Glaukomanfall** können die **Schmerzen unerträglich** werden, und der **Patient erbricht.**

Merke: Beim akuten Glaukomanfall fühlt sich der Augapfel des Patienten steinhart an, v. a. im Vergleich zum anderen Auge.

Ärztliche Maßnahmen

Augenärztliche Kontrolluntersuchungen mit **Messung des Augeninnendrucks** und die Durchführung einer ggf. erforderlichen **Gesichtsfeldbestimmung** sollten bei älteren Personen in regelmäßigen Abständen erfolgen, um ein chronisches Glaukom rechtzeitig zu erkennen. In diesem Fall kann die Erkrankung grundsätzlich **konservativ** mit Pilocarpin-Augentropfen und -salbe bzw. -öl **behandelt werden.** Eine **Operation** ist nur dann nötig, wenn der Augeninnendruck medikamentös nicht mehr auf Werte unter 22 mmHg gesenkt werden kann.
Auch beim **akuten Glaukomanfall** versucht man zuerst, durch Myotika (z. B. Pilocarpin-Lösung) die **Pupillen zu verengen.** Ferner wird man versuchen, die **Kammerwasserbildung** durch Karboanhydrasehemmer wie beispielsweise Diamox® **aufzuhalten.** Begleitend ist eine zentrale **Dämpfung** und **Schmerzlinderung** notwendig. Ist der akute Glaukomanfall abgeklungen, sollte der Patient **operiert** werden.

Pflegerische Maßnahmen

Wichtig ist, den Senioren an regelmäßige Augenarztkontrollen zu erinnern und ihm die Wichtigkeit einer Früherkennung durch Augeninnendruckmessung zu verdeutlichen. Bei der **Medikation am Auge** (Tropfen oder Salbe) muss der ältere Patient i. d. R. unterstützt werden.

1.8.3 Diabetische Retinopathie

Definition: Bei der diabetischen Netzhautveränderung handelt es sich um eine folgenschwere Spätkomplikation bei lange bestehendem Diabetes mellitus. Die diabetische Netzhautveränderung (Retinopathia diabetica) kann zur Erblindung des Betroffenen führen. Neu gebildete kleine Gefäße wuchern in die Netzhaut und den sonst gefäßfreien Glaskörper. Gefäßwandveränderungen führen zu Netzhaut- und Glaskörpereinblutungen. Bindegewebige Verwachsungsstränge können die Netzhaut ablösen und den Kammerwasserabfluss behindern (Glaukom).

Bedeutung für die Geriatrie

Die Inzidenz der diabetischen Retinopathie korreliert mit der Dauer der Erkrankung. Nach 10 bis 15 Jahren leidet die Hälfte aller Diabetiker an einer Retinopathie. Bis zu **20 %** haben eine **Erblindung** zu befürchten. **Katarakt- und Glaukomhäufigkeit** ist bei Vorliegen eines Diabetes mellitus **zweifach erhöht.**

Symptomatik

I. d. R. verläuft die Erkrankung schleichend ohne Beschwerden. Erst im Spätstadium tritt Schleier- oder verschwommenes Sehen auf.

Ärztliche Maßnahmen

Eine gute medikamentöse und diätetische **Diabeteseinstellung** verhindert das Fortschreiten der Erkrankung. Da auch eine **Hypertonie** die Netzhaut schädigt, muss diese ebenfalls **behandelt werden.** Die **rechtzeitige Therapie** der Retinopathie ist von großer Wichtigkeit. Mithilfe eines **Lasers** können die wuchernden Gefäße verödet und an der Netzhaut ziehende Bindegewebestränge durchtrennt werden. Eine breitflächige

Koagulation der Netzhautperipherie kann weitere Schäden verhindern und das Fortschreiten des Krankheitsprozesses zumindest verlangsamen. Zur **Prävention** ist eine regelmäßige Kontrolle durch den Augenarzt notwendig.

Pflegerische Maßnahmen

Die **Prävention** durch regelmäßige Kontrolle des Augenarztes und die optimale **Blutzuckereinstellung** (BZ-Kontrollen) müssen unterstützt werden.

1.9 Hauterkrankungen

Physiologische Veränderungen

Physiologische Veränderungen der Haut sind u. a. auch im ersten Band des Buches dargestellt. Die biologische Alterung des Menschen wird im Bereich der Haut am frühesten erkennbar. Kleine Fältchen im Gesicht (sog. Krähenfüße) können schon im frühen Erwachsenenalter in Erscheinung treten. Der **Alterungsprozess der Haut** ist aber nicht nur vom **Lebensalter** abhängig. Er unterliegt auch dem **Allgemeinzustand** des Organismus, den **Ernährungsbedingungen** und **äußeren Einflüssen** (Umweltbedingungen). Die Bandbreite der individuellen biologischen Unterschiede ist relativ groß. Die Haut entwickelt sich bis zur Reife mit 20 bis 40 Jahren, wo sie ihre größte Dicke erreicht und Haut- sowie Nagelwachstum optimal sind. Andererseits **stagniert** die **Talgsekretion** mit dem Zeitpunkt der Pubertät. Auch der **Wassergehalt der Haut**, der deren Glätte und Elastizität bestimmt, beginnt ab dem 30. Lebensjahr **abzunehmen**. Durch **Rückbildungserscheinungen an Epithel-, Binde- und Fettgewebe** wird die Haut dünner, fleckiger, trockener, runzelig und schlaff. Mit der **Atrophie des „gefäßführenden Bindegewebes" vermindert** sich auch die **Durchblutung der Haut** (Altersblässe).

Bedeutung für die Geriatrie

Hautprobleme sind beim älteren Menschen **außerordentlich häufig**. Laut amerikanischen Schätzungen erfolgen mindestens 7 % aller Arztkonsultationen ausschließlich aufgrund von Hauterkrankungen. Ca. 40 % der nicht in einer Pflegeeinrichtung lebenden älteren Menschen haben eine **dermatologische Erkrankung**, die ärztliche Behandlung erfordert. Jeder der betroffenen älteren Menschen leidet an durchschnittlich 1,5 solcher Erkrankungen.

Altersflecken

Altersflecken, auch **Lentigines seniles** genannt, finden sich beginnend mit dem 4. und 5. Lebensjahrzehnt an Handrücken, an Unterarmen und im Gesicht älterer Menschen. Auch Schulter, Rücken, Brustausschnitt und (bei Frauen) die Unterschenkel können befallen sein. Sie beginnen als kleine, gelbliche bis braune Flecken. Sie können sich bis zu Münzgröße ausdehnen und dunkler werden. So finden sich bei über 75-Jährigen in 75 % fleckförmige Pigmentverschiebungen, die der Haut im Bereich von Handrücken und Unterarmen ein fleckiges Aussehen geben. **Medizinisch** sind die Altersflecken **ohne Bedeutung**.

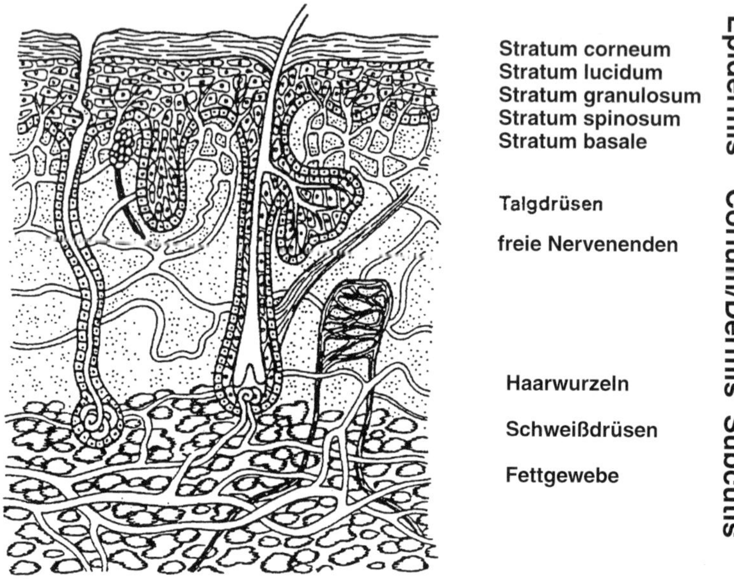

Abb. 58a: Anatomie der Haut

Alterswarzen

Vom 7. Jahrzehnt an **sind Alterswarzen (Verrucae seborrhoicae)** bei mehr als der Hälfte der Patienten vorhanden. **Prädilektionsstellen** sind Kopf und Hals, Rücken und Brust. Weniger betroffen sind Bauch- und Gesäßbereich. Fast immer sind sie von einer fettigen Schuppenauflagerung bedeckt. In der Form sind sie rund bis oval, in der Farbe zunächst gelblich, dann braun bis schwarz. Die Entfernung wird durch **Abtragen** mit dem **„scharfen Löffel"** durchgeführt. Neuerdings wird die **„Laserabtragung"** propagiert.

Ceratosis senilis

Die Ceratosis senilis muss von den Alterswarzen abgegrenzt werden, da diese Hautveränderung eine eindeutige Präkanzerose ist. **Aktinische Keratosen (Ceratosis senilis)** sind die häufigsten **Präkanzerosen der Haut.** Sie entwickeln sich bevorzugt bei hellhäutigen Menschen, in der Regel ab dem 5. Lebensjahrzehnt, wobei die Zahl der aktinischen Keratosen mit steigendem Alter zunimmt. Das männliche Geschlecht überwiegt in der Regel.

Aktinische Keratosen sind unregelmäßige, scharf begrenzte, rötliche Herde mit rauer Oberfläche. Die Größe der Keratose reicht von wenigen Millimetern bis zu größeren, multiplen, ineinander übergehenden Herden in lichtexponierten Hautarealen. Mit der Zeit nehmen die Hyperkeratosen zu, und es bilden sich schmutzig-graue bis bräunliche Herde, die in ihrer Extremform als **Cornu cutaneum (Hauthorn)** in Erscheinung treten.

Nach zum Teil jahre- bis jahrzehntelangem Verlauf kann es bei einzelnen Herden zum Übergang in ein invasives **Plattenepithelkarzinom** kommen. **Therapeutisch** kommt eine **Vereisung mittels Kryosonde** oder im **Sprüh-**

verfahren mit flüssigem Stickstoff in Frage. Einzelne Herde können auch **chirurgisch entfernt** werden.

Senile Talgdrüsenhyperplasie

Bei über 70-Jährigen sind harmlose umschriebene **Talgdrüsenwucherungen** häufig. Sie kommen fast nur im Gesicht vor. Prädilektionsstelle ist mit über 80 % die Stirn. Charakteristisch sind gelbliche derbe Knötchen mit zentraler Vertiefung, in die ein erweiterter Haarbalg mündet. Manchmal entleert sich auf Druck eine geringe Menge weißlichen Talgs. Wenn einzelne größere Knötchen als beeinträchtigend empfunden werden, ist die Therapie der Wahl die **Exzision in Lokalanästhesie.**

Senile oder aktinische Elastose

Die Erkrankung tritt bevorzugt bei Männern auf. Betroffen sind der unbehaarte Gesichtsbereich, vor allem die seitliche Jochbeingegend, und der Nacken. In Bereichen mit stark gefelderter Haut treten die charakteristischen Hautveränderungen auf. Es handelt sich dabei um zahlreiche schwärzliche **Komedonen** („Aknemitesser") und **kleine Zysten**, die gelblich durch die dünne, vorgewölbte Haut scheinen. Der weiche Talg lässt sich leicht über die erweiterte Follikelöffnung ausdrücken. Im **Bereich des Nackens** wird die derart veränderte Haut **als Cutis rhomboidalis nuchae** bezeichnet. Die Veränderungen sind jedoch **ohne Krankheitswert.**

Purpura senilis

Eine typische Altersveränderung ist die Purpura senilis, **flächige Hautblutungen**, die besonders an Unterarmen und Handrücken auftreten, sich nur langsam zurückbilden und häufig rezidivieren. Zugrunde liegt eine erhöhte **Kapillarbrüchigkeit.**

Beachte: Eine Kontrolle der Blutwerte (Leber- und Nierenparameter, Eiweißbestimmung) ist empfehlenswert, um Leber- und Nierenfunktionsstörungen als Ursache für die Hautblutungen auszuschließen.

Bei unauffälligen Laborwerten sind die Hautveränderungen ohne Krankheitswert.

Pruritus/Ulzera

Hautulzera (Geschwüre) und Einzelheiten zum Krankheitssymptom „Pruritus" (Juckreiz) sind im ersten Band des Buches detailliert dargestellt.

1.9.1 Ekzem

Defintion: Beim Ekzem (Dermatitis) handelt es sich um eine akute, subakute oder chronische Erkrankung der Oberhaut mit flächenhaften, gegenüber gesunder Haut nicht deutlich abgrenzbaren Hauterscheinungen (z. B. Knötchen-, Bläschen- und Schuppenbildung mit Hautrötung). Je nach Ekzemgruppe unterscheidet man zwischen **konstitutionellem (endogenem) Ekzem, allergischem** bzw. **toxischem Kontaktekzem** und **dysregulativ-mikrobiellem Ekzem.** Bis auf wenige

Ausnahmen ist das konstitutionelle Ekzem im Alter abgeklungen. Lediglich die lokal begrenzte Form dieses Ekzems, die **Neurodermitits circumscripta**, bevorzugt spätere Lebensabschnitte.

Bedeutung für die Geriatrie

Ältere Menschen leiden häufig an einem **Austrocknungsekzem** durch **mangelnde Talgproduktion.** Die Annahme einer verminderten Allergiebereitschaft im Alter darf nicht dazu verleiten, weniger mit allergischen Kontaktekzemen und Allergien durch Arzneimittel zu rechnen, zumal Arzneimittel im Alter häufiger verabreicht werden. Die Lokalbehandlung eines mikrobiellen Unterschenkelekzems bzw. -geschwürs erstreckt sich meist über einen langen Zeitraum.

Symptomatik

Charakteristische Hauterscheinungen sind Rötung, Knötchen, Bläschen und Schwellung der Haut. Brechen die Bläschen auf, entstehen nässende Wunden. Später bilden sich Schuppen und Krusten. In der Regel ist das Ekzem mit Juckreiz und Brennen verbunden. Im chronischen Stadium kommt es zur Verdickung und Verhornung der Haut mit Hauteinrissen (Rhagaden). Beim Austrocknungsekzem ist die Haut trocken und schuppend. Sie zeigt zudem einen weißen Dermografismus.

Folgen

Die ekzematöse Altershaut neigt zum Übergang in eine **sekundäre Erythrodermie,** bei der die Haut in ihrer Gesamtheit betroffen ist. Flüssigkeits- und Eiweißverlust sowie gestörte Thermoregulation gefährden den an sich schon infektionsanfälligen alten Menschen in besonderem Maße.

Ärztliche Maßnahmen

Beim allergischen Kontaktekzem muss der **Allergie auslösende Stoff** möglichst konsequent **gemieden** werden. Nässende Ekzeme werden mit **Lotionen** oder **feuchten Umschlägen** behandelt, Austrocknungsekzeme durch **entsprechende Hautpflege.**

Pflegerische Maßnahmen

Pflegemaßnahmen bei trockener Haut und bei Pruritus sind in Band 1 des Buches beschrieben. Bei bekannten Kontaktallergien ist es wichtig, den ekzemauslösenden Stoff zu meiden. Zur **vorbeugenden Hautpflege** sollte man nur **seifenfreie Hautreinigungssyndets** und **ph-neutrale Pflegelotionen** verwenden. Ein Hautschutz durch **pflanzliche Öle** ist angezeigt. Allergieauslösende Wirkstoffe sind auch hier zu meiden. Zur Hautpflege sind auch **fettreiche Ö-/W-Emulsionen** geeignet.

1.9.2 Mykosen

Definition: Mykosen sind **Pilzerkrankungen**, die durch die Besiedelung der Haut, der Schleimhaut oder der Hautanhangsgebilde mit Pilzen (Dermatophyten, Schimmel- oder Hefepilze) verursacht werden.

Begünstigt wird das Pilzwachstum durch Schädigung des normalen Haut- bzw. Schleimhautmilieus (mangelnde Hygiene, Bildung feuchter

Kammern in Hautfalten durch ungeeignete Kleidung, Vorschädigung der Haut durch Ekzeme etc.).

Hautpilze können an Füßen (Fußpilz), zwischen den Fingern, aber auch an allen anderen Körperstellen auftreten.

Lokalisation

Schleimhautpilze (Soor) können den Mund, die Genitalien, die Harnblase und in seltenen Fällen auch die Schleimhäute der Verdauungsorgane und der Atmungsorgane befallen. Der am weitesten verbreitete Soorpilz ist **Candida albicans.**

Bedeutung für die Geriatrie

Besonders anfällig für Pilzkrankheiten sind alte Menschen mit Abwehrschwäche, Tumorerkrankungen, Diabetes mellitus, während einer Anbiotikabehandlung und in Stresssituationen.

Symptomatik

Die oberflächliche Hautmykose breitet sich i. d. R. zentrifugal aus. Sie ist gekennzeichnet durch **randständige Schuppung, Rötung** und **zentrales Abblassen**, während in intertriginösen Räumen durch Okklusiveffekte **Nässen** und **Rötung** im Vordergrund stehen.

Übersicht 28: Symptome der Haut- und Schleimhautmykosen

- **Fuß- und Handpilz:** starker Juckreiz, feine Schuppung, Bläschen bis hin zu Erosionen, Rötung, Hornhautverdickung.
- **Nagelpilz:** häufig braun-gelbliche, verdickte Nägel, Auflagerung von Schuppen, Zerfall der Nagelsubstanz im fortgeschrittenen Stadium.
- **Pilzbefall der Haare:** Abbrechen der Haare in einem kreisförmigen Areal.
- **Genitalpilz:** juckende oder nässende Entzündung im Urogenital- oder Analbereich, Schwellung und Rötung der Schamlippen/der Glans penis, weißliche Beläge, Ausfluss.
- **Pilzbefall der Mundhöhle (Soor):** abstreifbare weißliche Beläge im Bereich der Mundschleimhaut.

Ärztliche Maßnahmen

Die Behandlung erfolgt durch die lokale oder systemische Anwendung von **Antimykotika** (gegen Pilze wirksame Medikamente).

Pflegerische Maßnahmen

Prophylaktische Maßnahmen zur Verhütung von Mykosen nehmen einen besonderen Stellenwert in der Pflege ein. Abwehrgeschwächte Patienten und besonders infektionsgefährdete Personen (mit Krankheitsbildern wie Diabetes mellitus u. Ä.) bedürfen daher der speziellen pflegerischen Versorgung.

Bei dieser Personengruppe muss besonders auf die regelmäßige und sorgfältige Durchführung der **Haut-, Zahn- und Intimpflege** geachtet werden. **Hygienische Grundsätze** bzgl. der Zahnprothesenpflege, der Hautreinigung etc. müssen vermittelt werden. Die **Abwehrkräfte** können durch ausreichenden Schlaf, vitaminreiche Ernährung und Bewegung an der frischen Luft **gestärkt** werden.

Bei bereits bestehenden Pilzerkrankungen muss durch hygienische Maßnahmen eine **Keimverschleppung** bzw. **Reinfektion verhindert** werden. Die **medikamentöse Therapie** der befallenen Hautareale bzw. Anhangsgebilde muss **überwacht** werden.

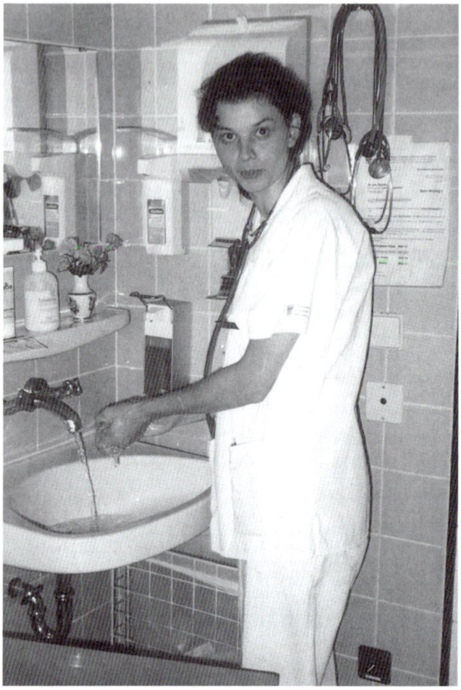

Abb. 58b: Besondere Bedeutung hygienischer Maßnahmen

1.9.3 Autoimmunerkrankungen

Definition: Blasenbildende (bullöse) Hauterkrankungen werden durch die Bildung von Autoantikörpern verursacht. Die Hauptvertreter der bullösen Dermatosen sind **Pemphigus vulgaris, bullöses Pemphigoid** sowie **Dermatitis herpetiformis Duhring**.

Bedeutung für die Geriatrie

Der **Pemphigus vulgaris** beginnt in über der Hälfte der Fälle jenseits des 50. Lebensjahres. Das **bullöse Pemphigoid** ist eine typische Erkrankung des Alters mit einem Gipfel um das 70. Lebensjahr.

Symptomatik

Blasenbildende (bullöse) Hauterkrankungen gehen i. d. R. mit **Juckreiz** einher. Beim **Pemphigus vulgaris** kommt es zur **Blasenbildung**, meist axillär, periumbilikal oder inguinal. Die Blasen sind schlaff und platzen schnell, wobei sich daraus großflächige **Erosionen** ergeben können. Ein Befall der Mundschleimhaut (in bis zu 50 % der Fälle) kann die **Nahrungsaufnahme** erheblich **beeinträchtigen**.
Beim **bullösen Pemphigoid** zeigen sich klinisch **pralle Blasen**, die teilweise groß werden und **hämorrhagisch** sein können.
Bei der **Dermatitis herpetiformis Duhring** finden sich Hautveränderungen vorwiegend an den Extremitätenstreckseiten, im Bereich der Knie,

der Ellenbogen, gluteal, im Schultergürtelbereich und gelegentlich am Kopf.

Ärztliche Maßnahmen

Die Therapie der blasenbildenden Dermatosen erfolgt in der Regel durch systemische Gabe von **Kortikoiden** und/oder anderen **immunsuppressiven Medikamenten**.

Pflegerische Maßnahmen

In der Regel werden diese Krankheiten stationär in Hautkliniken therapiert. Die anschließende Behandlung beinhaltet die **Hautpflege** mit rückfettenden, hydratisierenden Mitteln, z. B. mit den Wirkstoffen **Harnstoff** oder **Glyzerin**.

1.9.4 Herpes zoster

Definition: Die Gürtelrose (Herpes zoster) ist eine Zweitinfektion mit **Varizellen-Zoster-Viren.** Nach einer Windpockenerkrankung (Erstinfektion) können diese Viren jahrelang im Nervengewebe des Menschen überleben. Bei einer Abwehrschwäche, z. B. durch eine schwere Krankheit, Diabetes mellitus, Medikamente oder Stress, können sie reaktiviert werden und die Gürtelrose hervorrufen.

Lokalisation

Die hierbei auftretenden typischen Hauterscheinungen verlaufen entlang des Hautversorgungsgebietes der betroffenen Nervenbahnen (**Dermatom**), meist einseitig und **gürtelförmig vom Rücken über den Brustkorb.** Seltener betrifft die Gürtelrose den rechten und linken Thoraxbereich und tritt als doppelter „Gürtel" auf. Bei **Gesichtsnervenbefall** können auch Hörorgan oder Auge in das Krankheitsgeschehen involviert sein.

Bedeutung für die Geriatrie

Der Herpes zoster hat eine deutliche Altersdisposition mit Gipfel im 7. bis 8. Lebensjahrzehnt. Diese Infektion tritt bei geriatrischen Patienten nicht nur relativ häufig auf, sondern ist auch eine sehr **ernste Erkrankung,** besonders bei folgenden Ausprägungen: **Herpes zoster ophtalmicus, Herpes zoster generalisatus** (8 % der Fälle), **Meningoenzephalitis** bei Herpes zoster und **Zoster oticus.**

Symptomatik

Das klassische Bild des Herpes zoster besteht aus brennenden und juckenden, gruppierend bestehenden **Bläschen** auf rotem, ödematösen Grund in halbseitiger, **gürtel- bzw. streifenförmiger Ausdehnung** mit regionaler **Lymphadenitis.** Daneben gibt es auch einen **Zoster sine exanthemae. Nekrotisierende** und **hämorrhagische Formen** treten vorwiegend bei den über 70-Jährigen auf.

Postzosterneuralgie

Die häufigste Komplikation ist die Postzosterneuralgie. Sie kann, je nach Studien in bis zu 90 % der Fälle, monate- bis jahrelang anhalten und dabei sehr schmerzhaft sein. Das Spektrum reicht von **Dauerschmerzen** bis zu **einschießenden Schmerzattacken.** Teilweise sind die Schmerzen so unerträglich, dass bei einzelnen Patienten **suizidale Gedanken** aufkommen.

Ärztliche Maßnahmen

Im akuten Stadium wird intravenös, oral und lokal **virusstatisch** behandelt. Lokal werden nach zwei bis drei Tagen zur **Austrocknung der Bläschen** und zur **antiinfektiösen Therapie** Zinkpaste, Zinköl oder Betaisodona®-Lösung aufgetragen. Nach dem Akutstadium steht die **Schmerztherapie** mit entsprechenden therapeutischen Maßnahmen im Vordergrund.

Pflegerische Maßnahmen

Beim akuten Auftreten der Hauterscheinungen steht die **Linderung der Hautbeschwerden, der Schmerzen** und die **Stärkung des Immunsystems** im Vordergrund. Die erkrankten Hautstellen müssen trocken gehalten werden (nicht waschen). Wenn nötig, wird ein leichter, luftdurchlässiger Verband angelegt. Ein Wärmestau durch entsprechende Bettwäsche ist zu vermeiden. Es muss für **Ruhe** und **genügend Schlaf** gesorgt werden, dazu ist eine **vitamin- und ballaststoffreiche Kost** sinnvoll.

Spezieller Pflegehinweis: Bei der Pflege müssen besondere **hygienische Maßnahmen** wie bei Infektionskrankheiten ergriffen werden (z. B. Schutzhandschuhe, Händedesinfektion, Desinfektion der Bettwäsche).

1.9.5 Basaliom

Definition: Das Basaliom (Basalzellkarzinom) ist ein lichtabhängiger epithelialer Tumor und nimmt seinen Ursprung in den Basalzellen der Epidermis.

Lokalisation

Zwischen dem Haaransatz im Gesichtsbereich und der Verbindungslinie zwischen Mundwinkel und unterem Ohransatz finden sich 80 % der Basaliome, außerhalb des Kopfbereiches nur 5 %.

Bedeutung für die Geriatrie

Das Basaliom ist der **häufigste maligne Tumor der Haut** des alten Menschen. Die Häufigkeit steigt mit zunehmendem Alter und Dauer der Sonnenexposition.

Symptomatik

Es entstehen meist knotige Tumoren, deren typische klinische Erscheinung sich aus einem perlschnurartigen Randsaum ergibt, der mit feinen Teleangiektasien überzogen ist und eine regelmäßige, scharfe Begrenzung aufweist. Die Konsistenz des Tumors ist derb. Das Wachstum erfolgt langsam über mehrere Jahre mit z. T. ausgeprägter lokaler Destruktionstendenz, jedoch ohne Metastasierungsneigung.

Ärztliche Maßnahmen

Frühzeitiges operatives Vorgehen ist für die Prognose entscheidend.

Pflegerische Maßnahmen

Bei Hautveränderungen im Kopfbereich muss der Arzt frühzeitig auf die Veränderung hingewiesen werden. Bei fortgeschrittenen Basaliomen steht die **örtliche Wundversorgung** nach Anordnungen des Arztes im Vordergrund.

2 Notfälle beim alten Menschen

2.1 Definition

> Ein Notfall ist ein nicht vorhersehbarer, akut lebensbedrohlicher Zustand und nicht zu verwechseln mit dem vorhersehbaren, unausweichlichen Sterben eines Menschen.

2.2 Bedeutung für die Geriatrie

Ursachen

Notfälle sind bei geriatrischen Patienten häufig. Diese Häufigkeit ist auf verschiedene Ursachen zurückzuführen:

Multimorbidität

- Eine Ursache für gehäufte Komplikationen bei geriatrischen Patienten bringt schon die Klientel selbst mit sich. Es sind im fortgeschrittenen Alter befindliche Patienten mit **Mehrfacherkrankungen**. Nahezu immer liegen **arteriosklerotische Probleme** mit unterschiedlichen Manifestationsorten (Extremitäten, Herz, Gehirn) vor. Daneben führen alterstypische **Organveränderungen** zu **verminderter Funktionsreservekapazität**. Dies bedeutet, dass der ältere Organismus in Ruhe eine ausreichende Funktion aufrechterhalten, in Belastungssituationen aber keine Reserven zum Ausgleich zur Verfügung stellen kann. Unter anderem betrifft dies die Lunge, die Leber, die Nieren und vor allem das Herz, welches unter Belastung bzw. bei Blutdruckabfall oft keinen Funktionsausgleich über eine entsprechend erhöhte Herzfrequenz ermöglichen kann.

Flüssigkeitshaushalt

- Letztendlich spielt die deutliche **Veränderung des Wasserhaushalts** im älteren Organismus eine entscheidende Rolle. Intra- wie extrazellulär und somit auch intravasal steht dem älteren Menschen **weniger Flüssigkeit** zur Verfügung. Die Organe, insbesondere das Herz, haben sich an die vorhandene Flüssigkeitsmenge angepasst. Somit fehlt die Möglichkeit, auf plötzlich erhöhte Flüssigkeitsmengen zu reagieren. Bei Überinfusion bzw. bei zu rascher Infusion resultiert schneller ein **Linksherzversagen**. Andererseits führen **Flüssigkeitsregulationsstörungen** bei Stoffwechselentgleisungen (z. B. Hyperglykämie), bei

Schocksituation oder bei Flüssigkeitsverlust durch Schwitzen, Durchfall o. Ä. rasch zu einer Exsikkose mit entsprechenden **Folgeproblemen**.

Frühmobilisation

- Darüber hinaus erfordert der rehabilitative Behandlungsansatz in der Geriatrie eine **aktive Frühmobilisation schwer kranker Patienten** – dies bedeutet immer eine Behandlung mit **erhöhtem Risiko.**

Mehrfachmedikation

- Die häufig bestehende **Multimorbidität** trägt ebenfalls dazu bei, dass sich unerwartet Notfälle entwickeln. Multimorbidität bedingt oft eine **Langzeitbehandlung** mit drei oder mehr (notwendigen) **Medikamenten.** Die Kenntnisse über **Wechselwirkungen** von mehr als drei Substanzen, ihre gegenseitig sich potenzierenden oder antagonisierenden Effekte sind unzureichend. So verwundert es nicht, dass bei der Entstehung von etwa einem Drittel aller geriatrischen Notfälle Medikamente ganz oder zumindestens teilweise verantwortlich sind.

Drogenmissbrauch

Nicht vergessen sollte man auch die ständig wachsende Zahl älterer Menschen, die missbräuchlich **Alkohol, Medikamente** oder **Drogen** nehmen. Ca. 10 % aller Patienten, die Erste-Hilfe-Stationen oder Notfallambulanzen aufsuchen, kommen mit einem **Intoxikations**- oder **Entzugssyndrom.**

Atypisches Krankheitsbild

Das häufige Zusammentreffen mehrerer Probleme bei älteren Menschen – ein scheinbar isoliertes Problem führt zum Zusammenbruch mehrerer Organbereiche – ergibt das in der Altersmedizin so häufige, oft verwirrende, **verschleierte, atypische Krankheitsbild.** Dies zeigt sich auch in der Notfallsituation des älteren Menschen. Das **klinische** Bild ist häufig **uncharakteristisch.** Auftreten und Verlauf der **Symptome** sind oft **nicht „lehrbuchmäßig"**, sodass auch (lebens-)bedrohliche Notfälle nicht sofort als solche erkannt werden können. Es macht das Einschätzen der Situation und das adäquate Reagieren schwieriger.

Hinweis: Der Geriater wird mit einem geriatrischen Notfall als erstbehandelnder Arzt nur in stationären Krankenhauseinrichtungen konfrontiert. Therapeutische Entscheidungen werden im häuslichen oder Heimbereich häufig von Notärzten getroffen, deren Erfahrungen in geriatrischer Diagnostik und Therapie oft unzureichend sind, deshalb kommt hier der pflegerischen Sorgfalt in der Betreuung besondere Bedeutung zu.

2.3 Ziele von Notfallmaßnahmen

In der Geriatrie gibt es keine für jeden Fall gültigen „Checklisten", jeder Patient muss aufgrund seiner bestehenden Multimorbidität und seiner Lebenseinstellung individuell eingeschätzt und behandelt werden.

Therapeutisches Ziel

Bezüglich der therapeutischen Absicht (kuratives gegenüber palliativem Vorgehen) ist es wichtig, den **Willen des Patienten** zu kennen (bei nicht mehr urteilsfähigen Patienten den Willen der nächsten Angehörigen). Dabei müssen vorhandene und noch aktuelle (d. h. nicht widerrufene) **Patientenverfügungen** bzw. **Patiententestamente** beachtet werden.

> **Hinweis:** In stationären Einrichtungen ist das Vorhandensein aktueller **Willenserklärungen** im Dokumentationssystem zu vermerken. Bei schwer kranken Patienten muss den Mitarbeitern aus der Dokumentation der eindeutige Wille des Betroffenen erkennbar und auch bekannt sein, z. B. dass keine kardiopulmonale Reanimation durchgeführt werden soll.

Sofortmaßnahmen

Wie beim jungen Menschen gilt auch für den älteren, dass bis zum Eintreffen des Arztes alle notwendigen Sofortmaßnahmen zur **Aufrechterhaltung** seiner **Vitalfunktionen (Atmung und Herz-Kreislauffunktion)** durchgeführt werden, sofern dem nicht (entsprechend den obigen Ausführungen) eindeutige Willenserklärungen des Betroffenen entgegenstehen. Die schnellstmögliche **Benachrichtigung des Arztes** ist selbstverständlich. Dieser entscheidet dann über den weiteren Ablauf der lebensrettenden Sofortmaßnahmen und über die weitere Behandlung.

Weiterführende Maßnahmen

Vor Einleitung einer **weiteren Notfalltherapie** (z. B. Verlegung ins Krankenhaus) sollte bei allen Betroffenen (Patienten, Angehörige, Betreuer) **Einigkeit** bezüglich des weiteren Vorgehens herrschen. Es können Probleme entstehen, falls Patient und/oder Angehörige ihre einmal geäußerte Meinung ändern und z. B. bei der Aufnahme ins Krankenhaus jede aktive Therapiemaßnahme ablehnen.

> **Spezieller Pflegehinweis:** Um Notfallmaßnahmen durchführen zu können, müssen alle Mitarbeiter und Mitarbeiterinnen **Erste Hilfe** leisten können. Wichtig ist auch, Notrufnummern gut ersichtlich an den jeweiligen Telefonen anzubringen, damit bei Bedarf eine sofortige **Benachrichtigung des Arztes** erfolgen kann.

2.4 Praktisches Vorgehen bei Notfällen in geriatrischen Institutionen (Alten- und Pflegeheimen)

Pflegerische Aufgaben

Beim Auftreten einer akuten **Verschlechterung des Gesundheitszustandes** eines Bewohners sollten zunächst alle **Informationen** über den akut Kranken **zusammengetragen** werden, dann sollte eine **Überprüfung der Vitalparameter** erfolgen, im Weiteren die **Krankenbeobachtung** durchgeführt werden und abschließend (anhand der vorherigen Erhebungen) eine **Beurteilung der Situation** vorgenommen werden. Aufgrund der Krankenbeobachtung, der Vitalparameter und der Anamnese ist es meistens möglich, eine **Zuordnung zu** einer bereits bekannten **Krankheit** des

Patienten vorzunehmen. Hier bestehen vonseiten des Arztes vielleicht schon detaillierte Anweisungen über das weitere Vorgehen. Liegen keine Anweisungen vor, muss entschieden werden, ob die Intervention eines Arztes notwendig ist oder nicht. Diese Entscheidung kann im Einzelfall, v. a. bei geriatrischen Langzeitkranken, schwierig sein. Sie setzt medizinische Grundkenntnisse und praktische Berufserfahrung in der Krankenbeobachtung voraus. Grundsätzlich sollte man sich aber im Zweifelsfall für die **notfallmäßige Einschaltung des Arztes** entscheiden.

2.4.1 Durchführung der Notfallanamnese

In den vorliegenden **Arzt- bzw. Pflegeunterlagen** wird nach **Diagnosen** gesucht, die die Symptomatik evtl. schon erklären. Pflegepersonen sollten sich über eine bereits angeordnete **„Reserve- oder Notfallmedikation"** informieren, die u. U. einen Hinweis auf ein bestehendes und bekanntes Problem gibt. Wichtig ist auch, die **Pflegeberichte der vorangegangenen Tage und Nächte zu lesen,** die ggf. wichtige Hinweise enthalten können.

Zu klären ist, ob die Symptomatik bereits bekannt und daher im Rahmen der vorliegenden Diagnosen erklärbar ist, oder ob sie neu aufgetreten und daher ungewöhnlich ist und ein sofortiges Handeln erfordert. Dazu muss geklärt werden, inwieweit das Vorgehen bei einem Notfall des Bewohners abgesprochen worden ist.

2.4.2 Überprüfung der Vitalparameter

Bei Verdacht auf bzw. bei Vorliegen einer akuten Erkrankung ist das Erheben pathologischer (und normaler) Befunde als Hinweis auf gestörte, lebenswichtige Organfunktionen für die Beurteilung, Therapie und Prognose unerlässlich. Dazu gehört die Überprüfung von:

Vitalparameter

- **Allgemeinzustand:** bei schwer Kranken häufig schwer objektivierbar und von der subjektiven Erfahrung und Beurteilung abhängig.
- **Bewusstseinslage:** qualitativ (geordnet, verwirrt, delirant), quantitativ (normale Ansprechbarkeit, Schläfrigkeit, Bewusstseinsverlust).
- **Herzfrequenz** (HF): Frequenz, Regelmäßigkeit, Pulsdefizit (Unterschied peripher/zentral), Füllung.
- **Blutdruck** (RR): systolisch und diastolisch (evtl. an beiden Armen messen).
- **Atmung:** Frequenz, Typus der Atmungsstörung.
- **Temperatur** (T): evtl. mehrmalige Messung notwendig.
- **Gewicht:** v. a. bei Herz- und Nierenerkrankungen wichtig.

- **Trinkmenge/Ausscheidung:** Exsikkosesyndrom, Harnretention, Nierenversagen.
- **Blutzucker:** Bestimmung mittels Blutzuckerstix bei Diabetikern.

2.4.3 Erfassen wichtiger Symptome

Wichtig ist, die **Begleitumstände** möglichst genau zu erfragen oder zu beobachten (z. B. Verbesserung, Verschlechterung nach bestimmten Maßnahmen, Ansprechen auf bereits erfolgte Medikation). Diese Beobachtungen müssen **dokumentiert** und dem **Arzt mitgeteilt** werden.

Beobachtung der Symptome

- **Schmerzen** (Lokalisation, Zeitpunkt, Dauer, Art, Stärke),
- **Atemnot** (Zeitpunkt, Art, Begleitsymptome),
- **Verwirrung/Unruhe/Angst** (Zeitpunkt, Schweregrad, Selbst-/Fremdgefährdung),
- **Schwindel** (Art, Zeitpunkt, Begleitsymptome, Synkope),
- **Übelkeit** (Zeitpunkt, Menge und Farbe des Erbrochenen, Frischblut, Kaffeesatz).

2.5 Akut auftretende Lähmung, verwaschene Sprache (Schlaganfall)

Ursachen

Der Schlaganfall (zerebraler Gefäßinsult, Apoplex) beruht auf einer akuten **Durchblutungsstörung des Gehirns**, die bei 85 % der Betroffenen durch eine **verminderte Blutversorgung** (Hirninfarkt) und bei 15 % der Betroffenen durch eine **Hirnblutung** hervorgerufen wird.

Symptomatik

Häufig kündigt sich ein Schlaganfall durch **Vorboten** an (z. B. kurzzeitiger Sehverlust, Sehen von Doppelbildern, meist kurzzeitige Lähmungen, Gangstörungen, Sprachstörungen, Schluckstörungen oder Hörminderung).
Es können Sensibilitätsstörungen, Kraftverlust oder Lähmungen an Armen und Beinen einer Körperseite auftreten. Auffallend ist eine meist **einseitige Gesichtsnervenlähmung** (einseitig herabhängender Mundwinkel, hängendes Augenlid) und das Auftreten von **Sprach- und Schluckstörungen** mit Erstickungsgefahr. Auch **Sehstörungen** können vorhanden sein. Häufig findet sich im akuten Krankheitsgeschehen auch ein **Drehschwindel** oder Erbrechen. **Störungen** des **vegetativen Nervensystems** (z. B. Schwitzen, Inkontinenz, Speichelfluss, hoher Blutdruck) sind häufig vorhanden. Bei **Hirnmassenblutungen** tritt meist eine akute **Bewusstlosigkeit** mit Atem- und Kreislaufstörungen auf.

Sofortmaßnahmen

Ruhe bewahren und möglichst schnell den **Arzt** bzw. den **Rettungsdienst verständigen.** Bis zum Eintreffen des Arztes muss die Person beobachtet werden. Die **intensive Überwachung** ist wegen der Gefahr des Erbrechens und Stürzens wichtig, das Einhalten von Bettruhe ist sinnvoll. Der fast immer erhöhte Blutdruck entspricht einer normalen Reaktion des Organismus auf die verminderte Hirndurchblutung und bedarf in diesem Stadium keiner Behandlung.

Ist der ältere Mensch bei **Bewusstsein, Oberkörper hochlagern, beruhigen**, evtl. gelähmte Körperseite polstern, beim Lagern auf keinen Fall Zug auf das Schultergelenk ausüben (Gefahr der Exartikulation). Bei **Bewusstlosigkeit mit erhaltener Atmung** und **funktionierendem Kreislauf** ist zum Freihalten der Atemwege bis zum Eintreffen des Rettungswagens eine **stabile Seitenlagerung** mit Entfernung der Zahnprothese sinnvoll.

Bei **Bewusstlosigkeit ohne vorhandene Atmung** und **ohne tastbaren Puls** muss die **Herz-Lungen-Wiederbelebung** (☞ Seite 209 f.) durchgeführt werden.

> **Spezieller Pflegehinweis:** Da der ältere Patient in der Regel unter Angst leidet und die Unruhe entsprechend stark ausgeprägt ist, ist die **begleitende Betreuung** bis zur Einweisung von besonderer Bedeutung.

2.6 Akute gastrointestinale Blutung

Jedes Jahr erleiden 485 von 100.000 Bundesbürgern über 75 Jahren gastrointestinale Blutungen – die meisten dieser lebensbedrohlichen Situationen ereignen sind zu Hause bzw. in Pflegeheimen. Das **Kennzeichen** ist **Bluterbrechen** (Hämatemesis) bzw. das Absetzen von **Teerstühlen** (Meläna). Das erbrochene Blut kann sowohl hellrot, koaguliert oder auch kaffeesatzartig sein.

> **Merke:** Als übel riechender, weicher Teerstuhl zeigen sich Blutungen mit einem Volumen von mehr als 100 ml. Blut oder Koagel im oder aufgelagert auf dem Stuhl bzw. blutige Diarrhoe weisen auf Blutverluste von mehr als 500 ml hin.

Ursachen

In den meisten Fällen ist **Bluterbrechen** (Hämatemesis) auf eine **erosive Gastritis,** ein **Ulcus ventriculi** oder **Ulcus duodeni** zurückzuführen. Dafür sind häufig Antirheumatika verantwortlich. Aber auch eine Refluxösophagitis (Ösophagusentzündung durch Magensaftrückfluss) oder eine Ösophagusvarizenblutung bei Leberzirrhose kann die Ursache sein. Darüber hinaus kann ein Karzinom des Ösophagus oder des Magens bei Betagten die Ursache für Bluterbrechen sein.

Risikofaktoren

Patienten mit Malignomen, Leberzirrhose, Blutgerinnungsstörungen oder Gefäßkrankheiten tragen ein erhöhtes Risiko, **gastrointestinale Blutungen** mit **Teerstuhl** zu erleiden. Auch eine therapiebedürftige Herzinsuffizienz, die Therapie mit Acetylsalicylsäure, nicht steroidalen

Antiphlogistika, oralen Antikoagulanzien sowie regelmäßiger Alkoholkonsum und Nikotinabusus steigern das Blutungsrisiko.

Symptomatik

Neben **allgemeinen Symptomen** wie Schwindel, Abgeschlagenheit und Atemnot können auch Synkopen, Angina-pectoris-Anfälle bis hin zum Kreislaufschock auf akute Blutungen im Gastrointestinalbereich hinweisen. In etwa jedem 5. Fall kennzeichnet **Hämatemesis** eine **massive Blutung.**
Nüchternerbrechen (vor dem Essen) deutet meist auf ein Magengeschwür hin, während postprandiales **Erbrechen** (nach dem Essen) eher auf eine Passagebehinderung schließen lässt. Häufig finden sich bei einer Ösophagitis epigastrische (unterhalb vom Brustbein) oder retrosternale **Schmerzen** (hinter dem Brustbein). Schmerzen im linken Unterbauch legen den Verdacht auf eine Divertikulitis nahe. Änderungen des Defäkationsverhaltens oder Nachtschweiß, Fieber und Gewichtsverlust können bei Malignomen auftreten. Blutige **Durchfälle** nach Auslandsaufenthalten sind meist infektiöser Ursache. Chronische Diarrhoe mit Blutbeimengungen spricht für eine chronisch-entzündliche Darmerkrankung.

Erbrechen

Erbrechen von hellrotem Blut deutet auf eine **frische Blutung** hin. Unter Einwirkung von Magensäure wird das Erbrochene durch die Bildung von Hämatin **kaffeesatzartig** (bei Unklarheit kann das Erbrochene auf Blutbestandteile getestet werden, z. B. mittels Hämostix).
Wenn das **Erbrechen ohne Blut** beginnt und sich erst später Anteile bzw. Spuren von Frischblut im Erbrochenen finden, liegt der Verdacht auf eine **Mallory-Weiss-Läsion** nahe. Dabei kommt es zu Schleimhauteinrissen am Übergang der Speiseröhre in den Magen, die durch das Erbrechen verursacht werden. Diese Schleimhauteinrisse bedürfen keiner Behandlung, die Läsionen heilen sehr schnell ab. Behandelt werden muss die Ursache des Erbrechens.

Sofortmaßnahmen

Sofort eine **Seitenlagerung** durchführen und die **Vitalparameter überwachen** (insbesondere Blutdruck und Puls). Die Mundhöhle inspizieren und bei Bedarf ausräumen, um eine **Aspiration** zu **verhindern.** Keine Speisen und Medikamente mehr geben, **Arzt benachrichtigen** und Krankenhauseinweisung veranlassen, damit die **Operationsindikation** abgeklärt wird. Die Abklärung erfolgt meist durch eine **Gastroskopie** bzw. eine **Koloskopie.**

2.7 Allergische Reaktionen

Ursachen

Bei älteren Patienten sind allergische Reaktionen meistens auf **Arzneimittel** oder **neu angesetzte therapeutische Maßnahmen** zurückzuführen.

Symptomatik

Allergische Symptome können innerhalb von Sekunden auftreten, z. B. sofort nach Einnahme eines Medikamentes (in 50 % innerhalb von 5 Minuten). Die Sensibilisierung kann aber auch 8 bis 14 Tage oder länger

in Anspruch nehmen. So kann ein Patient ein Medikament monatelang einnehmen, ohne zu reagieren, und dann plötzlich sensibilisiert werden. In der Ausprägung unterscheidet man die Lokalreaktion von der Allgemeinreaktion. Bei der **Lokalreaktion** kann es zur Rötung und Brennen der Haut, zu Juckreiz, aber auch zu einem Ödem kommen.
Bei der **Allgemeinreaktion** kann bei älteren Patienten neben generalisiertem Juckreiz und Übelkeit auch noch psychomotorische Unruhe und Angst auftreten. Asthmastische Beschwerden mit Atemnot und Schwindel sind zu beobachten. Bei ausgeprägten allergischen Reaktionen kann ein schwerer Asthmaanfall bis hin zum Schocksyndrom mit starkem Blutdruckabfall und Bewusstlosigkeit auftreten.

Sofortmaßnahmen

Bei leichteren lokalen Reaktionen genügt in der Regel das Absetzen des jeweiligen Medikamentes in Absprache mit dem verordnenden Arzt. Bei schweren Allgemeinreaktionen wird entsprechend den Ausführungen zu „Asthma" (☞ Kap. 2.8.3, S. 200) und „Bewusstlosigkeit" (☞ Kap. 2.15, S. 209) vorgegangen.

2.8 Atemnot (Dyspnoe)

2.8.1 Starke Atemnot mit röchelnder Atmung

Definition: Eine Notfallsituation liegt bei starker Atemnot mit „röchelnder Atmung" und bei extremen Angstzuständen, z. B. bei Vorliegen eines Lungenödems, vor.

Ursachen

Einer der Hauptgründe für das Auftreten eines **Lungenödems** bei älteren Patienten ist die **Linksherzinsuffizienz**. In Einzelfällen kann aber auch eine **Steigerung der Kapillardurchlässigkeit** (z. B. infolge Entzündung oder durch Gifte und Reizstoffe) sowie eine **übersteigerte Flüssigkeitszufuhr** (z. B. zu schnelles Einlaufen von Infusionen) oder eine **Hirnläsion** für das Lungenödem verantwortlich sein.

Symptomatik

Extreme **Atemnot**, wobei der Patient in der Regel sitzt. **Brodelnde, röchelnde Atmung**, evtl. bildet sich sogar „Schaum" vor dem Mund. Es besteht immer **Unruhe, Angstgefühl** und eine **Zyanose**. Zu hören sind **feuchte Rasselgeräusche** mit **Trachealrasseln** („Kochen auf der Brust") mit dünnflüssigem, **blutig-schaumigem Auswurf**.

Sofortmaßnahmen

- Atemerleichternde Oberkörperhochlagerung,
- Arme hochlagern, beengende Kleidung lockern, Blutdruck- und Pulskontrolle,
- Verabreichen von Lasix® i.m., besser i.v.,
- Sauerstoffgabe: 2 bis 3 Liter/Min.,
- Gabe von Nitroglyzerin und Morphin je nach klinischem Bild.

2.8.2 Aspiration und Verschlucken (akuter Erstickungsanfall)

Ursachen

Es kann sich bei einem akuten Erstickungsanfall um eine **Fremdkörperaspiration**, vor allem bei Patienten mit Dysphagie im Rahmen eines Multiinfarktsyndroms, bei Morbus Parkinson, aber auch bei Alkoholikern handeln. Gedacht werden muss auch an **ein Larynx- und Glottisödem** bei allergischen Reaktionen. Differenzialdiagnostisch kommt auch ein **Lungenödem**, eine schwere **Lungenembolie** oder ein ausgeprägter **Asthmaanfall** in Frage.

Symptome/Befunde

Beim Einatmen von Fremdkörpern (z. B. Erbrochenes) in die Luftröhre (**Aspiration**) findet sich ein **starker Hustenreiz mit Atemnot,** während beim **Verschlucken** eines großen Fremdkörpers (z. B. Fleischstück) in der Speiseröhre **Schluckbeschwerden und Brechreiz**, teilweise mit Schmerzen hinter dem Brustbein bestehen. In beiden Fällen leidet der Patient unter einer schweren **Dyspnoe** und hat meist eine **Zyanose** (bläuliche Färbung der Gesichtshaut und der Akren). Es besteht **Erstickungsgefahr.**

> **Warnung:** Sind hypoxische Krämpfe und eine Bradykardie zu beobachten, tritt binnen kürzester Zeit der Tod durch Ersticken ein. Der Fremdkörper muss sofort entfernt werden!

Sofortmaßnahmen

Bei Verdacht auf Verschlucken muss eine **manuelle Entfernung des Fremdkörpers** nach kräftigem Zungenzug erfolgen. Bei **Aspiration** von Fremdkörpern in die Lunge muss der Betroffene beim **Husten** unterstützt bzw. zum Husten gebracht werden.

> **Spezieller Pflegehinweis:** Zum Husten beugt der Patient den Oberkörper vornüber bzw. über die Tisch- oder Bettkante. Die Pflegeperson klopft mehrmals kräftig zwischen die Schulterblätter des Patienten.

Heimlich-Handgriff

Der häufig angewendete **„Heimlich-Handgriff“** ist bei betagten Patienten meist schwer durchführbar und kann zu inneren Verletzungen führen. Der Handgriff wird folgendermaßen durchgeführt:

- Kann der Patient stehen, umgreift die Pflegekraft von hinten seinen Oberbauch. Der Patient beugt Kopf und Oberkörper vornüber, die Pflegeperson drückt den Oberbauch mehrmals ruckartig Richtung Zwerchfell.
- Kann der Patient nicht stehen, wird er in Rückenlage gebracht. Die Pflegeperson kniet neben dem Patienten und drückt den Oberbauch mehrmals kräftig gegen das Zwerchfell.

Nach Entfernung des Fremdkörpers wird der Patient **abgesaugt** und bekommt **Sauerstoff** zugeführt. Ggf. erfolgt bis zum Eintreffen des Arztes eine **vorübergehende assistierte Beatmung**.

> **Achtung:** Bei Atemstillstand sofortiger Notruf!

> **Spezieller Pflegehinweis:** Der Patient sollte umgehend in eine atemerleichternde Position gebracht werden. Besonders geeignet ist die **sitzende Position** mit Abstützung durch einen Tisch. Der Patient sitzt auf einem Stuhl, Kopf und Arme liegen auf dem Tisch (Kissen unterlegen). Bei Bettlägerigen empfiehlt sich die **atemerleichternde Oberkörperhochlagerung**. Die Arme werden mit Kissen unterlagert.

2.8.3 Starke Atemnot mit „pfeifender" Atmung

Ursachen

Bei einem Asthmaanfall, der mit pfeifender Atmung und Angstzuständen einhergeht, liegt eine u. U. lebensbedrohliche Notfallsituation vor.
Auch wenn im höheren Lebensalter die **exogen-allergische Ursache** für Asthma zugunsten der **infektbedingten Komponente** deutlich zurücktritt und deshalb der anfallsartige Charakter zunehmend von einer Daueratemnot abgelöst wird, ist auch bei älteren Patienten gerade bei **medizinischen Maßnahmen** daran zu denken (z. B. bei **Analgetikagabe**). Ferner entwickelt sich Asthma häufig im Anschluss an einen akuten **Infekt**.

> **Definition:** Unter Asthma versteht man plötzlich auftretende, anfallsweise **Atemnot**, wobei vor allem das Ausatmen erschwert ist. Auslöser der Atemnot oder aber Begleiterscheinung sind häufig Hustenattacken, v. a. nachts oder in den frühen Morgenstunden. Ein Asthmanfall kann viele Stunden dauern. Beträgt die Anfallszeit mehr als 24 Stunden, wird dies als **Status asthmaticus** bezeichnet.

Symptomatik

Der Patient hat immer **akute Atemnot** und **Angst** (evtl. nach längerem ruhigem Intervall), die Atemfrequenz ist erhöht (über 30/Min.). Er sitzt leicht vornübergebeugt und stützt sich mit den Armen ab, um die Atemhilfsmuskulatur einzusetzen. Es besteht eine **erschwerte Ausatmung** mit **pfeifenden, giemenden, brummenden Geräuschen**. Zu Beginn des Anfalls kommt es zum Aushusten von zähem, glasigem Schleim. Der Patient ist tachykard, er schwitzt und ist zyanotisch. Es besteht Unruhe mit **Erstickungsangst**. Über der Lunge sind trockene Nebengeräusche abhörbar. Beim Emphysem sind die Atemgeräusche abgeschwächt oder fehlen vollständig. Ein Status asthmaticus ist für den älteren Patienten lebensbedrohlich und bedarf des sofortigen ärztlichen Einsatzes.

Sofortmaßnahmen

Wichtig ist die **psychische Betreuung** des Patienten durch Zuwendung und Vermitteln von Geborgenheit und Sicherheit. Die Pflegeperson sollte in der Nähe des älteren Menschen bleiben, Ruhe bewahren und beruhigend auf ihn einwirken. Fenster öffnen, beengende Kleidung lockern.

Spezieller Pflegehinweis: Der Patient sollte umgehend in eine **atemerleichternde Position** gebracht werden.

- Für **mobile Patienten** ist die **sitzende Position** mit Abstützung an einem Tisch besonders geeignet. Der Patient sitzt auf einem Stuhl, Kopf und Arme liegen auf dem Tisch (Kissen unterlegen).
- Bei **Bettlägerigen** empfiehlt sich die **atemerleichternde Oberkörperhochlagerung.** Die Arme werden durch Lagerungskissen unterstützt.

Die sofortige **Sauerstoffzufuhr** von 2 bis 3 Litern/Min. ist angezeigt. In leichten Fällen ist die rektale Verabreichung eines Theophyllin-Suppositoriums hilfreich. Bei bereits bekannter Asthmaerkrankung kann bis zum Eintreffen des Arztes das angeordnete Notfallspray angewendet werden, sofern es sich um ein $Beta_2$-Sympathomimetikum (Phenoterol), z. B. Berotec® handelt.
In schweren Fällen erfolgt die parenterale Applikation von Bronchodilatatoren (zur Erweiterung der Bronchien), z. B. Theophyllin, gefolgt von Steroiden durch den Arzt.
Letzte Maßnahme ist die Anreicherung der Atemluft mit Sauerstoff. Dabei werden 4 bis 5 l O_2/Min. über die Sauerstoffbrille appliziert. Der O_2-Gehalt der Einatmungsluft steigt dabei wesentlich an.

Gefahr: Durch die Sauerstoffgabe sinkt der CO_2-Spiegel im Blut. Das Atemzentrum wird nicht mehr ausreichend stimuliert. Die Atmung verschlechtert sich, eine ausreichende Sauerstoffversorgung des Organismus ist nicht mehr gewährleistet.

Bis zum Eintreffen des Arztes **Bewusstsein, Atmung** und **Puls kontrollieren.**

2.9 Bauchschmerz, reduzierter AZ, Erbrechen (akutes Abdomen)

Ursachen

Akute Bauchschmerzen sind keine Krankheit, sondern ein Symptom, hinter dem sich zahlreiche, oft lebensbedrohliche Erkrankungen verbergen können.
Häufige Ursachen für ein akutes Abdomen (Abdominalprozess, der ohne entsprechende Therapie in den meisten Fällen zum Tode führt) ist häufig ein **Magendurchbruch** bei Ulkus, eine **Divertikulitis** oder ein **Kolonvolvulus** (Drehung des Zökums oder Sigmas). Auch eine **Perforation der**

Gallenblase bei Cholezystitis, eine **Hernieninkarzeration** (eingeklemmter Bruch), ein perforiertes abdominales **Aortenaneurysma** oder ein **Mesenterialinfarkt** können vorliegen.

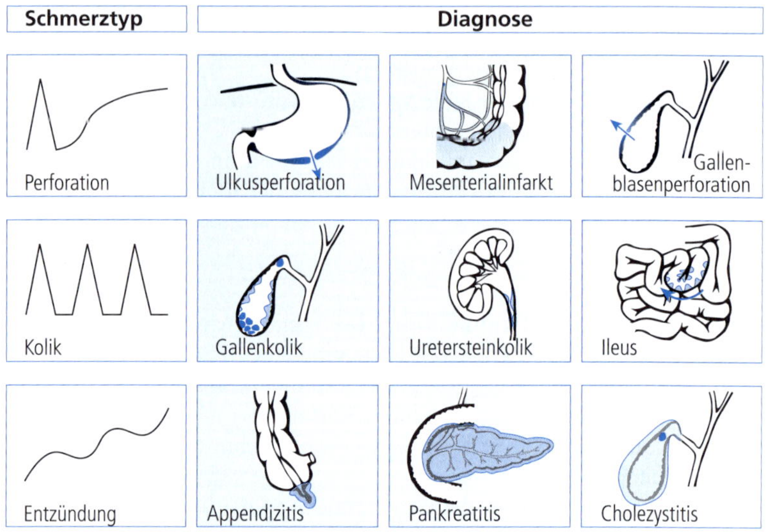

Abb. 59: Schmerztypen verschiedener akuter abdomineller Erkrankungen (nach Siewert und Blum)

Symptomatik

Akute Bauchschmerzen können von **unterschiedlicher Art** sein, z. B. dumpf, stechend, schneidend, brennend, klopfend, ziehend oder drückend. Manchmal sind sie krampfartig, an- und abschwellend, gleich bleibend, andauernd oder kontinuierlich zunehmend, oder sie treten bei Ausüben von Druck auf. Sie können in den Arm, die Schulter oder den Rücken **ausstrahlen**. Daneben kann **Übelkeit** und **Erbrechen** (Magensaft, Galle, Darminhalt) bestehen. Auch **Durchfall** oder **Obstipation** können vorliegen. Gleichzeitig können **Harnverhalt** oder **blutiger Urin** auftreten. Bei manchen Krankheitsbildern findet sich **Fieber** und ausgeprägte **Unruhe**.

Begleitsymptome

Warnung: Das Krankheitsbild des **akuten Abdomens** ist **lebensbedrohlich.** Charakteristische Symptome sind der krampfartige oder ziehend-stechende **Dauerschmerz** im Abomen und die Abwehrspannung der Bauchmuskeln, **„brettharter Bauch“.** Bei Vorliegen eines Ileus (Darmverschlusses) fehlen die Darmgeräusche. Schließlich folgt die Bewusstseinstrübung bis zu **Bewusstlosigkeit.**

Sofortmaßnahmen

Wichtig ist die umgehende **Benachrichtigung des Arztes.** In der Zwischenzeit sind die Vitalparameter zu überwachen. Analgetika (Schmerzmittel) sind bis zur Abklärung der Ursache kontraindiziert und nur in Ausnahmefällen sowie nur nach Rücksprache mit dem Arzt zu verabreichen.

Bei erhaltenem Bewusstsein wird der ältere Patient nach Wunsch gelagert. Die Rückenlagerung mit angezogenen Beinen (Knierollenlagerung) kann zur leichten Entspannung der Bauchdecke und zur Schmerzlinderung beitragen. Bei Erbrechen empfiehlt sich die Lagerung mit erhöhtem Oberkörper oder die Seitenlagerung. Die Pflegeperson unterstützt den Patienten bei Erbrechen (Auffanggefäß und Zellstoff/Papiertaschentücher bereithalten). Die **Ausscheidungen** (Erbrochenes, Urin und Stuhl) müssen aufbewahrt und dem Arzt gezeigt werden. Wichtig ist die regelmäßige Durchführung von **Temperaturkontrollen.** Der Patient sollte weder Nahrung noch Flüssigkeit zuführen (zusätzliche Belastung des Verdauungstraktes, ggf. Notfalloperation).

2.10 Coma diabeticum

Häufigkeit

Das Coma diabeticum ist neben neurologischen Komplikationen die häufigste Ursache für notfallmäßige Krankenhauseinweisungen älterer Patienten. Die **Mortalität** ist bedingt durch durch die hohe Komplikationsrate und häufig bestehende, z. B. kardiovaskuläre Begleiterkrankungen **hoch** (15 bis 40 %).

2.10.1 Hypoglykämischer Schock (Unterzuckerung)

Ursachen

Für die Unterzuckerung sind bei älteren Patienten v. a. zwei Faktoren verantwortlich. Die Diabetesmedikation wird bei **reduzierter Nahrungsaufnahme** (z. B. bei akuter Erkrankung) in unverändert hoher Dosierung zugeführt oder die Verabreichung eines **neu angeordneten Arzneimittels** führt zu einer **Wirkungsverstärkung** der Diabetesmedikation. So führt z. B. die gleichzeitige Gabe von Phenylbutazon, einem Antirheumatikum zur Wirkungsverstärkung des oralen Antidiabetikums (Sulfonylharnstoff).

Symptome

Die Symptome entwickeln sich meistens innerhalb weniger Minuten. **Heißhunger, Unruhe, Zittern** und **blasse, kaltschweißige Haut** sind charakteristisch. Daneben können Konzentrationsschwäche, Seh- und Sprachstörungen sowie Verwirrtheit bestehen. Zuletzt kommt es zur Bewusstlosigkeit, häufig verbunden mit Krämpfen. Oft wird differenzialdiagnostisch ein Schlaganfall vermutet.

Sofortmaßnahmen

Wenn **nicht klar** ist, ob eine **Überzuckerung** (diabetisches Koma) oder eine **Unterzuckerung** (hypoglykämischer Schock) vorliegt, darf **keinesfalls Insulin** verabreicht werden. Bei erhaltenem Bewusstsein Zucker zuführen (Zucker schadet nicht, Insulin kann bei einer Unterzuckerung tödlich sein). Um die Ursache rasch zu klären und einen evtl. vorliegenden Schlaganfall auszuschließen, muss sofort eine **Blutzuckerkontrolle** durchgeführt werden.

> **Merke:** Bei den ersten Zeichen einer **Unterzuckerung** und bei erhaltenem Bewusstsein sofort **Glukose** verabreichen (Traubenzucker, gesüßter Tee, süße Säfte). Alternativ kann **0,5 bis 1 mg Glukagon s.c.** verabreicht werden.

Bei **Bewusstlosigkeit Atmung** und **Kreislauf kontrollieren, stabile Seitenlagerung** bzw. **kardiopulmonale Wiederbelebung** durchführen. Sofort den Arzt verständigen.

2.10.2 Hyperglykämische Entgleisung bei Diabetes mellitus

Ursache

Ursache für die hyperglykämische Entgleisung (bis hin zum Coma diabeticum) ist der **Insulinmangel**. Auslösende Faktoren können Infekte und gastrointestinale Erkrankungen mit Übelkeit /Erbrechen sein.

Symptomatik

Die Hyperglykämie führt zu **osmotischer Diurese** mit Wasser-, Kalium- und Natriumverlust, die eine lebensbedrohliche **Exsikkose** bis hin zum **hypovolämischen Schock** verursachen kann. Vor allem bei älteren Patienten wird das **nicht azidotische, hyperosmolare Coma diabeticum** beobachtet. Bei der hyperosmolaren Entgleisung ist noch eine gewisse Restinsulinaktivität vorhanden, um die Lipolyse (und damit die Bildung von Ketonkörpern) zu hemmen. Die Symptomatik der hyperglykämischen Entgleisung ist in Tab. 18a aufgeführt.

Tab. 18a: Symptomatik der hyperglykämischen Entgleisung

Hyperosmolare Entgleisung	Ketoazidotische Entgleisung
Polyurie, Polydypsie bis Exsikkose, Gewichtsverlust, Sehstörungen, Müdigkeit, Schwäche, Adynamie, Benommenheit, Eintrübung, Koma.	Übelkeit, Erbrechen, abdominelle Schmerzen, evtl. Fieber, Kussmaul-Atmung.

Sofortmaßnahmen

Patienten, die Insulin spritzen und regelmäßige Selbstkontrollen durchführen (Blutzuckermessung und Nachweis einer Azetonurie durch Urinschnelltests), müssen bei Übelkeit, Erbrechen, abdominellen Schmerzen und ähnlichen Symptomen den **Blutzucker messen** und den **Urin auf Azeton überprüfen**.

Ist die Hyperglykämie **nicht gesichert**, ist grundsätzlich so vorzugehen wie bei hypoglykämischem Schock (**keine Insulingabe!**) Liegt eine ausgeprägte Blutzuckerentgleisung vor (BZ über 300 mg% = 16,6 mmol/l und stark erhöhter Azetonwert), sollte der bewusstseinsklare Patient **viel Flüssigkeit** zuführen. Darüber hinaus sollte rasch die vom Arzt **verordnete Insulinmenge** in Form von **Altinsulin gespritzt** werden. Anschließend muss der **Blutzucker in 2- stündlichen Intervallen** kontrolliert werden. Bei **diabetischem Koma** kann die subkutane Insulinabsorption unzureichend sein und wird daher nicht empfohlen. Diese Patienten sollten **stationär behandelt** werden.

Tab. 18b: Unterscheidung: Coma diabeticum und Hypoglykämie

	Coma diabeticum	**Hypoglykämie**
Haut	stark ausgetrocknet	feucht, schweißig
Zunge	trocken	feucht
Geruch	Azeton	unauffällig
Atmung	tief	unauffällig
Puls	flach, frequent	langsam, gut gefüllt

2.11 Herzinfarkt

Ursache

Bei bestehender Angina pectoris (☞ Kap. 1.1.1, S. 12 ff.) können psychische oder körperliche **Belastung, Flüssigkeitsverlust**, eine **Operation** oder eine **neue Medikation** im Rahmen der Multimorbidität zum plötzlichen Verschluss eines Koronargefäßes (Myokardinfarkt) führen.

Symptomatik

Der Herzinfarkt kann wie beim jungen Patienten mit starken und plötzlichen **retrosternalen Schmerzen, Atemnot** und **Todesangst** einhergehen. Er kann aber auch oft **asymptomatisch** verlaufen oder mit **uncharakteristischen Symptomen** wie Übelkeit, Unwohlsein, Erbrechen, zunehmende Atemnot oder Verwirrtheit einhergehen. Jeder fünfte Herzinfarkt **verläuft** bei älteren Patienten **„stumm"**, d. h. ohne oder mit nur geringen Symptomen. Besonders häufig betrifft das ältere Diabetiker. Meist liegen bereits **Zeichen der Linksherzdekompensation** (d. h. Lungenstauung mit Atemnot) vor.

Sofortmaßnahmen

Zuwendung, Geborgenheit und Sicherheit vermitteln, den Patienten **psychisch betreuen**. Ruhe bewahren und in der Nähe des Patienten bleiben. Bei bekannten **Angina-pectoris-Anfällen** und einem systolischen Blutdruckwert von mindestens 100 mmHg ein bis zwei Hübe **Nitro-Spray** sublingual verabreichen.
Wenn der ältere Patient bei Bewusstsein ist, Oberkörper hochlagern, Fenster öffnen, beengende Kleidung lockern, Umgebungsreize und Anstrengungen vermeiden, für eine ruhige Umgebung sorgen. Atemluft mit 4 bis 5 Litern **Sauerstoff** (über Sauerstoffbrille) anreichern.
Die sofortige Benachrichtigung des Arztes ist von Bedeutung, da nur er eine entsprechende Schmerzbehandlung durchführen kann. Die Krankenhauseinweisung ist dringend angezeigt.

Spezieller Pflegehinweis: Bei Bewusstlosigkeit mit vorhandener Spontanatmung und tastbarem Puls stabile Oberkörperhochlagerung durchführen. Bei Bewusstlosigkeit, fehlender Spontanatmung und fehlendem Puls Herz-Lungen-Wiederbelebung durchführen. Sauerstoffzufuhr von 4 bis 5 Litern/Min. sicherstellen.

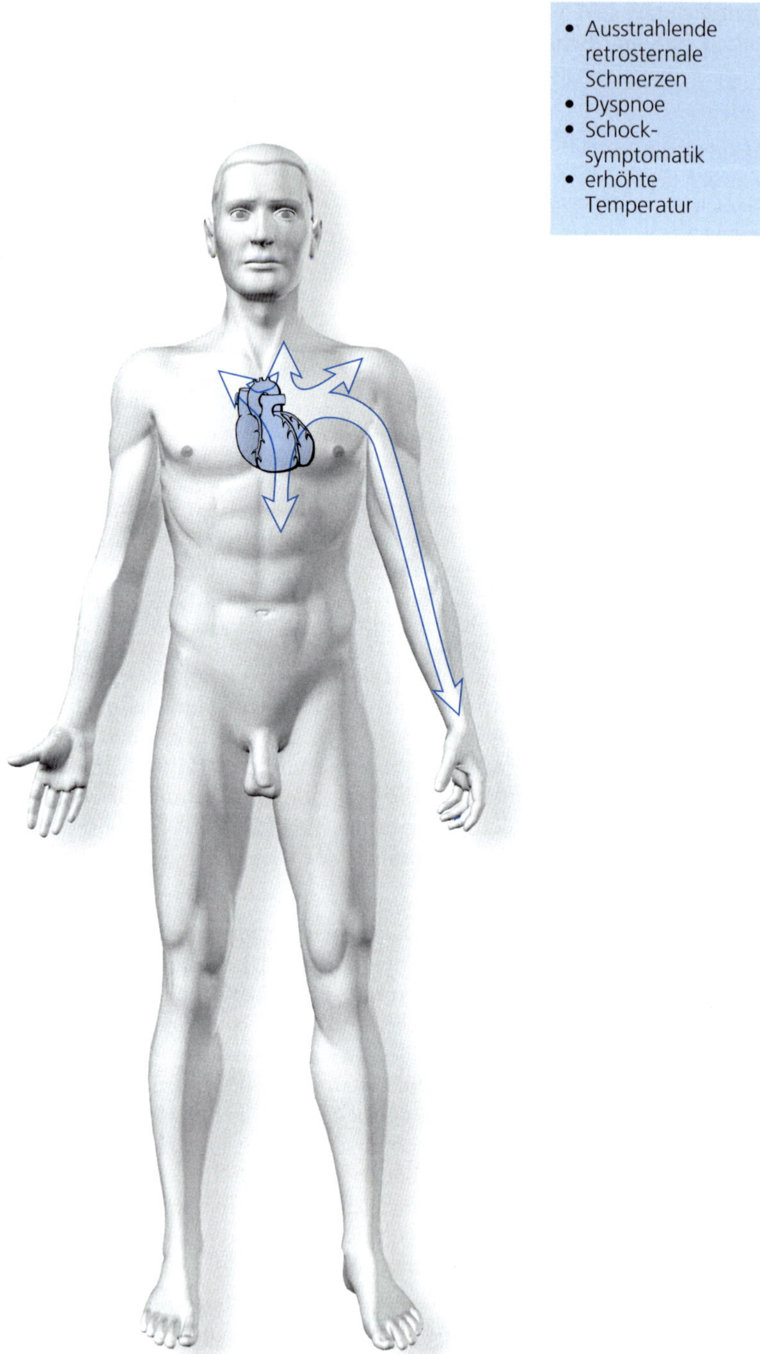

Abb. 60: Symptome bei Herzinfarkt

2.12 Hitzschlag (Sonnenstich, Hitzeerschöpfung)

Ursachen

Intensive Sonneneinstrahlung und **ungenügende Flüssigkeits- und Elektrolytzufuhr** bei länger dauernder Hitzeexposition können aufgrund der altersbedingten Veränderungen (eingeschränkte Temperaturregulation, veränderte Zusammensetzung der Körperflüssigkeiten, veränderte Elektrolytverhältnisse und Kreislaufparameter) zu einem Hitzeschaden führen.

Symptomatik

Beim **Sonnenstich** und beim Hitzschlag stehen Kopfschmerzen, Übelkeit, Schwindel, Bewusstseinsstörungen, Erbrechen und Tachykardie im Vordergrund. Während der **Sonnenstich** mit hochrotem, heißem Kopf bei normaler Körpertemperatur einhergeht, entwickelt sich beim **Hitzschlag** eine Hyperthermie mit Sistieren der Schweißsekretion und Auftreten von Krämpfen sowie Atemnot.
Bei der **Hitzeerschöpfung** stehen die Folgen des Flüssigkeitsmangels im Vordergrund: Schwäche, schmerzhafte Muskelkrämpfe, Übelkeit, Erbrechen, Kopfschmerzen, Durst, Schwindel, Bewusstseinsstörungen und Atemnot bis zum Schockzustand.

Sofortmaßnahmen

Lagerung in **schattiger, kühler Umgebung**, Kleidung öffnen, Luft „zufächeln". Flüssigkeitszufuhr, bei Erbrechen, Bewusstseinsstörungen und Krämpfen parenterale **Elektrolyt- und Flüssigkeitssubstitution.**

> **Merke:** Wichtig ist die Überwachung der Vitalfunktionen, ggf. die Zufuhr von Sauerstoff und bei vitaler Bedrohung die sofortige Einweisung ins Krankenhaus.

2.13 Krampfanfälle (epileptischer Anfall)

Ursachen

Die Epilepsie ist eine anfallsartig auftretende Erkrankung, die auf einer **Hirnfunktionsstörung** basiert. Bei älteren Menschen ist der epileptische „Gelegenheitsanfall" die häufigste Manifestationsform. Häufig sind bereits bestehende **zerebrale Schädigungen** vorhanden (z. B. Apoplex, Hirntumoren, Gefäßmissbildungen u. a.).

Symptomatik

Unter Umständen finden sich kurz vor dem Anfall Veränderungen der Gefühls-, Geruchs-, Geschmacks- und Lichtwahrnehmung (sog. **„Anfallsaura"**). Beim Krampfanfall kommt es dann zum plötzlichen Sturz, evtl. mit **„Initialschrei"**, wobei zunächst ein **Streckkrampf** und unter Umständen ein wenige Sekunden anhaltender **Atemstillstand** zu beobachten ist. Danach treten **Zuckungen**, Krämpfe, der sog. **„Zungenbiss"** und damit verbundene Verletzungen, schaumiger **Speichelfluss** aus dem Mund sowie **unwillkürlicher Urinabgang** auf. Nach dem Krampfanfall verfällt der ältere Patient in einen **tiefen Schlaf.** Krampfanfälle können kurzzeitig und flüchtig auftreten, aber auch über einen längeren Zeitraum andauern.

Sofortmaßnahmen

Der Patient muss vor **Verletzungen geschützt** werden. Wird der Anfall rechtzeitig erkannt, sollte ein **Sturz verhindert** werden. Patienten während des Anfalls flach lagern, **gegen Stoß sichern** (Gegenstände entfernen, Körper mit Kissen oder Polstern schützen). **Zungenbiss** nach Möglichkeit durch Einbringen eines Beißkeils **verhindern.**

> **Hinweis:** Nach dem Anfall sollte man den Patienten zur **Aspirationsprophylaxe** möglichst in **stabiler Seitenlage** lagern und die **Vitalfunktionen** kontrollieren. Behandelnden Arzt benachrichtigen. Wichtig ist auch, den Anfallsbeginn und das Anfallsende zu notieren.

2.14 Nasenbluten (Epistaxis)

Ursachen

Die vielfältigen Ursachen des Nasenblutens kann man in **lokale** und **systemische** einteilen (☞ Übersicht 29). Ältere Patienten leiden häufig unter Epistaxis.

Übersicht 29: Häufige Ursachen von Epistaxis bei älteren Patienten

- **Lokale Ursachen:**
  - Verletzungen (z. B. manuelle Manipulation)
  - Spontanblutung (Locus Kieselbachii)
  - Rhinitis sicca anterior
  - Fremdkörper
  - benigne und maligne Tumoren
- **Systemische Ursachen:**
  - Gefäß- und Kreislaufkrankheiten
  - hämatologische Erkrankungen (z. B. Leukämie)
  - Stoffwechselstörungen (z. B. Urämie)
  - medikamenteninduzierte Diathese durch orale Antikoagulanzien (z. B. Acetylsalicylsäure, Phenprocoumon)

Symptomatik

Bei der beträchtlichen Zahl möglicher Ursachen kann im Notfall natürlich keine umfassende Notfallanamnese stattfinden. Die Anamnese sollte bei massiveren Blutungen deshalb im Anschluss an die Blutstillung erfolgen.

Sofortmaßnahmen

Meist sistiert Nasenbluten spontan, sodass keine ärztliche Intervention notwendig ist. Auch sind die meisten Blutungen nur schwach und lassen sich durch einfache Maßnahmen stoppen:

- Zusammenpressen der Nasenflügel
- Vornüberbeugen
- Nackenkühlung (z. B. Eis, kalter Lappen).

Hält eine Blutung jedoch länger als 10 Minuten an oder ist sie sehr ausgeprägt, sollte ein Arzt gerufen werden.

Ärztliche Maßnahmen

Der Arzt führt eine **Untersuchung** der Nase und des Rachens durch. Zeigt sich bei der Naseninspektion eine Blutungsquelle, wird eine **lokale Blutstillung** durchgeführt (z. B. eine lokale Ätzung mit Silbernitrat 5 bis 15 %). Häufig ist es ausreichend, wenn der Arzt eine mit Vasokonstringenzien getränkte **Tamponade** in die Nase einlegt, und ein **Eisbeutel** in den **Nacken** gelegt wird. Ist die **Blutung im hinteren Nasenbereich** lokalisiert, fließt das Blut in den Rachenraum. Eine Blutung nach außen ist nicht sichtbar. Die Sofortmaßnahme besteht im Einlegen einer **Nasentamponade**. Der Patient wird zur weiteren Abklärung in die Klinik eingewiesen.

2.15 Plötzliche Bewusstlosigkeit

Ursachen

Für eine plötzliche Bewusstlosigkeit können herz- und kreislaufbedingte Ursachen, neurologische Krankheitsbilder, aber auch Stoffwechselstörungen sowie Vergiftungen bis hin zu schweren allergischen Reaktionen verantwortlich sein.

Symptomatik

Der Patient ist nicht ansprechbar und zeigt keine Reaktion auf äußere Reize (Geräusche, Licht oder Schmerzreize).

Sofortmaßnahmen

Zunächst werden **Karotispuls, Atmung** und **Pupillenreaktion** überprüft. Der Karotispuls wird mit dem Zeige- und Mittelfinger an der rechten oder linken Halsschlagader getastet.

> **Warnung:** Das beidseitige Ertasten des Karotispulses kann zum reflektorischen Herzstillstand führen. Darüber hinaus wird die Blut- und Sauerstoffzufuhr zum Gehirn durch beidseitiges Tasten gedrosselt. **Karotispuls** daher stets nur **einseitig** tasten!

Das Vorhandensein der **Atmung** wird durch **Auflegen einer Hand** auf den **Brustkorb**, der anderen Hand auf die **Magengrube** (spürbares Heben und Senken) festgestellt. Die **Pupillenreaktion** kann durch Anwendung einer Taschenlampe kontrolliert werden. Bei einseitigem **Lichteinfall** muss eine gleichmäßige Engstellung (Miosis) beider Pupillen erfolgen. Die Lichtreaktion wird beidseitig durchgeführt.

Falls erforderlich folgt das **Freimachen der Atemwege**. Dabei werden Fremdkörper, Blut, Erbrochenes und locker sitzende Zahnprothesen mit dem Zeigefinger (Einmalhandschuh tragen) aus der Mundhöhle entfernt. Bei Bewusstlosigkeit mit vorhandener Atmung und tastbarem Puls wird der Patient zum Freihalten der Atemwege in **stabiler Seitenlage** gelagert. Ist kein Puls tastbar und keine effektive Atmung vorhanden, muss sofort mit der **Reanimation** (Herz-Lungen-Wiederbelebung) begonnen werden.

Spezieller Pflegehinweis: Die Reanimation kann von einer oder zwei Pflegepersonen durchgeführt werden. Dabei werden – unabhängig von der Zahl der Helfer – stets **zwei Beatmungen** im Wechsel mit **15 Herzdruckmassagen** ausgeführt.

Während der **Reanimation** muss die **Effektivität** der Maßnahme regelmäßig überprüft werden (Beobachtung einer **Zyanose**). Die Reanimation wird bis zum Eintreffen des Notarztes durchgeführt.
Nach erfolgreicher Reanimation werden weitere **Vitalparameter** wie Blutdruck, Radialispuls, Blutzucker, Körpertemperatur etc. kontrolliert und dokumentiert.

Hinweis: Eine erfolgreiche Herz-Lungen-Wiederbelebung gelingt nur, wenn sie in regelmäßigen Abständen unter Anleitung geübt wird.

2.16 Plötzliche Verschlechterung des Sehvermögens

Definition: Eine Notfallsituation stellt der plötzlich auftretende, unilaterale (einseitige) **Visusverlust** infolge eines **Zentralarterienverschlusses** oder einer Arteriitis temporalis dar. Die sog. **„ischämische Optikusneuropathie"** mit einer akuten einseitigen Sehverschlechterung ist die Folge von Durchblutungsstörungen im Bereich der Sehnerven und führt, ähnlich einem Apoplex, zu erheblichen Ausfällen. Sie tritt v. a. bei älteren Menschen auf.

Ursachen

Ursachen für einen Zentralarterienverschluss sind eine **Embolie** durch Veränderungen im Herzbereich, eine Embolie durch stoffwechselbedingte Wandveränderungen und Plaques der A. carotis, **Gefäßspasmen,** Druck von außen auf das Gefäß und verschiedene andere Erkrankungen.

Symptome

Der Patient klagt über einen **akut** auftretenden, vollständigen **Sehverlust,** der einseitig auftritt, meist schmerzlos ist und **persistiert** (dauerhaft vorhanden bleibt).

Sofortmaßnahmen

Ein kompletter Zentralarterienverschluss, der länger als sechs Stunden anhält, führt in der Regel zu **irreversiblem Sehverlust** (Erblindung). Daher müssen umgehend eine **fachärztliche Untersuchung** und **Therapie** eingeleitet werden. Der Verschluss eines kleineren Gefäßes hat in der Regel eine gute Prognose und bedarf keiner Therapie.
Die Diagnosestellung erfolgt über die **Augenhintergrunduntersuchung** durch den Arzt. Die **Überprüfung der Pupillenreaktion** ergibt bei einem

Zentralarterienverschluss einen afferenten Defekt auf der betroffenen Seite. Eine **sofortige Einweisung** ins **Krankenhaus** ist notwendig.

2.17 Vergiftungen

Ursachen

Sofern nicht in suizidaler Absicht bewusst Überdosen von Medikamenten eingenommen werden, finden sich Vergiftungen häufig bei älteren Menschen mit kognitiven Störungen.

Mögliche Symtome

Je nach Vergiftungsursache können unterschiedliche Symptome im Vordergrund stehen.

- **Zentrales Nervensystem** und **Psyche**: z. B. Kopfschmerzen, Schwindel, Wahnvorstellungen (Halluzinationen), Angst, Erregung, Lähmungen, Krämpfe, Bewusstseinsstörungen bis hin zu Bewusstlosigkeit.
- **Magen-Darm-Trakt** und **Stoffwechselfunktion:** Mundtrockenheit, Übelkeit, Erbrechen, Durchfall, Bauchschmerzen.
- **Herz-Kreislaufsystem:** Pulsverlangsamung oder -beschleunigung, Blutdruckanstieg oder -abfall, Herzrhythmusstörungen, Herz-Kreislaufstillstand.
- **Atmung:** Atemnot, Blaufärbung der Haut (Zyanose), Atemstillstand.
- **Haut:** Rötung, Blässe, Blasenbildung.
- **Allgemeinzustand:** Schwitzen, Fieber.

Sofortmaßnahmen

Sofort den **Arzt bzw. den Rettungsdienst verständigen.** Bei erhaltenem Bewusstsein nach möglicher **Vergiftungsursache** fragen, bei bewusstlosen bzw. verwirrten Patienten Hinweise auf Vergiftungsursachen in der Umgebung des Betroffenen suchen (z. B. Tablettenröhrchen, verdächtige Behälter, Flaschen). **Erbrochenes, Stuhl** oder **Urin aufbewahren,** da sie Rückschlüsse auf die Vergiftungsursache geben können (dem Rettungsdienst mitgeben).
Bis zum Eintreffen des Arztes **Vitalfunktionen kontrollieren,** bei Bewusstlosigkeit mit erhaltenem Puls und vorhandender Atmung den älteren Menschen in **stabile Seitenlage** bringen und zudecken. Ohne Anweisung des Rettungsdienstes keine Getränke verabreichen und kein Erbrechen herbeiführen. Bei fehlender Atmung und Pulslosigkeit **Reanimation** einleiten.

2.18 Verletzungen

Merke: Besonders verwirrte und bewegungseingeschränkte ältere Menschen erleiden häufig Verletzungen (z. B. Stürze, aber auch Verletzungen im Bereich des Haushalts).

Mögliche Symptomatik

Da sich ältere und v. a. verwirrte Personen nicht immer an ein Unfallgeschehen erinnern oder nicht in der Lage sind, den Unfallhergang zu schildern, muss bei einem vermuteten Trauma gezielt nach **Verletzungszeichen** gesucht werden. Dabei können Verletzungen **sofort sichtbar** sein, aber auch durch die **Kleidung verdeckt** oder z. B. bei inneren Verletzungen **ganz verborgen** sein. Mögliche **Verletzungszeichen** sind:

Verletzungszeichen

- Blutung
- Schmerzen und dadurch bedingte Schonhaltung des verletzten Körperteils
- Schwellung
- Schmauchspuren bei Stromverletzungen
- Fehlstellungen von Knochen oder Gelenken
- Schockzeichen: Tachykardie (> 100/Min.) und Hypotonie (systolisch unter 100 mmHg), Tachypnoe, feuchte und kalte, blasse Haut, Unruhe sowie Angst und Benommenheit bis Bewusstlosigkeit.

Sofortmaßnahmen

Bei erhaltenem Bewusstsein nach möglicher **Unfallursache** fragen und Hinweise auf Unfallursache beobachten (z. B. Herzinfarkt, Schlaganfall). Sofortige **Verständigung** des **Arztes** bzw. bei Bedarf des **Rettungsdienstes.**

Bis zum Eintreffen des Arztes beim Verletzten bleiben und bei Bedarf **lebensrettende Sofortmaßnahmen unter Kontrolle der Vitalparameter** (Bewusstsein, Atmung und Kreislauf) durchführen:

- bei **Schock** Beine hochlagern,
- **Wunden** mit steriler Kompresse abdecken, bei stärkerer Blutung Druckverband oder Abdrücken. Zuführende Extremitätenarterie (Oberarminnenseite, Oberschenkelinnenseite, Leiste) abdrücken und Extremität hochlagern.
- **Verletzte Extremitäten** (bei Knochen- und Gelenkverletzungen) ruhig lagern.
- Bei **Bewusstlosigkeit,** funktionierender Atmung und tastbarem Puls stabile Seitenlagerung durchführen.

3 Tod und Sterben

3.1 Definition

> Ein Sterbender ist ein Kranker, bei dem der Arzt aufgrund einer Reihe klinischer Zeichen zur Überzeugung kommt, dass die Krankheit irreversibel ist und der Tod in kurzer Zeit eintreten wird.

Ursachen

Die vier Haupttodesursachen im Alter sind **koronare Herzkrankheit, Karzinome, chronisch-obstruktive Bronchitis** und **Schlaganfall.**

3.2 Bedeutung für die Geriatrie

Entwicklung

Von allen medizinischen Fachdisziplinen ist die Geriatrie diejenige, die sich am häufigsten mit dem Sterben und dem Tod auseinandersetzt. In **früheren Generationen** war der **Tod** unabwendbarer, aber natürlicher **Teil des Lebens.** Die Sterblichkeit war aufgrund der schlechteren Therapiemöglichkeiten allgemein höher, vor allem bei Infektionskrankheiten und im Säuglings- und Kindesalter. Sowohl die häufigere Konfrontation mit dem Tod als auch Bräuche, z. B. das Aufbahren der Verstorbenen in der Wohnung, förderten die ständige Auseinandersetzung mit dem Tod. In der **modernen Gesellschaft** werden Tod und Sterben zunehmend verdrängt und an Institutionen wie Pflegeheim bzw. Krankenhaus abgeschoben. Der Umgang mit Krankheit und Leiden, mit Alter, Sterben und Tod hat für viele Menschen heute seine Selbstverständlichkeit verloren. Die medizinischen Möglichkeiten, Krankheiten zu bekämpfen und das Sterben zu verzögern, haben in vielen Menschen eine maßlose Erwartung an die scheinbar allmächtige Medizin geweckt. Die Utopie einer leid- und schmerzfreien Gesellschaft führt zu einer **massiven Verdrängung von Krankheit und Sterben.** Dadurch wird es für den Menschen immer schwieriger, den Tod als Bestandteil des Lebens zu akzeptieren und an dieser Auseinandersetzung zu reifen.

Zielsetzung

Es ist die **Aufgabe der Geriatrie,** den betroffenen Menschen ein **menschenwürdiges Sterben** zu ermöglichen, z. B. durch Sterbebegleitung, Sterbebeistand und angepasste Therapie bzw. Pflege. Dazu gehört auch, dem Betroffenen die letzten Wochen vor dem Tod zu erleichtern. Abb. 61 zeigt Faktoren, die den Sterbeprozess beeinflussen. Im Gegensatz zu den apparativen Fortschritten in der Medizin wird die palliative Behandlung oft vernachlässigt. Dabei legen die meisten Patienten Wert auf Palliation, die medizinische Behandlung wurde einer Untersuchung zufolge bei 10 % der Patienten gegen ihren Wunsch durchgeführt. **Zuwendung** und **pflegerische Betreuung** gewinnen zunehmend an **Bedeutung.**

Aufgaben der Pflege

Todkranke und sterbende Patienten haben Anspruch auf die **den Umständen entsprechende** und **in der gegebenen Situation mögliche Pflege.** Dabei ist es völlig gleichgültig, ob der alte Mensch geistig verwirrt, komatös oder ansprechbar ist, ob er allein stehend ist oder aber von Angehörigen dauernd umsorgt wird. Bei den pflegerischen Maßnahmen sollte man berücksichtigen, **lindernde** bzw. **erleichternde Maßnahmen** medizinisch indizierten, korrekten Handlungsweisen vorzuziehen. Auch **persönliche Eigenarten** des Patienten, die sonst in der täglichen, routinemäßigen Pflege nicht hingenommen werden können, sollten in dieser Situation **geduldet** werden.

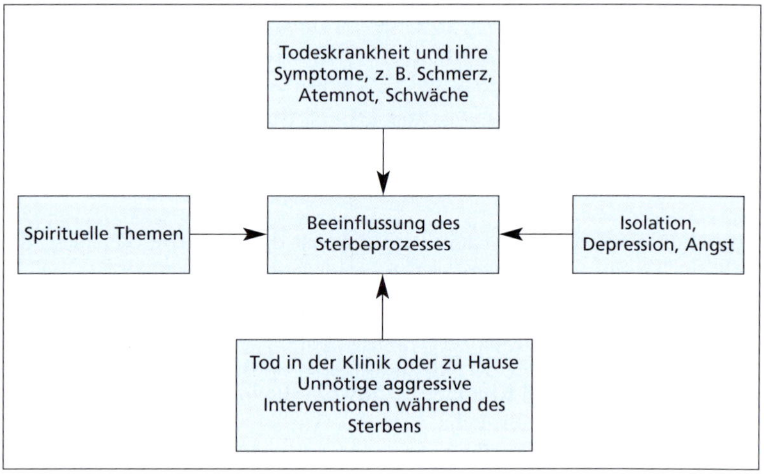

Abb. 61: Beeinflussung des Sterbens durch innere und äußere Faktoren

Zu einem Zeitpunkt, an dem Tätigkeiten des Arztes symbolisch werden, können die Pflegenden sehr dazu beitragen, den Sterbenden zu unterstützen und seine Situation zu erleichtern.

3.3 Adäquate pflegerische Betreuung

Individualität

Die Pflege muss sich den individuellen **Bedürfnissen** und **Beschwerden des Patienten** anpassen. Sie sollte sich aber auch an speziellen **Betreuungskonzepten** in Abhängigkeit von der Art der Krankheit orientieren. Dies bedeutet, dass man unter Berücksichtigung aller Faktoren für jeden einzelnen Patienten einen speziellen, **individuellen Betreuungsplan** erstellen muss.

Merke: Prinzipiell ist die Pflege an den Bedürfnissen des Sterbenden auszurichten. Die subjektiven Wünsche des Sterbenden sollten immer über „Pflegerichtlinien" stehen.

Einbeziehen von Angehörigen

Sofern vorhanden, sind Angehörige in die Pflege zu integrieren, auch wenn es scheinbar noch so wenig ist, was sie tun können. Es hilft den **Angehörigen** und den **Sterbenden.** Voraussetzung hierfür ist auch, dass die **äußeren Bedingungen** entsprechend gestaltet werden. In einem Einzelzimmer kann der Kontakt zu Angehörigen und anderen Bezugspersonen freier und ungehinderter gestaltet werden. Den Angehörigen sollte auch die Möglichkeit eingeräumt werden, Tag und Nacht bei dem Sterbenden zu bleiben, wenn dieser es wünscht.

Planung der Pflegemaßnahmen

Die meisten sterbenden Patienten zeigen Anzeichen zunehmender Erschöpfung, weshalb Anstrengungen im Zusammenhang mit pflegerischen Maßnahmen auf das notwendige Maß reduziert werden sollten. Hinzu kommt, dass die **Körperpflege** oftmals ein **belastender Vorgang** ist. Der Patient muss dabei bewegt und gedreht werden, was häufig **Schmerzen** verursacht. Es ist daher sinnvoll, ca. eine halbe Stunde vor dem Pflegevorgang ein entsprechendes Schmerzmittel zu verabreichen. Die Pflegemaßnahme muss **geplant** und **gut vorbereitet** sein. Dabei sollte auch überlegt werden, welche **eventuellen Probleme** zu erwarten sind.

Dekubitusgefahr

Bei schwer kranken, sterbenden Patienten besteht immer **erhöhte Dekubitusgefahr.** Die trockene Altershaut, meist verstärkt durch zunehmende Exsikkose, ist leicht verletzbar. Rückfettende, ph-neutrale Waschlotionen sind daher sinnvoll. Gewaschen wird in kleinen Sequenzen von oben nach unten, wobei jedes Körperareal sofort getrocknet werden muss. Problemzonen wie Achselhöhlen, Brustfalten, Genital- und Analbereich sind besonders sorgfältig zu versorgen. Dekubitusgefährdete Bereiche sind mit einer geeigneten Hautpflegesalbe zu behandeln.

Als Pflegegrundsatz hat sich das **Merkwort „BALSAM"** etabliert:

Merkwort „BALSAM"

Befinden:	Allgemeinzustand (Krankenbeobachtung)
Atmung:	Atemnot (Lungenstauung)
Lagerung:	Immobilität/Dekubitus/Schmerz
Seele:	Angst/Unruhe/Schmerz/Umfeld (Mitpatienten)
Augen:	unvollständiger Lidschluss (Hornhautschädigung)
Mundpflege:	Exsikkose (Austrocknung der Schleimhäute)

Merke: Über diese Grundsätze hinaus ist auf eine ausreichende Flüssigkeitszufuhr zu achten. Besonderen Stellenwert hat jedoch der **menschliche Beistand.**

3.3.1 Befinden (Krankenbeobachtung)

Erfassung der Symptome

Ältere Patienten sind gekennzeichnet durch ihre **Multimorbidität.** Dazu verlaufen viele Erkrankungen im Alter uncharakteristisch oder atypisch. Daher ist es immer schwierig, anhand des Beschwerdebildes Kausalität herzustellen. Angesichts des nahenden Todes sind differenzialdiagnostische Überlegungen für den Arzt nur dann angebracht, wenn sie zu einer **Linderung der Beschwerden** führen können. Im Vordergrund steht hier die **pflegerische Krankenbeobachtung** zur Erfassung von **Symptomen,** die den Patienten **beeinträchtigen.** Hier stehen in der Palliativmedizin im Vordergrund: Schmerzen 70,3 %, Mundtrockenheit 67,5 %, Schwäche 46,8 %, Verstopfung 44,7 %, Luftnot 42,3 %, Übelkeit 36,2 %, Schlaflosigkeit 34,2 %, Schwitzen 25,3 %, Schluckbeschwerden 23,2 %.

Merke: Eine konsequente symptomorientierte Therapie ist die wesentliche Voraussetzung für Lebensqualität angesichts des nahenden Todes. Die Krankenbeobachtung bietet dafür die Grundlage.

Symptomorientierte Therapie

An erster Stelle der symptomorientierten Therapie muss eine ausreichende **Schmerztherapie** stehen. 40 % der 80 Jahre alten Patienten haben in den letzten drei Tagen vor ihrem Tod starke Schmerzen. Für 63 % ist es sehr schwierig, die daraus resultierenden physischen und psychischen Symptome zu ertragen. Ein Grundsatz der Schmerzbehandlung ist, dass **niemals** eine **Schmerztherapie „nach Bedarf"** angeordnet werden darf. Immer hat die Schmerztherapie so zu erfolgen, dass ein „Bedarf" an Analgetika (Schmerzmitteln) möglichst gar nicht erst entsteht.

Spezieller Pflegehinweis: Da Mundtrockenheit und Schluckbeschwerden zu den häufigen Symptomen bei sterbenden Patienten gehören, ist die Verabreichung von Tabletten und Dragees problematisch. Medikamente in Tropfenform sind vorzuziehen, auch Schmerzpflaster bieten eine Alternative.

3.3.2 Menschlicher Beistand

Sicherlich gehört es zu den schwersten Aufgaben, einen Menschen zu pflegen, der vor dem Tode steht. Die durchgeführten Pflegemaßnahmen können dabei in keiner Weise das Bemühen ersetzen, dem Sterbenden psychisch beizustehen. Es gibt dafür leider keine Rezepte. Wichtig erscheint vor allem, dass man sich als Pflegeperson mit dem Problem auseinander setzt, die **eigene Unsicherheit** und **Angst überwindet** und bei dem Menschen bleibt. Man sollte **nonverbal** oder durch **offene Fragen Gesprächsbereitschaft** signalisieren und dem Sterbenden **aktiv**

zuhören. Der Betroffene kann auf diese Weise bestimmen, wann er sprechen will. U. U. möchte er nur mit der Pflegeperson schweigen. Nur durch wahre Freundlichkeit und Herzlichkeit ist es möglich, eine **beruhigende Atmosphäre** zu schaffen. Dazu gehört, die **Würde** und das **Recht auf Persönlichkeit** des Sterbenden, selbst im fortgeschrittenen Stadium des körperlichen Zerfalls mit allen unangenehmen Begleiterscheinungen, ganz zu respektieren.

Ethischer Aspekt

Sinnfragen und **spirituelle Themen** können in der letzten Lebensphase bedeutungsvoll werden. Zwar gibt die **Religion** Antworten, aber auch Menschen, die nicht religiös sind, haben bestimmte **Wertvorstellungen**, die ihrem Leben Sinn geben. Wichtig ist, dass der Sterbende spürt, angenommen und nicht aufgegeben zu sein.

Umgang mit dem Sterbenden

Dem Patienten sollte immer die **Wahrheit** über seinen nahenden Tod gesagt werden. Zumeist wissen die Betroffenen intuitiv selbst um ihren Tod, haben das Bedürfnis, sich damit auseinanderzusetzen und mit Angehörigen darüber zu reden. Durch ein **Verschweigen** aus Angst oder falsch verstandenem Mitleid riskiert man **Resignation** und **Rückzugsverhalten** des Sterbenden, unterstützt seine **Ängste** und seine **Isolation**. Für viele Sterbende ist ein friedlicher Tod erst möglich, wenn sie über Dinge, die sie belasten, sprechen können. Die Pflegeperson muss für diese Bedürfnisse **Offenheit** und **Sensibilität** signalisieren, kann dem Sterbenden durch **aktives Zuhören** eine wichtige Hilfe sein. Wesentlich ist dabei, dass man ihm von Mensch zu Mensch begegnet, seine Wertvorstellungen und Gefühle respektiert und sich einfühlsam, aber ehrlich, ohne Vorspiegelung falscher Hoffnungen oder vorschneller Lösungsangebote, mit ihm austauscht.

Angehörige

Auch die Angehörigen des Sterbenden sollten zum **Gespräch** mit dem Betroffenen ermutigt werden. Beiden Seiten wird dadurch das **Loslassen** erleichtert, dem Sterbenden wird das Gefühl der **Integration**, der **Geborgenheit** und des **Beistands** gegeben.

> **Spezieller Pflegehinweis:** Bei **eingetrübtem Bewusstsein** des Sterbenden kann **menschliche Nähe** und Wärme durch einfaches Dasein, Sitzwachen, Halten der Hände und Streicheln vermittelt werden. Auch in diesem Zustand muss auf **Willensäußerungen** nonverbaler Art geachtet werden.

3.3.3 Lagerung

Besteht **Atemnot**, ist die **Hochlagerung des Oberkörpers** sehr wichtig, da dadurch eine Linderung der Dyspnoe möglich ist. Besteht eine Lungenstauung, im Extremfall ein Lungenödem, muss abgesaugt werden.

Bei **bettlägerigen Patienten** stehen häufig Ischämie und Druckschmerzen im Vordergrund, die durch geeignete Lagerungstechniken und ausreichendes Umlagern gelindert werden können. Die beste **Dekubitusprophylaxe** ist die regelmäßige Entlastung gefährdeter Hautpartien durch ca. **2-stündliches Umlagern. Eine 30-Grad-Lagerung** sollte angestrebt werden, die durch Lagerungshilfen unterstützt wird. Entscheidend ist jedoch, welche Lagerung der Sterbende selbst wünscht, und welche ihm die angenehmste ist.
Ist der **Patient eingetrübt**, sollte er auf die **Seite** gelegt werden, damit der Speichel aus dem Mund abfließen kann und die Zunge nicht in den Rachen zurückfällt. Sonst ist meistens die **halb sitzende Stellung** mit Kissen im Rücken am angenehmsten. Da Sterbende auch bei Schwitzen und Fieber leicht frösteln, sollte man sie, soweit möglich, zudecken. Die Fenster sind zu öffnen und vorhandene Ventilatoren zur Kühlung des Raumes zu nutzen.

3.3.4 Psychische Betreuung

Spezieller Pflegehinweis: Sterbende erscheinen oft benommen, und doch sind ihr Gehör und ihr Bewusstsein vielfach bis zum Ende klar. Deshalb sollte nichts gesagt werden, was nicht für den Betreffenden bestimmt ist.

Schmerztherapie

Nicht jeder alte Mensch „entschläft sanft“. Angst- und/oder Schmerzzustände können vorkommen. Klagen über Schmerzen sind immer ernst zu nehmen. **Schmerzen**, die durch eine zugrunde liegende **Erkrankung** verursacht sind, z. B. **Tumorschmerzen,** müssen mit **ausreichend hoch dosierten Schmerzmitteln** (nach einem Therapieschema) behandelt werden. 38 % der 65- bis 74-jährigen Patienten mit fortgeschrittener Karzinomerkrankung haben Untersuchungen zufolge täglich Schmerzen, weil sie nicht ausreichend schmerzstillend behandelt werden. Mehr als ein Drittel der Sterbenden ist depressiv, mehr als die Hälfte der Kranken mit fortgeschrittenem Karzinom erleben Angst und Unsicherheit.

Isolation

Ein großes Problem ist für den Sterbenden die Isolation, die vor allem bei Personen, die wenig Freunde oder Angehörige haben, eintritt. Dabei muss beachtet werden, dass der sterbende Mensch generell weniger (oder sogar keine) Möglichkeiten hat, seine Bedürfnisse zu äußern. Häufig sind psychomotorische Unruhezustände zu beobachten (Hin- und Herwälzen im Bett und unverständliche Lautäußerungen wie Jammern oder Wimmern), die auf einen Leidenszustand psychischer oder körperlicher Ursache hindeuten. Grundsätzlich sollte man Sterbende **nicht isolieren** (man kann aber hier keine feste Regel aufstellen). Es gibt wohl keine extremere **Einsamkeit** als diejenige **im Zustand des Sterbens**.

Einbeziehen der Angehörigen

Die Angehörigen sollten **frühzeitig** über den nahenden Tod **aufgeklärt** werden, zu **Gesprächsbereitschaft** und **Sitzwachen** oder **Pflegemaßnahmen** beim Sterbenden motiviert werden. Erfahrungen trauernder Angehörigen haben gezeigt, dass die nachfolgende Trauerarbeit umso leichter und kürzer war, je intensiver die Angehörigen sich vor dem Tod mit dem Verstorbenen ausgetauscht und ihn umsorgt haben.

Spezieller Pflegehinweis: Im letzten Stadium des Sterbens, bei nachlassender Sinnesleistung, haben viele Sterbende den Wunsch nach Licht. Das Sterbezimmer sollte deshalb gut beleuchtet, außerdem gut gelüftet und still sein. Diese einfachen Maßnahmen erleichtern die Situation des Sterbenden.

3.3.5 Augenpflege

Durch die Exsikkose, verbunden mit vermindertem Lidschluss und reduzierter Tränensekretion, besteht die Gefahr der Hornhautaustrocknung. Der Einsatz von **künstlicher Tränenflüssigkeit** oder **Augensalbe** ist hier angezeigt.

3.3.6 Mundpflege

Sterbende Patienten atmen verstärkt durch den Mund, wodurch es zur Austrocknung der Mund- und Rachenschleimhäute kommt. Es bildet sich Sekret, das eindickt und schwer ablösbar ist. Die Mundpflege durch feuchtes **Auswischen der Mundhöhle** in regelmäßigen Abständen ist deshalb wichtig, um ein Austrocknen der Schleimhäute zu verhindern. Ebenso können **Luftbefeuchter** eingesetzt werden.

3.3.7 Austrocknung (Exsikkose)

Angesichts des nahenden Todes spielen die Diätverordnungen keine Rolle. Der Sterbende darf essen und trinken, was er wünscht. Niemals sollte er zum Essen überredet werden. Vorsichtig sollte er jedoch zum Trinken angeregt werden, um ein **Austrocknen von Haut und Schleimhäuten** und damit verbundene Komplikationen zu verhindern.

Durch verminderte Flüssigkeits- und Nahrungsaufnahme kann der Sterbende in einen Zustand der **Hypovolämie/Exsikkose** geraten. Die Folgen sind Unruhe, Verwirrtheit, Fieber, Durst und ausgetrocknete Schleimhäute.

> **Spezieller Pflegehinweis:** Ein guter Hinweis auf ein möglicherweise vorhandenes Durstgefühl ist das Vorhandensein des **Saugreflexes:** Das Berühren der Lippen und der Zunge mit einem befeuchteten Wattebausch löst Saug- und Lutschbewegungen aus.

Man kann den Durst dadurch lindern, dass man den Sterbenden an einem **nassen Lappen** oder **Schwamm** saugen lässt. Bewährt hat sich das Trinken mit einem **Strohhalm**; sofern das nicht mehr möglich ist, muss die Flüssigkeit in kleinen Mengen eventuell mit einer **Pipette** gegeben werden.

Künstliche Flüssigkeitszufuhr

Vor- und Nachteile der künstlichen Flüssigkeitszufuhr bei Sterbenden sind in Tab. 19 dargestellt. Manches spricht dafür, bei Sterbenden auf eine parenterale Flüssigkeitszufuhr (durch Infusionen) zu verzichten, da die **Dehydratation** mit einer **Schmerzlinderung** einhergeht, die das Sterben erleichtern kann. Hier muss der Arzt individuell entscheiden, ob die Verordnung von Infusionen wirklich eine sinnvolle Maßnahme ist.

Tab. 19: Vor- und Nachteile der Flüssigkeitszufuhr bei Sterbenden

ohne Flüssigkeitszufuhr	Symptome	mit Flüssigkeitszufuhr
Abnahme	← Erbrechen →	Zunahme
Abnahme	←Atemnot →	Zunahme
Abnahme	← Erstickungsgefühl →	Zunahme
Abnahme	← Menge der Sekretabsonderung →	Zunahme
Abnahme	← Urinproduktion →	Zunahme
Abnahme	← periphere Ödeme, Aszites →	Zunahme
Zunahme	← trockener Mund, Durst →	Abnahme
Ungleichgewicht	← Flüssigkeit, Elektrolyte →	korrigiert
evtl. beschleunigt oder verzögert, „natürliche Anästhesie“	← Sterbeprozess→	evtl. hinausgezögert oder aber beschleunigt

3.4 Sterben in Kliniken und Heimen

Statistiken

Wenn man Statistiken über Alter und Geschlecht der im Krankenhaus Verstorbenen mit Erhebungen über Menschen vergleicht, die zu Hause bzw. im Altersheim verstorben sind, lassen sich keine allzu großen Differenzen feststellen. Nur Personen, die vor dem 70. Lebensjahr verstarben, waren häufiger im Krankenhaus ihren Leiden erlegen. Bei den in diesem Alter zu Hause Verstorbenen handelt es sich in der Mehrzahl um Unfälle bzw. Suizide. Aufgrund der sinkenden häuslichen Betreuungs- bzw. Pflegemöglichkeit wird sich hier aber eine deutliche Verschiebung in Richtung der Institutionen ergeben.

Kommunikation

Wenn man das Problem „Sterben in einer Institution" bewusst angehen will, muss in erster Linie die **Kommunikationsfähigkeit des Personals** hinsichtlich Tod und Sterben verbessert werden. Aus- und Fortbildung des Krankenhaus- und Pflegeheimpersonals, besonders bezogen auf Gespräche mit Patienten, Bewohnern, Klienten und Angehörigen, sind hier gefordert. Eine echte Bewältigung der Probleme, die Arzt und Pflegeteam mit Tod und Sterben im Allgemeinen, aber auch mit einzelnen Sterbenden haben, kann nur durch Kommunikation mit den Sterbenden selbst, ihren Angehörigen, Seelsorgern, innerhalb des Pflegeteams und in Supervisionsgruppen geleistet werden.
Nur die ehrliche Auseinandersetzung mit den eigenen Ängsten, der eigenen Trauer, kann zum Reifen und schließlich zur Annahme des Todes führen. Der häufig vorherrschende zynische Gesprächston in Kliniken, die Isolierung der Sterbenden, ihre scheinbar perfekte Betreuung durch rein medizinisch-technische Versorgung und Ruhigstellung mit Beruhigungsmitteln sind meist Kompensationsmechanismen, die Gefühle des Misserfolges, des eigenen Versagens, der Hilflosigkeit und Ohnmacht, der eigenen Betroffenheit und Trauer ausdrücken. Dabei darf nicht vergessen werden, dass ein wünschenswerter Umgang mit Sterbenden zudem oft durch räumliche Grenzen und durch unrealistische Stellenpläne verhindert wird.

Ist der Tod unabwendbar und wird daher die medizinische Behandlung reduziert, tritt die sozial-pflegerische Betreuung in den Vordergrund.

Schwerpunkt der sozial-pflegerischen Betreuung

- Sterbende benötigen **intensive Pflege und Betreuung.**
- Manche Sterbenden kommen mit einer bestimmten Pflegeperson besonders gut zurecht. Diese sollte sich dann bevorzugt um den Betroffenen kümmern.
- Die **Verlegung** schwer Kranker und Sterbender in neue Abteilungen stellt eine **besondere Belastung** dar und sollte daher nur vorgenommen werden, wenn sie dem Betroffenen zahlreiche Vorteile bringt.
- Sterbende sollten nicht in einem Raum mit Patienten in gleicher Lage isoliert werden. Die Gemeinschaft mit gesünderen Kranken kann die letzten Tage erleichtern. Dabei sollte die Belastung der Mitpatienten berücksichtigt werden.
- Die **Anwesenheit** von **Angehörigen** und **Freunden** sollte man fördern. Dies kann beispielsweise durch die Möglichkeit einer Übernachtung geschehen.
- Wenn ein Patient gestorben ist, sollte man die Mitpatienten oder Mitbewohner über den Tod informieren.

- Wann immer es möglich ist, sollte das **Sterben** in der **gewohnten (häuslichen) Umgebung** ermöglicht werden. In der vertrauten Umgebung sinkt die Belastung des Sterbenden.

3.5 Sterben zu Hause

Verlagerung des Sterbeprozesses aus dem häuslichen Bereich

Fast alle älteren Menschen haben den Wunsch, zu Hause in gewohnter Umgebung, zu sterben. Dennoch wird seitens der Angehörigen, besonders bei ausgeprägter Pflegebedürftigkeit und absehbarem Lebensende, eine Pflegeheimaufnahme angestrebt. Eine Krankenhauseinweisung wird meist noch kurz vor Eintreten des Todes durch den Hausarzt veranlasst, da Hilflosigkeit und Angst der Angehörigen dem Wunsch des alten Menschen, zuhause sterben zu wollen, entgegenstehen. Auf diese Weise sterben viele ältere Menschen in Krankenhäusern, Alten- und Pflegeheimen. Die Verlagerung des Sterbeprozesses aus dem häuslichen Bereich in die Institution bringt gravierende Folgen mit sich:

Sterben in Institutionen

- Das unmittelbar erlebte Sterben entschwindet noch mehr dem öffentlichen Bewusstsein, als dies in der ohnehin abgeschotteten „privaten" Familie der Neuzeit der Fall ist. Abgesehen von den engsten Angehörigen wird die Versorgung Sterbender von der Gesellschaft an professionelle Insitutionen delegiert.
- Es findet eine Umverteilung der Rollen statt: Der Sterbende wird nun als Patient behandelt; er wird, überspitzt gesagt, zum Objekt der Behandlung und hat aufgehört, Subjekt seines Sterbens zu sein.
- Sterben wird zum Krankheitszustand, damit ist ein „Zielkonflikt" zwischen dem Sterbenden und der Institution vorprogrammiert, deren vorrangige Aufgabe es ist, im Krankenhaus mit den Mitteln medizinischer und pflegerischer Kunst eine Besserung des Krankheitszustandes zu erreichen bzw. im Pflegeheim die dauerhafte Lebensqualität für den Älteren sicherzustellen.

Sterben zu Hause ist wünschenswert, stellt aber eine große Herausforderung und Belastung für die Pflegenden dar. Bestimmte Voraussetzungen müssen erfüllt sein, um ein Sterben im häuslichen Umfeld zu ermöglichen:

Voraussetzungen

- **Liebe** zum Patienten.
- Enge **Zusammenarbeit** des Betreuungsteams: Angehörige, Seelsorger, Pflegekraft, Freunde und andere Helfer.
- Beherrschen der „Grundregeln" und **Kenntnisse** im **Umgang mit todkranken Menschen.**
- Durchführung verlässlicher, regelmäßiger und bei Bedarf **sofortiger Hausbesuche** der Pflegekraft.
- Kontinuierliche **Organisation** der Hauspflege und Abstimmung mit der ärztlichen Betreuung.
- **Krankheitsbewältigung** und **Sterbebegleitung.**

Die **ambulante Hospizbewegung** hilft Familien, ein Sterben in gewohnter Umgebung zu ermöglichen. Aber auch **stationäre Hospize** schließen Lücken im Versorgungsnetz. Sie stehen zwischen ambulanten und klinisch-stationären Institutionen. Zu ihren Aufgaben gehören Grundpflege und palliative Behandlungspflege, die Anleitung und Unterstützung von pflegenden Angehörigen und Bezugspersonen, die psychosoziale und seelsorgerische Betreuung der Patienten und Angehörigen sowie die Kooperation und Vernetzung mit anderen Diensten.

Hospizbewegung

3.6 Der Eintritt des Todes

Die zum Tode führenden Krankheiten, soweit sie in Allgemeinpraxen erfasst werden, sind bei einem Drittel der Sterbenden erst bis zu einem Monat bekannt, bei 10 % allerdings länger als fünf Jahre. Interessant ist, dass nur 29 % der Erkrankungen länger als ein Jahr bekannt sind.
Der Sterbevorgang kann bei einigen Menschen sehr kurz sein, sich bei anderen dagegen über mehrere Jahre hinziehen und ist teilweise sehr schwer abgrenzbar.

Dauer des Sterbevorgangs

Der exakte Todeszeitpunkt ist bei natürlichem Tod schwer festzustellen. Genaue Angaben können bei Monitorüberwachung oder bei akuten Erkrankungen mit unmittelbarer Todesfolge (z. B. Herz-Kreislaufstillstand) gemacht werden.
Mitunter signalisiert der alte Mensch seine Vorbereitung auf den bevorstehenden Tod durch willentliche Abwehr und Verweigerungshaltung. Häufig möchte er nicht mehr aufstehen und verweigert die Nahrungs- und Flüssigkeitsaufnahme (wichtige Abgrenzung: Depression, organisches Problem).
Niemand kann mit zuverlässiger Sicherheit sagen, wann der eigentliche Sterbeprozess bei einem todkranken Menschen begonnen hat oder beginnt.

Todeszeitpunkt

3.6.1 Feststellung des Todes

Der Tod ist bei Vorhandensein sicherer Todeszeichen eingetreten:

- Irreversibler Herz-Kreislaufstillstand mit Unterbrechung des Blutkreislaufs und fehlender Hirndurchblutung.
- Vollständiger, irreversibler Funktionsausfall des Gehirns.

In der Praxis wird der Tod durch den Nachweis der fehlenden Herz- und Atemtätigkeit (Pulslosigkeit) festgestellt. Hinweise auf einen vollständigen Funktionsausfall des Gehirns sind beidseits weite, lichtstarre und entrundete Pupillen und das Erlöschen der Schutzreflexe.

Sichere Todeszeichen

3.6.2 Frühe postmortale Veränderungen am Körper

Totenflecken

Etwa 20 bis 30 Minuten nach Eintreten des Todes sind sog. „Totenflecken" zu beobachten. Sie sind die ersten sichtbaren Erscheinungen des eingetretenen Todes. Die rötlichen bis grau-zyanotischen Farbveränderungen der Haut entstehen durch Absinken des Blutes in tief liegende Körperabschnitte. In den ersten 12 Stunden nach Eintreten des Todes „wandern" die Totenflecken je nach der Position der Leiche, z. B. nach dem Umlagern.

Totenstarre

Die sog. Leichenstarre beginnt (bei normaler Umgebungstemperatur nach ursprünglicher Erschlaffung der Muskeln) etwa 2 bis 3 Stunden nach dem Tod. Die Dauerkontraktion der Muskulatur nimmt in den ersten 12 Stunden zu, bleibt dann maximal ausgebildet für ein bis zwei Tage bestehen lässt dann wieder nach. Nach spätestens sechs Tagen verschwindet die Totenstarre.

Abkühlung

Die Rektaltemperatur fällt beim normalgewichtigen Erwachsenen nach dem Tod in den ersten 10 Stunden bei einer Umgebungstemperatur von ca. 20 °C um etwa 1 °C pro Stunde ab. Danach fällt die Temperatur um 0,5 °C pro Stunde.

3.7 Sterbehilfe und Sterbebegleitung

Hintergrund

Unter „Sterbebegleitung" versteht man im deutschen Gesundheitswesen die Begleitung, Behandlung und Versorgung von Menschen am Lebensende im weitesten Sinne. Dazu zählt sowohl die professionelle Arbeit der Berufsgruppen im Gesundheitswesen (z. B. Ärzte, Pflegepersonal, Psychologen, Sozialarbeiter, Seelsorger) als auch das Engagement der Angehörigen, Freunde, „Laienhelfer" und Selbsthilfeinitiativen sowie die Versorgungsstrukturen, in denen diese Aufgaben geleistet werden.

Hinweis: Zu den Aufgaben des Arztes und u. U. auch des Pflegepersonals gehört die Sterbehilfe. Dem Sterbenden so beizustehen, dass er in Würde sterben kann, ist ein medizinisches, ethisches und juristisches Problem.

Aktive und passive Sterbehilfe

In Deutschland wird im Gegensatz zur neueren englischsprachigen Fachliteratur zwischen so genannter „aktiver" und „passiver" Sterbehilfe unterschieden, wobei „aktive" Sterbehilfe überwiegend abgelehnt, „passive" Sterbehilfe dagegen mit Einschränkungen erlaubt oder geboten erscheint. Aus medizinisch-ethischer Sicht ist diese Unterscheidung jedoch fragwürdig, da sie suggeriert, dass „aktives" Tun im Bereich der Sterbehilfe ethisch stets verwerflich, „passives" Unterlassen dagegen erlaubt sei.

3.7.1 Aktive Sterbehilfe

Definition: Unter **aktiver Sterbehilfe** versteht man die gezielte Lebensverkürzung durch Tötung des Sterbenden. Sie erfolgt durch künstliche Eingriffe in die noch bestehenden Lebensvorgänge, um das Eintreten des Todes zu beschleunigen.

Diese Form der Sterbehilfe ist unter bestimmten Bedingungen in einigen Staaten Europas (z. B. Holland) möglich. In Deutschland wird aktive Sterbehilfe bisher sowohl von ärztlicher als auch von pflegerischer Seite abgelehnt, unabhängig davon, dass nach dem Strafgesetzbuch hierin eine strafbare Handlung (§§ 211 ff. StGB, vorsätzliche Körperverletzung mit Todesfolge, Mord, Totschlag oder Tötung auf Verlangen), im Sinne einer vorsätzlichen Tötung zu sehen ist.

3.7.2 Passive Sterbehilfe

Definition: Unter **passiver Sterbehilfe** versteht man den Verzicht auf lebensverlängernde Maßnahmen beim Todkranken. Sie erfolgt durch Unterlassen bzw. Nichtfortsetzen einer medikamentösen Therapie oder anderweitiger Therapieformen und technischer Maßnahmen wie Sauerstoffgabe, die Verabreichung von Bluttransfusionen, die Durchführung der Hämodialyse u. a.

Aus ärztlicher Sicht ist der Verzicht auf eine solche Therapie bzw. die Beschränkung auf eine Linderung der Beschwerden begründet, wenn ein Hinausschieben des Todes für den Sterbenden eine nicht zumutbare Verlängerung des Leidens bedeutet, und das Grundleiden mit infauster Prognose einen irreversiblen Verlauf genommen hat. Eine **Patientenverfügung** oder ein **Patiententestament** kann bei bewusstseinsgetrübten Patienten hilfreich sein, um den mutmaßlichen Patientenwillen zu klären.

3.7.3 Euthanasie

Begriffsverwendungen

Sterbehilfe wird vielfach als „Euthanasie" bezeichnet, obwohl „Euthanasie" ursprünglich „Guter Tod" bedeutet. Das Wort „Euthanasie" ist durch den verbrecherischen Missbrauch im Hitlerregime mit „Vernichtung unwerten Lebens" in Verruf geraten. Aus diesem Grund sollte der Begriff im Zusammenhang mit Sterbehilfe vermieden werden. Es muss jedoch angemerkt werden, dass eine Reihe von Schriften und Äußerungen schon vor dem Hitlerreregime und auch danach in jene Richtung weisen.

3.7.4 Palliativmedizin

Definition: Im Gegensatz zur kurativen Medizin, die eine Heilung des Patienten anstrebt, steht in der Palliativmedizin die symptomlindernde Behandlung von nicht ursächlich therapierbaren Kranken im Vordergrund. Die Weltgesundheitsorganisation (WHO) definiert Palliativmedizin als die aktive Gesamtbehandlung von Kranken, deren Leiden auf kurative Behandlung nicht anspricht.

Aufgaben und Ziele

Linderung von Schmerzen und anderen Symptomen sowie die Lösung psychischer, sozialer und religiöser Probleme sind von entscheidender Bedeutung. In diesem Sinne arbeitet die Palliativmedizin mit einem integrierten Behandlungsansatz, d. h. es werden die körperlichen, psychischen, sozialen und religiösen Bedürfnisse schwer kranker und sterbender Menschen berücksichtigt.
Sterbehilfe als Sterbebegleitung (also reine Palliativtherapie) ohne bewusste aktive Lebensverkürzung hat grundsätzlich nichts mit den im StGB genannten Tatbeständen der Tötung zu tun. Andererseits ist dem Arzt die hinreichende Schmerzbekämpfung als ethische Pflicht vorgegeben. Die unzureichende Gabe von Schmerzmitteln kann die Bestrafung des Arztes wegen unterlassener Hilfeleistung zur Folge haben, verwirklicht durch das pflichtwidrige Unterlassen möglicher Linderungsmaßnahmen (§232c StGB, Handeln durch Unterlassen).

3.8 Der Trauerfall

Situation

Nach dem 75. Lebensjahr sind 30 % der Männer und 64 % der Frauen verwitwet. Der Umgang mit Tod und Sterben hat auch etwas mit Betreuung und Hilfestellung für Angehörige zu tun. Es werden vier Hauptphasen der Trauer beschrieben. Jeder Mensch empfindet jedoch anders, und nur wenige folgen stringent dem Muster der Trauerphasen. Nachfolgend werden die vier Stadien beschrieben:

Trauerphasen

1. Schock und Fassungslosigkeit
Die erste Phase des Trauerprozesses ist charakterisiert durch Ablehnung des Ereignisses, Fassungslosigkeit und der Unfähigkeit, die Wahrheit zu akzeptieren.

2. Sehnsucht
Diese Phase ist durch Schmerz und Gram über den schweren Verlust gekennzeichnet. Die Betroffenen denken oft an den Verstorbenen und befassen sich intensiv mit ihm. Häufig erscheint die verstorbene Person in Träumen. Schuldgefühle, Selbstvorwürfe, Anschuldigungen gegen den Verstorbenen, gegen Pflegepersonen, Familienmitglieder oder Freunde wechseln einander ab.

3. Apathie und Depression
Eine Zeit hoffnungsloser Verzweiflung bricht an; zeitweise erfahren die Betroffenen eine freudlose Monotonie. Oft ist dieses Stadium mit Depressionen und dem Verlust des Selbstvertrauens verbunden. Schuld- und Vorwurfsgefühle kommen wieder hoch. Diese emotionale Turbulenz kann ein Jahr und länger andauern.

4. Akzeptanz
In diesem Stadium akzeptiert der Trauernde die Tatsache, dass die geliebte Person verstorben ist. Er nimmt endgültig Abschied. Das Leben des Hinterbliebenen ändert sich, er gewöhnt sich an den Zustand des Alleineseins und ändert seinen Lebensstil. Diese Phase versetzt den Trauernden in die Lage, den Weggang des geliebten Menschen zu verkraften und ein neues Leben zu beginnen.

Dauer

Das erste Stadium dauert Tage, das zweite mehrere Wochen, das dritte vielleicht einige Monate. Die meisten Menschen überwinden die tiefe Trauer innerhalb von ein bis zwei Jahren. Situationen, in denen der Verstorbene vom Trauernden „gesehen" wird (Halluzinationen), treten mitunter über einen langen Zeitraum auf. In der Phase des Trauerns entstehen jedoch neue Situationen, stellen sich neue Aufgaben und Herausforderungen. Der Hinterbliebene setzt sich mit der Realität, dem Schmerz, der Anpassung an eine veränderte Umgebung auseinander und wendet sich neuen Beziehungen und anderen Aktivitäten zu. Die Unfähigkeit, die Stadien der Trauer zu bewältigen, nennt man **„pathologische Trauerreaktion"**. Diese tritt besonders nach einem plötzlichen, unerwarteten Todesfall ein. Bei betagten Hinterbliebenen sind in diesem Zusammenhang gehäuft Krankheits- und Todesfälle zu beobachten.

Pathologische Trauerreaktion

3.9 Suizidalität und Lebensüberdruss

Suizidrate und Suizid

Epidemiologische Zahlen des statistischen Bundesamts zu den Suizidraten in der Bevölkerung zeigen einen gewissen Anstieg mit dem Alter, vor allem was die Männer betrifft. Daneben fällt die Rate der Suizidversuche bei Männern und Frauen über die gesamte Lebensspanne stetig ab. Eine Erklärung für das veränderte Verhältnis zwischen Suizidrate und Suizid im Alter ist, dass Selbstmorde im Alter ernsthafter geplant und ausgeführt werden. So findet sich eine vermehrte Anzahl „harter" Suizidmethoden (Erhängen, Erschießen usw.) besonders bei älteren Männern. Dabei muss außerdem berücksichtigt werden, dass mit dem Alter die Kategorie der nicht näher klassifizierten Todesfälle ansteigt. Dahinter könnten sich „weiche" Suizide verbergen.

Berliner Altersstudie

Im Rahmen der **Berliner Altersstudie** (**BASE**) bestand die Möglichkeit, Lebensüberdruss, Todeswünsche und Suizidalität bei Menschen zwischen 70 und 103 Jahren in einer repräsentativen Stichprobe zu untersuchen. Etwa 15 % der über 70-Jährigen äußerten zum Untersuchungszeitpunkt ein Gefühl von Lebensüberdruss. Ca. 5 % wünschten sich zum

Zeitpunkt der Erhebung, tot zu sein, und 0,5 bis 1 % der Befragten berichteten über suizidale Gedanken. Frauen äußerten dabei etwa 1,5- bis 3mal häufiger den Wunsch, zu sterben oder Suizidgedanken zu haben als Männer.

Psychische Störungen

Je ernsthafter die Suizidalität bewertet wurde, desto größer war die Wahrscheinlichkeit, dass diese mit einer **psychischen Störung** einherging. So wurde bei ca. 75 % der Personen mit Todeswünschen oder Suizidgedanken eine **psychische Diagnose** gestellt, meist **Depression.**

Das Ergebnis der Berliner Altersstudie zeigt, dass für ca. 80 % der alten Menschen in der untersuchten Stichprobe Lebensüberdruss, Todeswünsche und suizidale Gedanken kein Thema sind. Der festgestellte altersabhängige Anstieg von Todeswünschen und suizidalen Gedanken und Handlungen erklärt sich möglicherweise aus der **zunehmenden Multimorbidität** im sehr hohen Alter, verbunden mit der gleichzeitigen **Abnahme der Ressourcen** und der **geringeren Effektivität von Bewältigungsstrategien.** Dieser Anstieg rechtfertigt jedoch nicht das häufig zitierte dramatische Ausmaß von Todeswünschen im Alter. Besonders deutlich wurde, dass Todeswünsche und Suizidideen im Alter, ähnlich wie in jüngeren Jahren, vor dem Hintergrund einer psychischen Störung (meist einer Depression) zu sehen sind.

Merke: Dies spricht dafür, alte Menschen mit Todeswünschen nicht misszuverstehen und ihnen nicht die Behandlung vorzuenthalten, die man jüngeren Menschen in gleicher Situation selbstverständlich gewähren würde. Völlig inakzeptabel ist auf der Basis der vorgelegten wissenschaftlichen Ergebnisse, alte Menschen mit Suizidgedanken in ihrem Todeswunsch zu bestärken und statt Unterstützung und Therapie Hilfe zum Sterben anzubieten. Vorschnelles „Verstehen“ von Lebensüberdruss als nachvollziehbarer Ausdruck der Lebenssituation im Alter ist nicht durch empirische Daten belegt, wie die Berliner Altersstudie zeigt, und kann tödlich sein.

4 Besondere rechtliche Aspekte und Problembereiche im Alter

4.1 Betreuungsrecht

Betreuungsgesetz

Seit 1992 besteht ein neues Betreuungsgesetz, dass das bis dahin gültige Vormundschafts- und Pflegschaftsrecht ablöst. Für das Verfahren zur Einrichtung einer Betreuung ist das Vormundschaftsgericht zuständig, das jeweils Teil des örtlichen Amtsgerichtes ist.
Der jeweilige Betreuer ist nicht automatisch für alle Angelegenheiten des Betreuten zuständig. Das Gericht bestellt ihn vielmehr für **bestimmte Aufgabenbereiche** und hat sich dabei an der „**Betreuungsbedürftigkeit**“ des Betroffenen zu orientieren. Solange der Betroffene seine Angelegenheiten noch selbst regeln kann oder ihm durch Unterstützung von außen ausreichend geholfen wird, wird kein Betreuer bestellt. Nur Aufgabenbereiche, in denen er der Hilfe benötigt, werden von einem Betreuer übernommen. Zur Bestimmung des Umfangs haben **Sachverständige** Stellung zu nehmen.

4.1.1 Vorsorgevollmacht

Durch das **Betreuungsrechtsänderungsgesetz** 1998 wurde die so genannte „Vorsorgevollmacht“ im Betreuungsrecht aufgewertet. Durch Vorsorgevollmachten können nach dem Bürgerlichen Gesetzbuch (§ 1896, II und 1904 II BGB) eine oder mehrere **Personen des Vertrauens** bevollmächtigt werden, anstelle des einwilligungsunfähigen Patienten rechtsverbindlich in dem in der Vollmacht verfügten Bereich (z. B. medizinische Behandlung oder Nichtbehandlung) **Entscheidungen zu treffen**.

Personenkreis

In der Vorsorgevollmacht werden wesentliche Entscheidungen an eine Person des Vertrauens übertragen. Diese ist verpflichtet, sich an den genannten **Werten, Wünschen** und **Verfügungen des Ausstellers** zu orientieren. Ein Bevollmächtigter wird im Gegensatz zu einem Betreuer nicht vormundschaftsgerichtlich bestellt. Nur bei schwer wiegenden therapeutischen Interventionen wie z. B. einem Behandlungsabbruch kann die Mitwirkung des Vormundschaftsgerichts erforderlich werden.

Geltungsbereich

Die Vollmachten müssen **schriftlich** vorliegen und **präzise formuliert** sein, sonst entfalten sie keine Wirksamkeit. Durch Vorsorgevollmachten soll die Bestellung gesetzlicher Betreuer reduziert werden. Ein Bevollmächtigter kann auch in **Zwangsmaßnahmen** einwilligen, vor allem bei geplanter Freiheitsentziehung, bei Unterbringung und in sog. unterbringungsähnlichen Maßnahmen. Hier bedarf der Bevollmächtige aber der **richterlichen Genehmigung** für seine Entscheidung.

Merke: Eine Bevollmächtigung als Ersatz für eine gesetzliche Betreuung kommt jedoch nur dann in Betracht, wenn diese ebenso gut wie die gesetzliche Betreuung durchgeführt wird. Bei **Interessenskonflikten,** bei **Verantwortungslosigkeit** oder **Gleichgültigkeit** des Bevollmächtigten ist diese nicht mehr adäquat. Man wird in diesem Fall auf die Bestellung eines gesetzlichen Betreuers nicht verzichten können.

4.1.2 Betreuungsverfügung

Für den Betreuungsfall können vom Betroffenen im Voraus Personen als Betreuer benannt werden. Dies geschieht nach dem Betreuungsgesetz in Form einer Betreuungsverfügung (§ 1897 IV, § 1901 II,2 und § 1901a BGB). Das **Vormundschaftsgericht** wird der Verfügung im Betreuungsfall Folge leisten, sofern bei der gerichtlichen Bestellung **keine Vorbehalte** bezüglich der **Eignung des Betreuers** ersichtlich sind. Nach der Bestellung übernimmt der Betreuer nach bestem Wissen und Gewissen rechtsverbindlich die Angelegenheiten des Betreuten in **festgelegten Betreuungsbereichen,** z. B. der Heimunterbringung. Er hat dabei die vom Betreuten im Voraus geäußerten Wünsche, z. B. hinsichtlich der medizinischen Behandlung, zu beachten, es sei denn, sie laufen dem Wohl des Betreuten zuwider oder es liegen Hinweise auf eine Änderung des ursprünglichen Anliegens vor. Bei Entscheidungen über einen Behandlungsabbruch sowie über Heilbehandlungen mit lebensverkürzendem Risiko muss das Vormundschaftsgericht die Genehmigung erteilen.

4.2 Misshandlung und Gewalt an alten Menschen

4.2.1 Definition

Unter Misshandlung versteht man gegen eine Person gerichtete körperliche Gewalthandlungen, die den Betroffenen spürbar schädigen, z. B. Schläge, Verletzungen, Vergewaltigung. Im Allgemeinen wird zur Darstellung des Problembereichs der Begriff **„Gewalt"** verwendet.

Versucht man, die Ursachen von Misshandlungen im Bereich der Altenhilfe zu erforschen, muss man über körperliche Schädigungen hinausgehende Gewalthandlungen in die Definition einbeziehen, z. B. die **Nichtumsetzung gesetzlicher Vorgaben** (z. B. Patienten- und Bewohnerrechte), die ebenso eine Form von Misshandlung darstellen.
Strukturelle Gegebenheiten wie z. B. Personalmangel, Überlastung des Pflegepersonals u. a. begünstigen die Entstehung körperlicher Gewalt.

4.2.2 Bedeutung für die Geriatrie

Häufigkeit und Vorkommen

Die Häufigkeit von Gewalttaten ist schwer abzuschätzen, da die Dunkelziffer hoch ist. Im familiären Bereich liegen die Angaben über Gewalt methodenabhängig zwischen 1 und 11 %. Trotz einer Sensibilisierung der Öffentlichkeit durch Skandalmeldungen über die Misshandlung alter Menschen in Kliniken und Einrichtungen der Altenhilfe ist nur wenig zur tatsächlichen Prävalenz dieses Problems bekannt. In amerikanischen Untersuchungen wird berichtet, dass ca. 40 % der Pflegeheimbewohner körperlichen Zwangsmaßnahmen ausgesetzt sind. Aus den vorliegenden Studien ergeben sich Hinweise auf Beziehungen zwischen einem **Misshandlungsereignis** und unterschiedlichen **Umgebungsfaktoren**. Zahlreiche Faktoren im Umfeld des Gewaltereignisses haben mit den an der Situation beteiligten Personen und den situativen Gegebenheiten zu tun. Einige dieser Faktoren sind in Übersicht 30 zusammengefasst. Die Täter sind meist Ehepartner oder erwachsene Kinder, aber auch Pflegekräfte kommen in Frage.

Übersicht 30: Begünstigende Faktoren für Gewalthandlungen

- Soziale Isolation,
- Gewalt in der Familie bei früheren Gelegenheiten,
- geistige und körperliche Behinderung des älteren Menschen,
- Überlastung der Pflegenden,
- über längere Zeit vorherrschende nächtliche Unruhe,
- Alkoholismus,
- Stresssituationen (z. B. verstärkt durch beengte Wohnverhältnisse),
- psychiatrische Erkrankungen des Täters,
- finanzielle oder anderweitige Abhängigkeit des Täters vom älteren Menschen.

4.2.3 Formen der Gewalt

Persönliche und strukturelle Gewalt

Die Formen von Gewalt an alten Menschen können sehr unterschiedlich sein (☞ Übersicht 31). **Persönliche** bzw. **direkte Gewalt** ist als Handlung beobachtbar oder in ihrer Auswirkung sichtbar. **Strukturelle Gewalt** ist nur indirekt als Prozess fassbar, der beispielsweise in Einrichtungen und ihren genormten Abläufen oder bei mangelhafter Anwendung von Gesetzen Niederschlag findet.

Übersicht 31: Formen von Gewalt an alten Menschen

- **Körperliche Gewalt**
  - Medikamentenmissbrauch: Vorenthalten, unangemessene oder unnötige Anwendung.
  - Beeinträchtigung: Übersehen medizinischer Bedürfnisse, mangelhafte Hygiene, Fehl-/Mangelernährung, Störung der Ruhe.
  - Tätlicher Angriff: äußere/innere Verletzungen, Mord, Totschlag.
- **Psychische Gewalt**
  - Demütigung: Beschämung, Beschuldigung, Bloßstellung, Ablehnung.
  - Quälen: Beleidigung, Einschüchterung, Auslösen von Furcht, Aufregen.
  - Manipulation: Zurückhalten bzw. Verfälschen von Informationen, Reizentzug, Einmischung in Entscheidungen.
- **Soziale Gewalt**
  - Isolation: erzwungener bzw. „unfreiwilliger" Rückzug, unangemessene/ungeeignete Beaufsichtigung.
  - Rollenkonfusion: Konkurrenz, Überlastung, Umkehrung, Auflösung.
  - Beeinträchtigung des Lebensraums: desorganisierter Haushalt, Mangel an Privatsphäre, unangemenessene Umgebung, Aufgabe des gewohnten Umfeldes.
- **Rechtliche Gewalt**
  - Materieller Missbrauch: Misswirtschaft in Eigentumsangelegenheiten, bei Vertragsangelegenheiten, (z. B. das Verwehren des Zugangs zu Privateigentum oder das Sperren von Verträgen).
  - Diebstahl: Stehlen von Eigentum/Verträgen, Erpressen von Eigentum/Verträgen.
  - Missbrauch von Gesetzen: Leugnung von Verträgen, unfreiwillige Unterwerfung, unnötige rechtliche Betreuung, Missbrauch von professioneller Autorität.

4.2.4 Bewegungseinschränkende Maßnahmen in Heimen

Fixierung

Eine besondere Form der Misshandlung älterer Menschen stellen bewegungseinschränkende Maßnahmen dar. Es gibt nur wenige empirische Untersuchungen, die über Häufigkeit, Dauer und Gründe von **Fixierungen** Auskunft geben. Nach den wenigen vorliegenden Daten besteht aber der dringende Verdacht, dass bei einer großen Zahl dementer Patienten in Alten- bzw. Pflegeheimen freiheitsentziehende und -beschränkende Maßnahmen durchgeführt werden. **Fixiermittel** sind z. B. Bauchgurt, Fixiergurte für die Extremitäten, Bettgitter, fest eingespannte Bettdecken oder Leintücher, sog. „Geri-Stühle“, aber auch sedierende (ruhigstellende) Medikamente. Letztere werden als sog. „**innere Fixierung**“ v. a. bei älteren dementen Patienten angewendet oder aber nur zu häufig billigend in Kauf genommen. „Verwirrte“ werden „zum Einstellen“, d. h. zur **Ruhigstellung** in eine Klinik zwangseingewiesen. Neben der offensichtlichen Bewegungseinschränkung durch Isolation oder Abschließen einer Tür werden zunehmend unsichtbare **technische Überwachungssysteme**, v. a. im Bereich gerontopsychiatrischer Einrichtungen eingesetzt.

Rechtlicher Aspekt

Wann und wie in Heimen fixiert werden darf, wird in den **Verfügungen** und **Dienstvorschriften** der einzelnen Einrichtungsträger vorgegeben. Dabei fällt auf, dass **mechanische Fixierungsmethoden** wie z. B. Bettgitter, Extremitätenfixierungen, Bauchgurt u. Ä., die bevorzugt bei dementen Personen angewendet werden, nur zum Teil als Fixierungen deklariert sind. Werden diese Methoden nicht als Fixierung gewertet, so bleibt es nicht aus, dass sie „zum Besten“ des Patienten unkritisch und mit gutem Gewissen eingesetzt werden. Im Betreuungsrecht wird ausdrücklich betont, dass **„mechanische Vorrichtungen“** (z. B. „Festbinden des Betreuten durch einen Leibgurt an Bett oder Stuhl“), die über einen längeren Zeitraum oder regelmäßig **freiheitsentziehend** eingesetzt werden, nur mit **Genehmigung des Vormundschaftsgerichtes** zulässig sind.

> **Merke:** Es ist darauf hinzuweisen, dass beim Einsatz freiheitsberaubender Maßnahmen ein ärztliches Gutachten und eine richterliche Entscheidung notwendig ist. Eine Ausnahme bildet der Notfall.

Ursachen

Grundsätzlich stellt sich die Frage, was Pflegende veranlasst, Heimbewohner zu fixieren. Vermutlich gibt es eine Vielzahl von Gründen, z. B. erhöhte Sturzgefahr bei Behinderung des alten Menschen, tätliche Angriffe durch ältere Patienten, Schutz des einzelnen Patienten bei Überlastung der Pflegenden, z. B. bei personellen Engpässen (☞ Abb. 62, S. 234). Durch **unzureichende strukturelle Bedingungen** werden Zwangsmaßnahmen gefördert, die sich u. U. verselbstständigen.
Die Problematik der Fixierung kann nicht isoliert betrachtet werden; sie muss im Zusammenhang mit der **Gesamtsituation** (vorliegende Erkrankung, Therapie- und Pflegemaßnahmen sowie Umgebungssituation) gesehen werden.

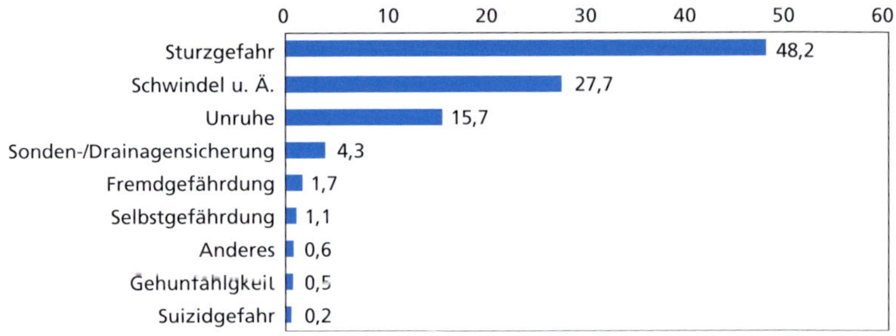

Abb. 62: Gründe für bewegungseinschränkende Maßnahmen (nach Hirsch 1997)

Es besteht kein Zweifel, dass jede Gewaltanwendung, sei sie auch noch so vertretbar, dem Heimbewohner, dem Pflegenden sowie der Einrichtung schadet. Deshalb muss immer wieder überprüft werden, ob die **Umgebungssituation** für den Heimbewohner akzeptabel (d. h. angenehm, freundlich, sicher) ist, und die **Arbeitsbedingungen** für die Mitarbeiter stressfrei und kompetenzfördernd sind. Bevor bewegungseinschränkende Maßnahmen durchgeführt werden, müssen alle Alternativen ausgeschöpft werden. Dazu ist eine ausreichende **Dokumentation** erforderlich, in der v. a. die Probleme im Umgang mit dem Patienten/Heimbewohner erfasst werden. Darüber hinaus sollte eine Teambesprechung unter Einbeziehung des behandelnden Arztes stattfinden.

Merke: Bewegungseinschränkende Maßnahmen sollten grundsätzlich kritisch betrachtet werden. Dieser Haltung stehen folgende Faktoren im Wege: „Angst vor der Angst", überfürsorgliches Verhalten, Schweigen über eigene Ängste und Unsicherheit, Identifikation mit der Philosophie einer „totalen Institution", Unkenntnis der betreffenden Gesetze, Überängstlichkeit der Vorgesetzten, überzogene und unsachliche Vorwürfe von Dritten, geringes Verantwortungsbewusstsein und fehlende Zivilcourage.

Ausreichende Kenntnisse über den richtigen Umgang mit unruhigen und verwirrten Pflegebedürftigen schaffen nicht nur Erleichterung in der Pflege, sie verhindern auch bewegungseinschränkende Maßnahmen. Beispielhaft sei hier auf den Umgang mit dementen Pflegebedürftigen in Kap. 1.2.1, S. 32 ff., hingewiesen.

4.2.5 Pflegerische Maßnahmen

Eine rechtzeitige **Intervention** ist nur möglich, wenn erste Anzeichen von Gewalthandlungen beachtet und umgehend Gegenmaßnahmen ergriffen werden. Dritte (Nachbarn, bisher nicht involvierte Familienmitglieder, Hausarzt, psychosozialer Dienst u. a.) müssen eingeschaltet werden.

Innerhalb der Institution werden Mitarbeiter und Vorgesetzte einbezogen und ggf. Teamsupervisionen durchgeführt. **Regelungsbedarf** besteht evtl. bzgl. der betrieblichen Organisationsform (Dienstvorschriften, Definition des Tätigkeitsfelds und Abgrenzung der Arbeitsbereiche), den Umgangsformen, dem Betriebsklima, der Institutionsphilosophie und dem zugrunde liegenden Menschenbild.

Verdacht auf Misshandlung

Ein **Verdacht auf Misshandlung** älterer Menschen besteht bei:

- schlechtem Pflege-, Allgemein- und Ernährungszustand,
- Verletzungen unklarer Ursache,
- unterschiedlichen Angaben des Patienten, der Angehörigen oder der Pflegeperson zur Verletzungsursache,
- Diskrepanz zwischen erhobenem Befund und Anamnese (berichtete Verletzungsursache).

Diagnosestellung

Die Diagnosestellung erfolgt durch:
- gezielte **Anamnese** und Fremdanamnese,
- **Inspektion** (Hämatome, Verbrennungen, Hautverletzungen, Zeichen einer Fesselung),
- Beurteilung des **Pflege- und Ernährungszustandes** (Gewichtsabnahme, Foetor, Zustand der Fingernägel, Fissuren, zerbrochene Brillengläser, fehlende Batterien im Hörgerät, Zustand der Zahnprothese),
- **Röntgenaufnahmen** verletzter Körperteile.

Praktisches Vorgehen bei Verdacht auf Misshandlung

Liegt ein Verdacht auf Misshandlung vor, ist folgende Vorgehensweise empfehlenswert:
- sorgfältige **Dokumentation** (möglichst mit Fotos der geschädigten Bereiche),
- Versuch eines offenen **Gespräches** mit den Beteiligten,
- Ermittlung des **Konfliktpotenzials,**
- **Beseitigung begünstigender Faktoren,**
- als äußerste Maßnahme **polizeiliche Meldung.**

Häufig ist es bereits ausreichend, Gewaltopfer bzw. ihre Angehörigen auf Beratungsstellen hinzuweisen, die helfen, Problemlösungen zu finden.

> **Hinweis:** Adressenlisten solcher Beratungsstellen sind erhältlich beim Kuratorium Deutsche Altershilfe, An der Pauluskirche 3, 50677 Köln. **Informationen** bekommt man auch bei der „Bonner Initiative gegen Gewalt im Alter“, Goetheallee 51, 53225 Bonn.

4.3 Sucht

Hintergründe

Häufig wird die Suchtproblematik im Hinblick auf das begrenzte Lebensalter und bestehender Einschränkungen des alten Menschen im Gegensatz zur Suchtproblematik bei Jugendlichen vernachlässigt. Die mit der Abhängigkeit einhergehenden Probleme sind bei älteren Menschen jedoch in gleicher Weise vorhanden. Dabei steht der Missbrauch von Alkohol und Medikamenten im Vordergrund.

4.3.1 Alkoholmissbrauch

Häufigkeit

Bei hoher Dunkelziffer wird die Prävalenz des Alkoholmissbrauchs bei Menschen über 65 Jahren auf ca. 2 bis 10 % für Männer und 1 % für Frauen geschätzt. Die Häufigkeit wird von zahlreichen Faktoren mitbestimmt: Erziehung und frühere berufliche Tätigkeit, Einkommen, soziale Aktivitäten, Vorliegen einer Depression, Verlust von Selbstständigkeit und Lebensperspektive u. a. Bei etwa einem Drittel der Patienten entwickelt sich die Sucht im Alter nach Belastungssituationen (z. B. Partnerverlust, Aufnahme in ein Altenheim usw.). Es wird geschätzt, dass bei etwa 10 bis 20 % der Altenheimbewohner in leichteren Pflegestufen ein Alkoholmissbrauch vorliegt.

Folgen

Aufgrund des geringeren Verteilungsraumes und veränderter Abbau- und Ausscheidungsfunktion finden sich häufiger **toxische Alkoholwirkungen.** Bei zusätzlicher Multimorbidität führt dies zu weiteren Einschränkungen der kognitiven Funktionen, der Mobilität sowie zu einer Mangelernährung. Es besteht **erhöhte Sturzgefahr!** Weitere Krankheitsbilder können sein: Leberzirrhose, Osteomalazie, Kardiomyopathie, atrophische Gastritis.

Spezieller Pflegehinweis: Besonders problematisch ist der regelmäßige „stille" Alkoholmissbrauch, häufig kombiniert mit einem Arzneimittelabusus (v. a. Schlaf- und Beruhigungsmittel). Bei diesen Personen muss mit einer **Entzugssymptomatik** gerechnet werden, wenn z. B. im Rahmen einer akuten Erkrankung oder eines Krankenhausaufenthaltes das Trinken von Alkohol bzw. die Medikamenteneinnahme plötzlich nicht mehr möglich ist.

Entzugssymptome

Typische Entzugssymptome sind Übelkeit, Schwäche, Angstzustände, Schlafstörungen, Affektlabilität, Halluzinationen und akute Verwirrtheit.

Diagnostik

Besonders wichtig ist die **Eigen-** und in hohem Maße auch die **Fremdanamnese** (Trinkverhalten, Art, Dauer und Intensität des Alkoholabusus) zur Eruierung des tatsächlichen Alkoholmissbrauchs. Weiterhin ist der Nachweis **kognitiver Einschränkungen** von Bedeutung, wobei einfache Untersuchungen ausreichen bzw. ein entsprechendes Assessment vom Arzt durchgeführt wird. Wichtig ist, dass der Arzt eine Depression ausschließt und beurteilt, ob **Suizidalität** vorliegt. Auch die ärztlichen Untersuchungen nach einer Neuropathie (insbesondere periphere Neuropathie) ist für die Pflege von Bedeutung.

Symptome

Allgemein fallen häufig ein Foetor alcoholicus, gerötete Konjunktiven und ein Tremor auf. Ähnlich wie beim jungen Alkoholiker finden sich meist Spider naevi, ein Palmarerythem und eine Lebervergrößerung. Das Vorliegen von Hypertonie und Mangelernährung, vernachlässigte Hygiene und häufige Bagatellunfälle können ebenfalls auf ein Suchtleiden hinweisen.
Im **EKG** finden sich häufig Rhythmusstörungen, insbesondere Vorhofflimmern. **Laboruntersuchungen** (veränderte Leberwerte, Plasmaalkoholspiegel, Blutbildveränderungen) können ebenso auf einen chronischen Alkoholmissbrauch hinweisen.

Behandlung

Bestehen eine akute Alkoholintoxikation oder schwere Entzugssymptome, wird eine **stationäre Überwachung** und **Behandlung** in der Regel nicht zu umgehen sein.

4.3.2 Medikamentenabusus

Im Alter ist eine Zunahme des Konsums von **Hypnotika** und **Schmerzmitteln** aufgrund der steigenden Morbidität (Schmerzsyndrome, Schlafstörungen) zu verzeichnen. Bei gleichzeitigem Alkoholabusus sind folgende **Interaktionen** zu beachten: verstärkte Sedierung und Atemdepression bei Kombination von Beruhigungsmitteln und Alkohol. Antidepressiva können in Verbindung mit Alkohol zu Unterkühlung (Hypothermie) führen.

4.3.3 Suchtbehandlung im Alter

Problematik

Ohne Zweifel ist eine Indikationsstellung zur Suchtbehandlung bei Älteren schwierig zu stellen und muss auch die veränderte Lebenssituation bzw. die bestehende Morbidität berücksichtigen.
Dazu ist zunächst festzustellen, welche **auslösende Ursache** für die Sucht verantwortlich ist (z. B. Schmerzen, Verlustereignisse, problematische Lebensumstände). Weiterhin ist zu beurteilen, wie der **Suchtverlauf** ist, ob es sich um einen **chronischen Verlauf** über Jahrzehnte oder um eine **reaktive Sucht** nach einem **Akutereignis** handelt. Nicht zuletzt muss eine Abschätzung der **individuellen Suchtfolgen** in Bezug auf die Lebensqualität und Gefährdung erfolgen.

4.3.4 Therapieansätze

Im Vordergrund steht die **Behandlung der auslösenden Ursachen** (Schmerztherapie, Behandlung einer Depression, Schlafförderung, soziale Unterstützung, allgemeine Aktivierung).
Begleitend muss eine Verbesserung der Ernährungssituation, der Wohnsituation (Unfallvermeidung) und die Vermeidung der Verwahrlosung erfolgen.
Eine **Dauerbehandlung** orientiert sich ähnlich wie beim jüngeren Suchtkranken an der Förderung der **Abstinenz** durch enge **familiäre** und **ärztliche Betreuung** sowie die Teilnahme an **Selbsthilfegruppen**.

Literatur

Arbeitsgruppe Geriatrisches Assessment:
Geriatrisches Basis-Assessment.
MMV Medizin Verlag 1995

Böhmer, F., Rhomberg, H. P., Weber, E.: Grundlagen der Geriatrie. Verlagshaus der Ärzte 2002

Corr, D. M., Corr, Ch. A.: Nursing care in an ageing society. Huber 1992

Füsgen, I., Heine, H., Frase, W.: Biologische Medizin in der Getiatrie. Aurelia 2000

Füsgen, I.: Der ältere Patient. Urban & Fischer 2000

Füsgen, I.: Demenz, Praktischer Umgang mit Hirnleistungsstörungen. Urban & Vogel 2001

Mayer, K. U., Baltes, P. B.: Die Berliner Altersstudie.
Akademie Verlag 1996

Nikolaus, Th., Specht-Leible, N.:
Das Geriatrische Assessment
Vieweg 1992

Nikolaus, T.: Klinische Geriatrie. Springer 2000

Tallis, R. C., Fillit, M. H.:
Geriatric Medicine and Gerontology.
Churchill Livingstone 2003

Platt, D.: Altersmedizin. Schattauer 1997

Wettstein, A., Conzelmann, M., Heis, H. W.: Checkliste Geriatrie. Thieme 2001

Stichwortverzeichnis

A

B

C

G

H

I

K

L

M

N

O

P

R

S

T